# 中国“水-土地-粮食”多元关联性研究

刘 聪 著

中国农业出版社
北 京

**图书在版编目（CIP）数据**

中国“水-土地-粮食”多元关联性研究 / 刘聪著. 北京：中国农业出版社，2024. 10. -- ISBN 978-7-109-32646-0

Ⅰ. TV213.4；F323.211；F326.11

中国国家版本馆 CIP 数据核字第 2024K15Q88 号

**中国“水-土地-粮食”多元关联性研究**

**ZHONGGUO “SHUI-TUDI-LIANGSHI” DUOYUAN GUANLIANXING YANJIU**

中国农业出版社出版

地址：北京市朝阳区麦子店街 18 号楼

邮编：100125

责任编辑：何　玮　　文字编辑：李　雯

版式设计：小荷博睿　　责任校对：吴丽婷

印刷：北京中兴印刷有限公司

版次：2024 年 10 月第 1 版

印次：2024 年 10 月北京第 1 次印刷

发行：新华书店北京发行所

开本：700mm×1000mm　1/16

印张：14.75

字数：215 千字

定价：68.00 元



服务电话：010－59195115　010－59194918

本书得到江西省农业科学院基础研究与人才培养专项项目“江西省农作物种植结构时空演变、驱动因素及优化调整研究”(JXSNKYJCRC202446)等资助。

# 前言

FOREWORD

水资源、土地资源与粮食生产是人类生存、社会稳定与经济发展的重要基础，三者相互依存、相互制约和相互影响，具有多重因果关系。粮食安全是“国之大者”，在我国长期具有重要的战略地位。开展“水-土地-粮食”多元关联性研究对促进资源高效利用以及保障国家粮食安全具有重要意义。本书以2005—2020年为研究期，综合运用RS/GIS技术、DEA模型、LMDI模型、耦合协调模型、空间分析模型、障碍诊断模型、地理探测器模型等多种方法，在分析水资源、土地资源和粮食生产的各要素演变特征的基础上，测度水土资源利用效率和粮食生产效率，分析水资源利用分解因素和耕地资源利用分解因素对粮食总产量变化量的影响效应，定量评价“水-土地-粮食”复合系统的耦合协调发展水平，并识别该复合系统的主要内部障碍因子和外部驱动因子，以期为推动水资源、土地资源和粮食生产的协同发展与治理提供路径方案。

本书得出的主要结论如下：

(1) 从我国水资源、土地资源、粮食生产三个单一对象的相关要素的演变特征来看，水资源总量呈波动上升趋势，用水结构逐渐合理，耕地数量呈缓慢下降的趋势，主粮地位日益受到重视。水资源和土地资源不均衡分布的空间格局依然延续，在干旱和半干旱区，粮食生产依赖于灌溉。栅格尺度下，农田生态系统中水资源的利用效率有待提高，耕地类型转换规模在近年来大规模增加，一系列种植技术的改变、可持续发展模式的应用等整体上对粮食潜在生产力产生正面影响。

（2）在考虑水土资源与粮食生产二元关联关系的效率分析下，通过测度水土资源利用效率和粮食生产效率，发现不同地区水土资源利用整体效率波动较大。大部分地区水土资源利用开发效率高于经济效益转化效率，而提高经济效益转化效率正成为促进中国水土资源利用效率提高的关键环节。研究期内，粮食生产的平均纯技术效率总是低于平均规模效率，这表明中国粮食生产综合效率的提高主要得益于生产规模的扩大和生产要素的大量投入。除2008—2009年和2013—2014年两个时间段外，其他时间段中国粮食生产的全要素生产率变化指数均处于上升状态。从不同地区的粮食生产的全要素生产率变化指数及其内部构成来看，中国一半以上省份的粮食生产效率为综合提升类型。

（3）在考虑水土资源与粮食生产二元关联关系的效应分解下，通过明晰水资源利用分解因素和耕地资源利用分解因素对粮食总产量变化量产生的影响效应，发现：①在水资源利用分解因素的视角下，灌溉产值效应是影响中国粮食总产量变化量的主导因素，贡献率的累积达64.57%，发展高效节水灌溉技术、优化田间管理措施、提高单位耗水产粮量是实现粮食增产的主要路径。②在耕地资源利用分解因素视角下，耕地面积效应对中国粮食总产量变化量产生负向作用；粮食单产效应、粮作比例效应和复种指数效应均起正向作用，贡献率的累积分别为46.12%、6.69%和32.05%。③从粮食作物的分类来看，单产效应和种植结构效应在中国各类粮食作物间存在较大差异，而粮作比例效应、复种指数效应和耕地面积效应的变化规律在中国各类粮食作物间基本相似。

(4) 基于“水-土地-粮食”多元关联关系，构建和提出“水-土地-粮食”复合系统的耦合协调发展水平的综合评价指标体系与分析方法，并实现对各子系统综合发展水平、复合系统综合发展水平以及复合系统的耦合协调发展水平的测算。中国31个省份（不包括港澳台，下同）的水资源子系统综合发展指数年均值为0.245～0.632，土地资源子系统综合发展指数年均值为0.203～0.418，粮食生产子系统综合发展指数年均值为0.339～0.597，土地资源子系统综合发展水平滞后于水资源子系统综合发展水平和粮食生产子系统综合发展水平。中国“水-土地-粮食”复合系统综合发展水平呈上升趋势。而基于中国31个省份，“水-土地-粮食”复合系统的耦合协调度为0.538～0.754，耦合协调类型涉及勉强耦合协调类型、初级耦合协调类型和中级耦合协调类型。各地区“水-土地-粮食”复合系统的耦合协调发展均向协调发展阶段演变，且空间集聚特征明显。局部关联为高-高类型的地区主要集中于东部沿海地区，为低-低类型的地区则覆盖更多省份。影响中国“水-土地-粮食”复合系统的耦合协调发展水平的内部障碍因子主要包括农村居民人均可支配收入、人均粮食产量和水土流失治理率；外部驱动因子主要包括人均GDP、农林财政支出、专利授权数和产业集聚度。外部驱动因子两两之间的交互作用关系主要表现为双因子增强和非线性增强，并随着时间的推移各外部驱动因子解释力均有所提高。

(5) “水-土地-粮食”复合系统在提升效能方面面临以下挑战：“水-土地-粮食”复合系统中各要素空间不匹配、“水-土地-粮食”复合系统的各子系统间综合发展水平不协同、综合投入产出效率与技术进步水平待提升、相关管理部门屏障待突破、生产政策扶持待加强以及保障工程措施待巩固。结合宏观角度与中微观角度，提出中国“水-土地-粮食”复合系统协同发展的路径，包括加强绿色发展理念的引导和塑造，以绿色发展意识为导向；提高科学技术创新的驱动力量，推进资源循环发展；加强区域协同战略的建设，分区分类推进农业水土资源可持续利用政策实施与保障国家粮食安全；实现各要素的协同与生态环境友好，多措并举促进农业产业融合，赋能乡村全面振兴；明确利益相关者的责任，综合考虑其诉求，实施共同参与管理策略；完善农业资源管理制度，建立综合管理体制保障体系。

本书共分为9章，内容包括绪论、文献回顾、概念界定、理论基础、规律分析、作用解析、耦合协调评价、路径方案、结论等。主要创新点包括：①从水资源、土地资源和粮食生产之间的关系出发，建立了相对完整的“水-土地-粮食”多元关联关系研究方法体系。②在水土资源与粮食生产二元关联的效率分析和效应分解的基础上，明晰了水资源、土地资源与粮食生产间的内部作用规律。③设计了“水-土地-粮食”复合系统的耦合协调发展评价指标体系，并揭示了中国31个省份“水-土地-粮食”复合系统的耦合协调发展水平的时空差异、演变特征以及影响因素。相关研究结论有助于完善水资源、土地资源与粮食生产关系特征体系，进一步促进水资源、土地资源与粮食生产的可持续发展，并能够为推动资源协同发展和保障国家粮食安全提供支撑和参考。本研究不仅具有一般经济、社会意义，而且具有一定的政治意义。

刘　聪

2024年6月

# 目录

CONTENTS

# 第1章 绪　论

## 1.1 研究背景

### 1.1.1 如何统筹水土资源安全和粮食安全是当前全球亟待解决的现实问题

水资源、土地资源和粮食是人类赖以生存的基础性物质资源，保障水土资源安全和粮食安全关乎国计民生，是维护社会稳定的关键。1980年的《世界自然资源保护大纲》、1997年起推出的《全球环境展望》、2000年签署的《联合国千年宣言》等一系列文件、报告均将资源问题放在全球尺度上思考。2015年9月联合国可持续发展峰会中通过的《改变我们的世界：2030年可持续发展议程》成果文件指出，社会和经济的发展离不开对地球资源的可持续管理。该成果文件也涵盖了多个可持续发展目标，即确保为所有人提供水和环境卫生并对其进行可持续管理；保护、恢复和促进可持续利用陆地生态系统，可持续管理森林，防治荒漠化，制止和扭转土地退化，遏制生物多样性的丧失；消除饥饿，实现粮食安全、改善营养状况和促进可持续发展等。然而，由于受到人口增长、经济发展、城市扩张、科技水平、气候变化、管理体制等诸多因素影响，资源及其开发利用的供需矛盾日益严峻。《联合国世界水发展报告》显示，近一个世纪以来，人类用水量增加了6倍，并仍以每年1%的速度增长。农业是最主要的耗水部门，农业用水占全球总用水量的70%，在一些非洲和亚洲国家，农业用水比例达85%～90%（康绍忠，2014）。目前有限的水资源面临跨部门、产业和地区的竞争，且水资源持续短缺，水环境更加恶化（SEN，2009；WANG et al.，2019）。为实现人类生产和生活的目标，全球50%以上的陆地表面已经发生显著转化，预计到2030年，城市扩张将导致耕地损失1.8%～2.4%，非洲和亚洲地区的耕地损失将占其中的80%（WESTERN，2001；BREN et al.，2017）。与此同时，全球粮食安全正面临一系列严峻挑战，联合国粮食及农业组织将粮食安全定义为“保证任何人在任何地方都能得到为了生存和健康所需要的足够食物”，并设置国家粮食库存的最低安全系数，凡一个国家粮食库存安全系数低于17%则为粮食不安全状态，低于14%则为紧急状态。新冠疫情大流行以来，疫情一是通过加剧经济衰退、下滑、冲突与不稳定等进一步激化了全球饥饿问题；二是也对全球粮食安全造成负面影响，如干扰全球粮食供应链的稳定和畅通，侵蚀贫困国家和人群获取粮食的能力等；三是导致粮食供应中断，使国际粮食贸易市场产生波动（张蛟龙，2021）。由此可见，水土资源安全和粮食安全面临着一系列波动和挑战。

水资源供给能力限制耕地资源的开发，影响农业生态系统的运转，对粮食安全生产起重要的作用（石培礼等，2018；吴全，2008）；土地资源利用对水质和水资源开发强度均产生显著影响，且不同土地资源利用类型需水机制差异较大，而由于其具有稀缺性、有限性、位置的固定性等特点所以要将有限的土地资源优先用于粮食生产（ENEKO et al.，2012）。故此，如何统筹水土资源安全和粮食安全问题是全球可持续发展亟待解决的现实问题。水土资源可持续利用是粮食安全的基础，研究粮食安全问题要从研究水土资源的生产能力入手，建立起“水-土地-粮食”复合系统及其各子系统构成要素间的链接关系，通过科学合理配置各要素，来实现粮食稳产、高产的目标，满足越来越多的人口对粮食日益多样化的需求。保障水土资源安全和粮食安全在任何时候都是值得关注和研究的热点。水资源、土地资源和粮食生产三者间相互关联，因此在研究如何统筹水土资源安全和粮食安全时更应该拓宽视角，不仅要保护农业资源，还要改善生态环境，以此确保粮食生产的可持续性。

### 1.1.2 水土资源约束条件下中国粮食生产面临新的挑战

我国是农业大国，以仅占全球约7%的耕地资源为世界约20%的人口提供粮食（HUANG et al.，2019）。而我国农业用水量长期占总用水量的60%以上，农业灌溉仍是主要的用水方式，灌溉用水量占农业用水量的90%以上，用水方式粗放导致正常年份全国水资源缺口已超过500亿$m^3$（冯保清，2013；CHEN et al.，2014）。水土资源是农业生产的基本生产资料，是保障粮食生产的资源基础，但我国水土资源面临绝对量大而相对量小、资源浪费严重、资源利用率不高等问题。截至2015年末，我国共有农用地约6.455亿$hm^2$，其中耕地约1.35亿$hm^2$，人均耕地约0.10$hm^2$，共有水资源约2.8万亿$m^3$，人均水资源量为2 200$m^3$，而因建设占用、灾毁、生态退耕、农业结构调整等净减少耕地面积达59.466 7万$hm^2$。在一些自然气候条件恶劣的地区，水土资源开发利用困难，粗放的农业经营方式和落后的管理方式还造成了水土流失、农田盐渍化、大量优质农田被占用等诸多问题，使农业生产面临巨大挑战。

党的十八大以来，以习近平同志为核心的党中央着眼实现“两个一百年”奋斗目标和中华民族伟大复兴的中国梦，提出了“以我为主、立足国内、确保产能、适度进口、科技支撑”的新形势下国家粮食安全战略，强调要坚守“确保谷物基本自给、口粮绝对安全”的战略底线。保障国家粮食安全是一个永恒的课题，这根弦任何时候都不能松（韩长赋，2014）。到2023年底为止，我国粮食产量已经连续9年保持在1.3万亿斤*以上，虽然我国粮食生产已取得了巨大成就，但越往前走难度越大，新的挑战逐渐出现，实施新一轮千亿斤粮食产能提升行动，抓紧制定实施方案，势在必行。伴随着我国农业进入快速发展阶段，粮食在实现增产的同时，对资源环境造成了一定程度的负面影响（ZHANG et al.，2013；LU et al.，

* 1斤=500g。

2015)。水资源短缺、水污染、土壤污染、耕地质量下降、大量优质农田被占用等都加剧了粮食安全问题(陈印军等,2019)。同时,在粮食产量高位基础上,国内粮食产需阶段性供大于求与品种供给不匹配共存的矛盾,以及农业比较效益低与国内外粮食价格倒挂的矛盾日益突出。在成本"地板"与价格"天花板"的双重挤压下,粮食生产面临高产量、高库存、高进口、高成本等一系列问题,所以其在全球农业市场的竞争力有待提高,保障国内粮食产能的长期稳定增长压力很大,这进一步引发国家对粮食安全问题的高度重视(HUANG et al.,2017)。在确保粮食增产的同时,区域间水土资源分布不均衡以及水土资源匹配空间错位已成为制约粮食生产乃至国家粮食安全的主要因素。在水土资源禀赋条件下如何保证粮食生产目标、如何实现水土资源的高效利用、如何优化水土资源配置来增强粮食综合生产能力等成为我国政府关心的现实问题。

### 1.1.3 "水-土地-粮食"复合系统协同发展是保证农业可持续发展的必要条件

水资源、土地资源和粮食生产的协同关系对一个国家或区域农业可持续发展具有至关重要的作用。在"创新、协调、绿色、开放、共享"的新发展理念下,"节水优先、空间均衡、系统治理、两手发力""以水定城、以水定地、以水定人、以水定产""切实加强高标准农田建设,提升国家粮食安全保障能力"等统筹治理政策方针陆续提出,国土空间规划体系建设中关于开展资源环境承载能力评价与国土空间开发适宜性评价的工作不断落实,这表明我国从全局和战略角度出发,在发展改革、水利、自然资源、农业农村、生态环境等部门建立健全的合作和政策沟通机制,着力推动实现"水-土地-粮食"复合系统的协同发展,把握各子系统构成要素之间的平衡点,以实现农业可持续发展。

农业可持续发展强调农业的发展必须注重对自然资源和生态环境的保护,在努力实现农产品高产量、高质量和高经济效益的同时,使资源能够得到永续利用。农业和农村的可持续发展已经被我国列入《中国21世纪议程》，包括调整农业结构、优化资源和生产要素、农业自然资源可持续利用与生态环境保护等。随着资源短缺、环境恶化等问题的突出显现，单一资源视角和两两关系视角已无法全面认识"水-土地-粮食"复合系统的"强关联"关系，而资源的利用与规划越来越注重与社会经济发展和生态环境保护等外部性条件统筹并进的"弱关联"关系。因此，在复合系统内，为实现整体演进和发展目标，各子系统以及各子系统内部构成要素间需要相互配合、相互支持从而形成一种互动的良性循环，达到可持续发展的状态（彭少民等，2017）。建立"水-土地-粮食"复合系统及其各子系统构成要素间的链接关系，通过水资源子系统、土地资源子系统、粮食生产子系统的内部优化以及互相之间的互馈联动实现复合系统的整体优化，能够促进水资源、土地资源和粮食生产的关系由"单核""双核"向"多核"转变。实现资源整合、多元素均衡以及系统整体协同发展，是保证实现粮食稳产高产和农业可持续发展目标的必要条件。

## 1.2 研究目的与意义

伴随着社会经济发展，人类对水资源和土地资源的需求量加速增长，水土资源分布不均衡、空间匹配错位、利用不合理等问题凸显，并对粮食安全造成威胁。因此，对水资源、土地资源、粮食生产三者的特征和关系内涵开展广泛和多角度的研究显得尤为关键。水资源、土地资源与粮食生产相关研究涉及诸多学科领域，在对水资源、土地资源和粮食生产自身进行深入剖析以外，还需建立"水-土地-粮食"复合系统及其各子系统构成要素间的链接关系，探究水土资源与粮食生产二者之间的相互影响作用，评价"水-土地-粮食"复合系统的耦合协调发展水平，从而选择确保三者协同发展的路径。本研究的研究目的和意义可总结为以下三点：

### 1.2.1 完善水资源、土地资源与粮食生产关系特征体系

由于水资源的流动性和土地资源利用方式的多样性，资源配置理论在水资源和土地资源研究领域有较为丰富的实践。本研究统筹考虑水资源、土地资源和粮食生产的演变特征规律，分析水资源、土地资源和粮食生产的相互影响作用关系，建立"水-土地-粮食"复合系统的综合评价体系，为解决资源配置中存在的不均衡问题提供思路，为水土资源的高效安全利用和粮食安全协同发展提供理论和技术支撑，能够完善水资源、土地资源与粮食生产的关系特征体系，能够拓宽水资源、土地资源与粮食生产的研究维度。

### 1.2.2 促进水资源、土地资源与粮食生产的可持续发展

以可持续发展理论为核心，对水资源、土地资源和粮食生产进行系统边界设定，评价"水-土地-粮食"复合系统的耦合协调发展水平，深入剖析该复合系统耦合协调程度的差异以及产生差异的驱动因素，确保能够建立整合三种资源的有效机制与提供整合三种资源的选择路径，以全新的视角为区域农业发展制定保障方案。通过对水土资源利用和粮食生产二者之间的综合分析研究，来探寻粮食生产现状的水土资源需求以及当前水土资源利用的短板，这对水土资源均衡优化和管理具有指导意义，同时也对优化我国粮食生产的空间布局具有一定的借鉴意义，能够有效促进经济、社会和生态的可持续发展。

### 1.2.3 为保障国家粮食安全提供决策参考

我国粮食安全具有重大的战略意义，任何时刻都要牢牢把握粮食安全主动权，保障粮食安全，不断丰富相关理论创新与实践创新。资源安全是国家安全的重要组成部分，一方面，优化农业资源配置能够提高粮食生产能力，另一方面，粮食生产格局变迁及种植结构调整均会影响农业资源的消耗需求。在经济发展新常态和全球气候变化大背景下，尝试结合水土资源与粮食生产二者之间的关联关系，全面认识"水-土地-粮食"复合系统

的内部互馈机制，以此提高资源利用效率，保障复合系统安全。这能够指导水资源三条红线划定、耕地红线划定、种植业结构调整实施等，为相关部门提供一系列“控”和“调”的决策参考与政策方案，促进多部门间的沟通与协调。

# 1.3 文献计量分析

## 1.3.1 方法设计

知识图谱作为目前文献计量领域最为热点的研究方法，有助于探究某一研究主题的发展过程、学术群体、热点分布以及趋势，并清晰直观地展示研究整体结构以及关键节点之间的联系（杨洋等，2020）。借助由美国得雷塞尔大学陈超美教授开发的专业文献计量可视化分析工具 Citespace，首先对主题为“水土和粮食”相关研究的发文趋势、作者和研究机构进行统计；接着对高被引文献进行分析，明晰相关研究的核心内涵；最后根据关键词绘制可视化图谱，并进行系统梳理和聚类分析，把握热点方向和前沿领域。

为保证文献的完整性与准确性，利用中国知网（CNKI）数据库和 Web of Science（WOS）核心数据库的高级检索功能，以“水土”“粮食”“农业”为主题检索词，进行筛选。鉴于文献的代表性，将 CNKI 来源类别仅设置为 EI 来源期刊、北大核心、CSSCI、CSCD，WOS 的文献类型仅设置为“Article”和“Review”；时间跨度均设置为 1992—2021 年。最终 CNKI 共检索文献 335 篇，WOS 共检索文献 2 811 篇，检索时间为 2022 年 1 月 1 日。

## 1.3.2 结果分析

### 1.3.2.1 文献量分析

年度发文量反映了研究主题受相关专家和学者关注的程度，主题为“水土和粮食”的相关研究年度发文趋势如图 1－1 所示。从图 1－1 可知，相关研究大致可分为三个阶段：①1992—2000 年处于研究起步阶段，人们对资源保护和粮食安全的认识有限，尚未形成研究热潮，发文量仅约占总发文量的5.02%。②2001—2010年，全球气候变暖已成为不争的事实，农业可能是对气候变化反应最为敏感的部门之一。一些学者从资源承载、资源配置、生态保护等方面对这一说法进行分析和解读。此时发文量处于波动上升状态，约占总发文量的17.55%。③2011—2021年进入快速增长阶段，全球已经意识到农业资源的合理有效利用对粮食安全的重要性，部分专家和学者也将研究重心转移到不同资源类型的耦合机制和协同关系上，发文量呈现爆发式增长，约占总发文量的77.43%。值得注意的是，CNKI的相关文献年度发表数量变化不大，而WOS的相关文献发表数量由1992年的4篇快速增长至2021年的414篇。因此，国内期刊应加强对相关主题的关注和相关论文的发表。

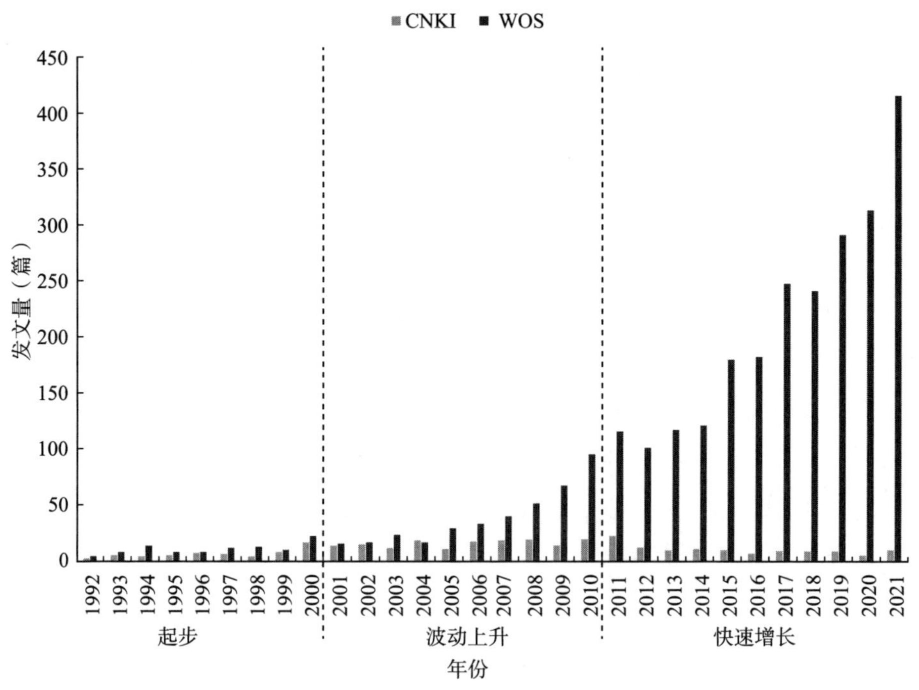


图1-1 水土和粮食相关研究发文趋势

#### 1.3.2.2 研究机构统计

在研究机构层面，CNKI和WOS相关文献研究机构统计如表1-1和

表1-2所示。通过表1-1和表1-2中的相关文献作者单位出现频次可知，主题为“水土和粮食”相关文献的研究机构主要是国际农业研究磋商组织、中国科学院、瓦格宁根大学和加利福尼亚大学等。不同研究机构的研究方向存在差异，国际农业研究磋商组织偏向粮食安全的决策与战略制定；中国科学院偏向基于农业资源时空演变等地理学视角的探究；瓦格宁根大学偏向农业生产过程对环境影响的探究；加利福尼亚大学偏重关注耕种方式、土地利用和可持续发展。相关研究涵盖了生态环境、社会经济、资源利用、农业农村、政策法规等各个领域。

**表1-1　CNKI文献研究机构统计**

| 研究机构 | 频次 | 研究机构 | 频次 |
| --- | --- | --- | --- |
| 西北农林科技大学 | 31 | 中国农业科学院农业资源与农业区划研究所 | 7 |
| 中国科学院水利部水土保持研究所 | 30 | 陕西师范大学 | 6 |
| 中国科学院地理科学与资源研究所 | 24 | 中国科学院生态环境研究中心 | 5 |
| 中国农业大学 | 11 | 兰州大学 | 5 |
| 东北农业大学 | 8 | 中国科学院水利部成都山地灾害与环境研究所 | 5 |

**表1-2　WOS文献研究机构统计**

| 研究机构 | 频次 | 研究机构 | 频次 |
| --- | --- | --- | --- |
| Consultative Group for International Agricultural Research | 174 | Indian Council of Agriculture Research | 62 |
| Chinese Academy of Sciences | 116 | United States Department of Agriculture | 59 |
| Wageningen University Research | 110 | League of European Research Universities | 53 |
| University of California System | 106 | Ohio State University | 51 |
| Commonwealth Scientific Industrial Research Organization | 65 | International Water Management Institute | 41 |

#### 1.3.2.3　高频次被引文献分析

1992—2021年国内外对主题为“水土和粮食”的研究引用频次排名前10位的文献情况如表1-3和表1-4所示。整体来看，高频次被引文献的发表时间集中在2000年以后，研究领域涉及时空格局、粮食安全、气候变化、农业管理等方面。其中中国科学院南京土壤研究所的赵其国于

2002 年发表在《土壤》的《中国耕地资源安全及相关对策思考》一文被引 260 次，位居 CNKI 相关文献被引次数第一，文章探讨了中国耕地资源利用的现状和特点，剖析了中国耕地安全态势及其安全问题的诱发机制，并提出相关对策与措施；牛津大学的 Godfray H 和 Charles J 于 2010 年发表在 *Science* 的 *Food Security: The Challenge of Feeding 9 Billion People* 一文被引 5 701 次，位居 WOS 相关文献被引次数第一，文章表示水、土地和能源日益激烈的竞争将影响粮食生产能力，为确保可持续和公平的粮食安全，未来需要加强多方面相互关联的战略实施。该文章对保障全球粮食安全和可持续性需求具有十分重要的借鉴意义。

**表 1-3 CNKI 高频次被引文献**（前 10）

| 序号 | 频次 | 年份 | 作者 | 文献 | 机构 | 期刊 |
|---|---|---|---|---|---|---|
| 1 | 260 | 2002 | 赵其国 | 中国耕地资源安全及相关对策思考 | 中国科学院南京土壤研究所 | 土壤 |
| 2 | 243 | 2002 | 刘彦随 | 中国水土资源态势与可持续食物安全 | 中国科学院地理科学与资源研究所 | 自然资源学报 |
| 3 | 212 | 2004 | 陶然 | 退耕还林、粮食政策与可持续发展 | 中国科学院农业政策研究中心 | 中国社会科学 |
| 4 | 182 | 2004 | 黄季焜 | 中国农业的过去和未来 | 中国科学院农业政策研究中心 | 管理世界 |
| 5 | 157 | 2003 | 李凤民 | 半干旱黄土高原退化生态系统的修复与生态农业发展 | 兰州大学干旱农业生态实验室 | 生态学报 |
| 6 | 156 | 2018 | 于法稳 | 新时代农业绿色发展动因、核心及对策研究 | 中国社会科学院农村发展研究所 | 中国农村经济 |
| 7 | 151 | 2005 | 胡霞 | 退耕还林还草政策实施后农村经济结构的变化——对宁夏南部山区的实证分析 | 中国人民大学经济学院 | 中国农村经济 |
| 8 | 135 | 2012 | 沈明 | 省级高标准基本农田建设重点区域划定方法研究——基于广东省的实证分析 | 广东省土地调查规划院 | 中国土地科学 |
| 9 | 134 | 2009 | 任继周 | 农区种草是改进农业系统、保证粮食安全的重大步骤 | 兰州大学草地农业科技学院 | 草业学报 |
| 10 | 132 | 2003 | 鞠正山 | 我国区域土地整理的方向 | 国土资源部土地整理中心 | 农业工程学报 |

表 1-4 WOS 高频次被引文献（前 10）

| 序号 | 频次 | 年份 | 作者 | 文献 | 机构 | 期刊 |
|---|---|---|---|---|---|---|
| 1 | 5 701 | 2010 | Godfray H；Charles J | Food Security：The Challenge of Feeding 9 Billion People | Univ Oxford | Science |
| 2 | 4 206 | 2002 | Tilman D | Agricultural Sustainability and Intensive Production Practices | University of Minnesota | Nature |
| 3 | 3 966 | 2011 | Foley J A | Solutions for a Cultivated Planet | University of Minnesota | Nature |
| 4 | 3 747 | 2008 | Galloway J N | Transformation of the Nitrogen Cycle：Recent Trends，Questions，and Potential Solutions | University of Virginia | Science |
| 5 | 2 747 | 2010 | Brennan L | Biofuels from Microalgae-A Review of Technologies for Production，Processing，and Extractions of Biofuels and Co-products | University College Dublin | Renewable & Sustainable Energy Reviews |
| 6 | 2 186 | 2006 | Sarmah A K | A Global Perspective on the Use，Sales，Exposure Pathways，Occurrence，Fate and Effects of Veterinary Antibiotics（VAs）in the Environment | Landcare Research New Zealand Limited | Chemosphere |
| 7 | 1 809 | 2004 | Lal R | Soil Carbon Sequestration to Mitigate Climate Change | The Ohio State University | Geoderma |
| 8 | 1 129 | 2010 | Power G A | Ecosystem Services and Agriculture：Tradeoffs and Synergies | Cornell University | Philosophical Transactions of The Royal Society B |
| 9 | 1 115 | 2003 | Strobel G | Bioprospecting for Microbial Endophytes and Their Natural Products | Montana State University | Microbiology and Molecular Biology Reviews |
| 10 | 838 | 2013 | van Ittersum M K | Yield Gap Analysis with Local to Global Relevance-A Review | Wageningen University Research | Field Crops Research |

### 1.3.2.4 关键词分析

关键词一般是研究的核心与热点，通过 Citespace 软件对主题为“水土和粮食”相关研究的关键词进行聚类和总结分析，结果如图 1-2 和表 1-5 所示。从图 1-2 和表 1-5 中可知，“水土和粮食”主题是国内和国外文献关注的共同点，也是研究的核心和基础。在国内研究领域，如退耕还林、水土保持等形成了单向分支的细分研究领域，这反映出学者对粮食生产和水土资源开发利用过程中带来的生态环境问题和农业可持续性发展的

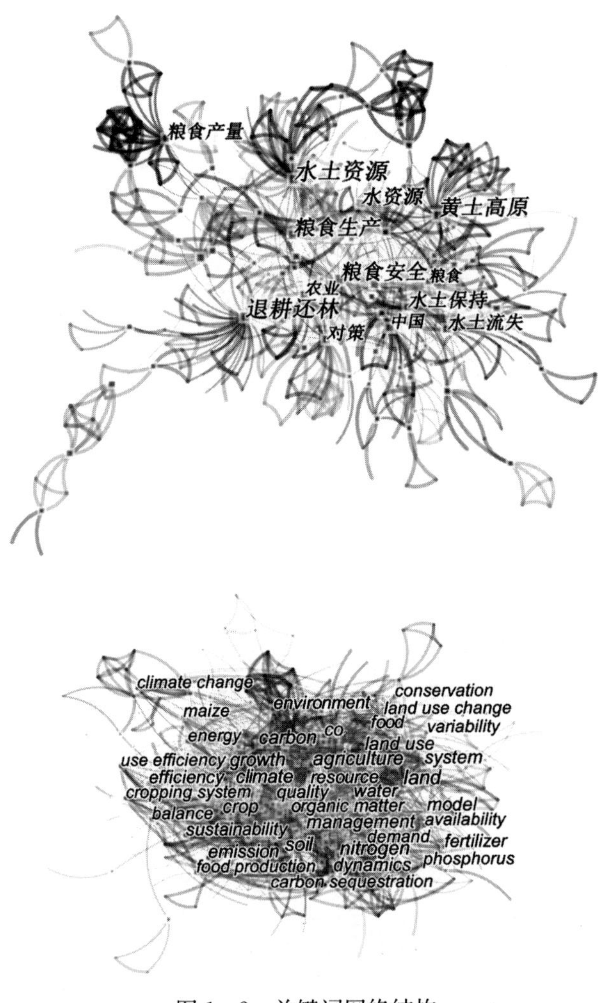


图 1-2 关键词网络结构

重视。在国外研究领域，如何提高粮食生产对气候变化的适应能力、缩小产量差距以实现粮食安全和保护环境目标，以及资源间的关系和联动系统被广泛关注，同时，相关技术、模型和方法得到了快速发展。综合来看，本书对“水-土地-粮食”复合系统及其各子系统构成要素间的相互影响的研究紧贴研究热点。本研究可为国家农业资源优化配置、促进粮食安全、提升生态环境质量和促进社会经济发展提供合理借鉴和参考。

**表1-5 关键词统计**（前10）

| CNKI | | | WOS | | |
|---|---|---|---|---|---|
| 关键词 | 出现年份 | 频次 | 关键词 | 出现年份 | 频次 |
| 退耕还林 | 2000 | 32 | agriculture | 1997 | 362 |
| 水土资源 | 1993 | 27 | impact | 1996 | 262 |
| 粮食安全 | 2006 | 26 | management | 1998 | 260 |
| 黄土高原 | 1996 | 24 | water | 2000 | 236 |
| 水土保持 | 1992 | 21 | climate change | 2002 | 234 |
| 粮食生产 | 1993 | 20 | land use | 2000 | 196 |
| 水土流失 | 1992 | 20 | system | 1996 | 176 |
| 水资源 | 1993 | 17 | land | 1996 | 174 |
| 对策 | 2000 | 14 | food | 1994 | 169 |
| 中国 | 2001 | 10 | food security | 2010 | 136 |

## 1.4 国内外研究进展

### 1.4.1 水资源配置、土地资源配置与粮食生产能力研究

#### 1.4.1.1 水资源配置研究

水资源已经成为一种不可替代的基础性、战略性资源，保障粮食安全必须依靠区域水资源的可持续利用（贾绍凤等，2014）。而为了确保区域水资源的可持续利用，引导人们合理利用水资源，需要优化水资源配置，即在一定区域内，有效控制特定规模的水需求，提高供水能力，维持生态

平衡，为实现不同用水部门的高效率、公平、可持续发展，而采取技术手段和非技术手段，并结合市场在实际运行中的经济规律以及资源的合理分配原则来调整和利用不同地区或不同用水部门的多种可用水源（成琨，2015；杜捷，2020）。

随着运筹学理论、系统分析理论和计算机技术应用的日益普及，关于水资源配置的研究不断深入。20世纪40—50年代，国际上已经开展了关于水资源配置理论的相关研究（李雪萍，2002；尤祥瑜等，2004）。随着系统工程、数学规划等科学技术的发展，研究手段趋于丰富，研究目标从单一目标转向大型多目标。目前的方法主要有动态规划法（DP）（PROVENCHER and BURT，1994）、随机动态规划法（SDP）（PAUL et al.，2000）、线性规划法（LP）和非线性规划法（NLP）（CHIU et al.，2010）等。随着各种智能优化算法的改进，水资源配置的计算能力得到了明显提升，几种最常用的算法有遗传算法（GA）（MINSKER et al.，2000）、人工神经网络算法（ANN）（苑韶峰等，2003）、模拟退化算法（SAA）（侍翰生等，2013）和蚁群算法（ACO）（HOU et al.，2014）等。同时，随着协同理论、博弈论理论等发展，社会经济模型、水文模型等也为水资源配置的发展开拓了新的领域。通过构建博弈或耦合模型将市场经济、政府宏观监管和水资源属性之间的博弈进行整合，从而建立激励和约束机制（付湘等，2016；KUCUKMEHMETOGLU，2012）。

水资源配置观念思想的转变正成为水资源利用研究的重点。水资源配置的目的不仅是需要满足经济和社会需水，而且要求不能突破水资源承载能力的极限。“宏观经济配置”“生态配置”“水量与水质综合配置”“大系统配置”等一系列水资源配置理论，正成为明确水资源承载力、实现以水定城和以水定产、完成水权的初始分配、制定配水规划等宏观决策的重要依据（王浩，2003；齐学斌等，2015；王浩等，2016a；王浩等，2016b）。近些年，学术界关于水资源合理配置与承载能力相结合的课题不断涌现，HARRIS等（1999）重点研究了农业生产区域水资源承载力，这是衡量区域发展潜力和资源配置的重要指标；朱立志（2005）根据区域农业水资源投入产出状况和配置效益，分析了农业用水与经济发展的耦合效应，阐明了提高农业水资源配置效率和可持续性的途径和措施；陈慧等（2010）在全球水危机背景下，将承载能力分析与最新的统计数据相结合，对非洲不同地区的水资源分布和配置状况进行了定量分析。

#### 1.4.1.2 土地资源配置研究

土地资源作为稀缺有限的自然资源，其配置是实现可持续社会发展的重要途径和手段。所谓土地资源配置，可以表示为土地资源分配、布局以及对土地资源的选择。它是指人类社会通过对相对稀缺的土地资源在不同用途间的选择和权衡，从而决定其用途的行为。从空间与数量的角度来看，土地资源配置是指对土地资源采取区位上的空间配置和用途上的数量配置，能够提高土地利用效率和土地产出效益，维护土地生态系统间的相对平衡，进而实现对土地资源的可持续利用（曲福田，2011；王万茂，1996）。

土地资源配置一般与社会经济发展密切相关，其研究一直受到国内外学者的广泛关注，研究的相关内容主要包括在城市化进程中土地资源配置的机制；农业、林业、交通运输业等不同产业的用地优化配置模式；土地使用政策及其对土地资源配置的作用等。HOPPER（1965）和 SAHOTA（1968）通过生产函数来衡量农业生产资源配置的有效性。HANINK 等（1998）指出土地外部性价值会导致土地市场配置的失灵。钱文荣（2001）将城市土地资源配置中的市场机制与政府机制视为一体。石晓平等（2003）回顾我国土地资源配置方式的改革进程和现有的公共政策体系，认为在明确土地产权、培育市场竞争主体以及依据公共政策制定的基础变化调整目标等方面进行改革是提高土地资源配置效率、促进社会福利的关键。陈茵茵（2008）认为结合我国具体国情、土地特点和地区发展差异，合理确定不同区域的土地利用规划类型，是土地利用规划未来发展的重要方向。MCCONNELL（2009）将土地分为农用地、公共用地和城市用地三类，并指出不同的土地利用模式可以带来不同的收益，适当的土地分配能够使土地得到最大限度的利用。李辉等（2015）指出通过测算土地分配过程中的效率损失，提高我国中、西部建设用地边际收益是当前优化土地资源配置的最佳途径。陈逸等（2017）以江苏省地级市为例，采用 DEA 模型计算建设用地投入产出效率，并认为如何使提高土地利用效率与减轻区域资源和环境压力相协调，是我国土地利用空间管制的紧迫任务。

自 20 世纪 90 年代末期以来，随着 3S 技术、系统动力学理论以及一些新兴算法和模型的应用，有关土地资源空间优化配置的研究发展迅速且其内容日益丰富。REN（1997）在土地资源适宜性评价的基础上通过 GIS 技术实现对土地资源空间配置的优化；EMILIO（2007）将线性规划模型与 GIS 技术结合，进而实现对土地资源的最优分配；马世发等（2010）通过建立基于粒子群优化算法的土地利用空间优化模型，来实现土地利用数量结构与空间结构二者之间的有效统一；姜秋香等（2011a）结合粒子群算法与投影寻踪来分析研究区域的土地资源承载力；刘欢等（2012）通过遥感技术等统计学方法来揭示我国银川平原地区土地利用强度变化特征，这为区域土地资源优化配置提供了基本依据；张丁轩等（2013）以我国典型矿业城市为例，运用 GIS 技术和 CLUE-S 模型模拟土地利用变化情景，对土地利用变化施加适当限制，从而预测 2020 年不同情景下的土地利用情况；李秀霞等（2013）基于系统动力学原理对土地利用结构进行多目标优化；陈红等（2019）借助 LANDSCAPE 模型，以郑州市为例，开展生态与经济协调目标下土地利用空间优化配置的研究；彭玉玲等（2021）将 GIS（地理信息系统）技术、Logistic 回归分析方法与 CLUE-S 模型相结合，在空间适宜性和数量结构的约束下，对老挝凯山丰威汉市土地资源空间配置进行优化。

#### 1.4.1.3 粮食生产能力研究

粮食生产已经成为世界各国科学领域高度关注的重要内容，不同机构的学者从不同学科和不同角度对粮食生产能力进行了深入细致的研究。历年中央农村工作会议、中央经济工作会议都把提高粮食综合生产能力作为保障粮食安全的基本手段。现代意义的粮食生产能力是指对耕地保育能力、生产技术水平、政策支撑能力、科技服务能力和抗灾能力的整合，在此基础上它更强调生产能力，旨在建立"能力大于产量"的机制（王万茂，1996；马文杰，2006；姚成胜等，2016；卢新海等，2020）。

粮食生产能力的定量研究始于20世纪60年代，主要集中在光、温、水、土、气等自然条件对粮食生产的影响作用方面。学者们将作物生长模式与作物营养模式相结合，并进行了大量的实验研究。LOOMIS（1963）推算出作物最大光能利用率为5%～6%；ROSENBERG（1982）发现$CO_2$浓度的提高能使作物的水分利用效率和光合作用效率也随之提高；DOORENBOS等（1986）发现水分对粮食作物产量的影响尤为显著，水分利用效率函数可用来表示单位蒸发产量；STANHILL（1986）认为作物每天的相对蒸散作用可作为植物光合作用的衰减因子，并发现蒸腾量的减少会影响作物生长；瓦赫宁根大学与联合国粮食及农业组织（FAO）结合光照、温度、降水等因素综合探讨了作物生产潜力（DIEPEN et al.，2010）。随着科学技术的飞速发展，研究作物与各种自然因素间的关系也逐渐合理，这为模拟粮食生产能力奠定了基础。

建立粮食生产能力估算模型是研究粮食生产能力的基础，也是评价粮食生产能力现状、分析未来粮食生产能力的必要之举。适用于粮食生产能力估算的模型方法主要包括经验法、作物生长过程模拟法和机制法（表1-6）。基本上，不同模型的理念、思路和计算方法不尽相同，但其均在一定程度上能够反映粮食生产能力的状态，并能够得到广泛的应用。其中，机制法当中的AEZ模型和GAEZ模型受到国内研究学者的欢迎和青睐。例如，李团胜等（2012）提出基于农用地分级成果的粮食生产能力体系，并将其运用于陕西省周至县；战金艳等（2013）通过AEZ模型，将投入和管理水平动态整合集成县级截面数据，确定投入系数权重，并估算出2000—2010年全国农田生产能力水平；刘洛等（2014）采用GAEZ模型，结合气象、地形、土壤质地、植被等自然因素，定量分析中国粮食生产潜力空间特征以及1990—2010年中国耕地变化对粮食生产潜力的影响；王兴华等（2017）基于GAEZ模型对共建“一带一路”国家的粮食生产潜力进行研究。除此之外，影响粮食生产能力的因素众多，国内外学者普遍认为粮食生产能力与耕地资源表现出更为直接的关系。立足于与粮食生产直接相关和密切联系的耕地资源数量和质量，从不同时空尺度对耕地利用类型转换规律及其生产力的研究已取得了丰富的研究成果，相慧等（2012）以粮食主产区为研究对象，在描述其理论生产能力、可实现生产能力和实际生产能力的基础上，分析生产能力在不同空间尺度上的分布特征，并揭示区县级耕地利用强度和耕地发展潜力；王凤娇等（2015）描述了过去30年西北地区耕地生产力和耕地压力指数的动态变化情况，并将该地区粮食生产水平与全国总体粮食生产水平进行比较；万炜等（2020）运用潜力衰减模型，评价东北—华北平原旱作区耕地生产力的时空格局及其影响因素；HAN等（2020）认为耕地生产过程会受到自然碳排放的限制，并在此基础上分析中国省域间耕地利用效率的差异。

**表1-6　不同粮食生产能力估算模型方法总结**

| 模型名称 | 代表模型 | 优点 | 缺点 |
|---|---|---|---|
| 经验法 | Miami模型、Thornthwaite模型 | 公式简单操作易行 | 考虑因子较少，只能进行粗略估算 |
| 作物生长过程模拟法 | CERES模型、EPIC模型 | 能够综合对作物生长过程进行研究 | 对获取参数可靠性要求较高 |
| 机制法 | AEZ模型、GAEZ模型 | 综合了气候和土壤等多重因素 | 不适宜微观尺度研究 |

## 1.4.2 水土资源利用及其对粮食生产的影响研究

### 1.4.2.1　水土资源利用研究

在城镇化和工业化的大背景下，水土资源不断受到挤占。在区域层面开展有关水土资源利用的研究是保证水土资源可持续利用和管理的前提和基础条件（唐华俊等，1999；SUN et al.，2016）。如果将水资源、土地资源分开考虑，则无法充分发挥水土资源的整体效能，易加重水土资源系统的负担。但到目前为止，多数相关研究仍侧重于水资源与土地资源分离的单一讨论，将两种资源作为统一有机整体的深入研究依然相对较少。通过文献检索有关水土资源利用的研究发现，具体内容包括“水土资源匹配”“水土资源承载力”和“水土资源优化配置”等。近年来，随着系统工程学、数学规划等技术的发展，“水土资源优化配置”的研究手段日益丰富。

匹配是对资源之间的平衡利用状态的归类，加大对水土资源匹配的研究有利于促进资源利用效率和效益的提升，有助于精准农业的发展（杨贵羽等，2010；耿庆玲，2014）。有关水土资源匹配的测算方法总体可分为4类：①单位土地面积水资源量法；②基尼系数法；③水土资源当量系数法；④基于DEA模型研究水土资源效率分析法。

第一类方法是计算单位面积土地所拥有的水资源量。但在测算水土资源匹配关系时，不同学者对水资源量的衡量方法有不同的看法：①有学者将农业水土资源匹配中的水资源量视为农业用水量，如刘彦随等（2006）对东北地区的农业水资源和耕地资源的时空匹配关系进行量化。②有学者认为农业水土资源匹配中所消耗的水资源主要来自灌溉水，因此，使用灌溉用水量计算农业水土资源匹配程度比使用农业用水量计算农业水土资源匹配程度更为准确。如郑久瑜等（2015）通过使用灌溉用水量表征水资源量，建立农业水土资源匹配的测算模型，来评价河套灌区农业水土资源匹配程度。③部分学者认为单位耕地的水资源量不仅包括灌溉水量，还包括降水量，因此，需将农作物生长和发育过程中可以得到潜在利用的“绿水”资源量和灌溉“蓝水”资源量均纳入作为匹配中的水资源量部分进行计算。如黄峰等（2009）将“绿水”和“蓝水”作为综合评估因子，据此定义了广义农业中水土资源匹配的概念；高芸等（2021）在考虑“绿水”和“蓝水”的农业水资源综合分析框架基础上，运用广义农业水土资源匹配系数分析了黄河流域农业水土资源匹配的状态和时空特性。④还有一部分学者认为，在匹配评价中应考虑可利用水资源量，从供给和需求的视角，将可用于农业生产的水资源量与耕地需水量进行量化比较，以此作为区域农业水土资源匹配的评价结果，例如姜秋香等（2011b）从水资源可利用量与耕地资源量的配比关系角度，对三江平原农业水土资源匹配空间格局进行分析；张莹等（2019）以耕地的水资源有效供给量与作物最佳生长状态下需水量的比值构建耕地水资源有效供给与需求间的匹配关系，从微观尺度分析了挠力河流域耕地利用农业水土资源匹配的时空动态。

第二类方法基于洛伦兹曲线和基尼系数，基尼系数是意大利经济学家基尼最早提出的一种用于衡量收入差距的指标方法（GINI，1921），吴宇哲等（2003）通过使用水资源量和耕地面积来构建洛伦兹曲线，指出中国（省际）水土资源匹配基尼系数为0.566，世界（国际）水土资源匹配基尼系数为0.586；马慧敏等（2014）采用相同的方法评价了山西省的水土资源匹配状况。

第三类方法考虑到不同区域资源禀赋条件存在差异，在广义水资源的基础上引入当量系数的概念，即衡量农业水土资源匹配与当地天然水土资源禀赋条件的相对关系，许长新等（2016）首次引入当量系数来描述我国农业水土资源匹配的实际情况，发现我国农业水土资源形成区域与消耗区域在空间上错配，各省农业用水及耕地开发的合理性有待提高；李晓燕等（2020）用相同的方法对山东省农业水土资源间的短缺程度进行分析。

第四类方法通过应用较为成熟的数据包络分析法（DEA）进行水土资源利用效率分析，黄克威等（2015）将农业水资源和耕地资源作为投入指标，农业产值作为输出指标，构建 DEA 模型并评价了区域农业水土资源匹配效率；徐娜等（2020）用相同的方法分析了甘肃省 5 个流域的农业水土资源匹配特征；姜秋香等（2018）基于合作博弈思想构建两阶段水土资源利用效率测算模型，并测算黑龙江省 13 个地级市农业、工业水土资源利用整体效率和各阶段效率。

承载力通常用于衡量在特定环境条件下特定区域中存活某种生物体的最大数量。资源承载力已被广泛应用于经济社会活动实践，将水资源和土地资源作为自然资源统一组合体评价其对社会经济发展的最大支撑能力，这是实现水土资源可持续利用，优化经济、社会和生态综合效益的关键因素（姜秋香，2011b；潘宜等，2010）。有关水土资源承载力分类研究多从评价、模拟和预测两类角度进行。第一类从评价角度分析水土资源承载力，其研究方法主要包含综合指数法、模糊综合评价法、主成分分析法等（樊杰，2009）。一般通过选用单个或多个指标来评估不同方案下或不同时段的水土资源承载状况，例如，吴全（2008）运用模糊数学原理计算了内蒙古自治区农业水土资源可持续利用的潜力；赵自阳等（2017）通过构建农业水土资源安全评价指标体系，采用结构方程模型来定量评价宁夏地区农业水土资源的安全程度并探索该地区未来发展的主要路径。第二类从模拟和预测角度对水土资源承载主体和客体进行整体考虑，研究不同社会经济发展阶段和不同水土资源利用模式下的水土资源承载力，旨在确保水土资源生态安全。张晓青等（2006）采用多目标规划模型预测水土资源承载力，并根据水土资源承载力的空间组合关系将研究区域划分为不同类型；张衍广（2008）运用经验模型和动态预测方法进行水土资源承载力的模拟评价；朱薇等（2020）采用系统动力学方法评估和预测水土资源承载力。

水土资源优化配置的目标是合理组织和分配有限的水资源和土地资源，提高水土资源利用的效益和效率。相关研究主要集中在优化配置模型的改进和应用中，其方法得到了不断的丰富和改进。EVERS等（1998）建立了确定性线性规划模型（DLP）和非确定性线性规划模型（CCLP），以净利润最大化为目标函数，进行生产季节性作物种植结构调整和水资源再分配；SEPASKHAH等（2006）为了最大限度地提升产量和经济效益，研究了以水资源和土地资源为约束条件的最佳施肥方案；成琨（2015）以复杂适应性系统理论（CAS）为模型构建的基础，优化了佳木斯市的水土资源配置，分析了区域粮食生产安全风险；张春琴等（2019）运用多目标模糊随机优化配置模型，研究区域内“水-土-作物”系统的优化配置和规划管理；LI等（2019）将碳足迹模型、土壤水量平衡模型、地下水动力学模型等与多目标线性规划模型相结合，确定作物在生育期过程中的灌溉水分配模式以及种植模式。

#### 1.4.2.2 水土资源利用对粮食生产的影响研究

水土资源是粮食和农业生产的核心要素，对区域农业发展和国家的粮食安全至关重要。只有坚持“寓粮于源、保粮于墒”策略，加强农业基础设施建设，开展多源联合用水调度，加强耕地资源监管，综合开发和利用耕地后备储量资源，加强重点区域水土资源污染控制和水土流失治理，建立基于粮食安全的水土资源可持续利用概念，才能够维护农业生产基础的稳定（文琦等，2008；杨贵羽等，2010；于雯静，2011）。

许多学者对影响粮食生产的要素进行分解，主要包括水土资源因素、科技进步与技术促进因素、国际和国内市场供求因素、资本与劳动力投入因素、政策监管和激励因素等，并一致认为伴随着经济社会发展，影响粮食生产的水土资源因素会成为影响粮食安全极为重要的因素（ANG et al.，2004；刘玉等，2013；孙通等，2017）。BROWN（1995）提出“谁来养活中国”的质疑，并指出中国的水资源与耕地资源的短缺问题将会影响到食物安全；WALLACE（2000）指出保障粮食生产的关键在于提高利用现有水资源和土地资源生产粮食的效率；SHARMA 等（2009）认为水土资源的短缺以及空间上的错位，将在未来很长一段时间内从根本上制约现代农业的发展。从长期来看，耕地资源和水资源的减少将进一步加剧，再加上能源危机，这将会导致国际粮食供求关系态势紧张，中国的粮食供求形势依旧严峻（罗翔等，2016；XING et al.，2019；何可等，2021；辛翔飞等，2021）。针对这种形势，国内学者在如何正确分析和合理利用我国十分有限的水土资源方面进行了比较深入的研究，成琨（2015）分析了我国水土资源的发展态势以及水土资源对可持续食物安全的影响，认为水土资源总量短缺及其空间上的不匹配状态将直接影响中国可持续食物安全；白玮等（2010）依据虚拟水理论和虚拟土理论首次对黄淮海地区水土资源粮食安全价值进行核算，并提出建立粮食安全补贴、完善粮食安全价值实现途径的政策建议；朱传民等（2015）分析了江西省耕地质量与粮食生产水平的相关性，提出了促进耕地综合质量与粮食生产水平提升的方法与建议；许长新等（2016）运用空间计量经济模型和估算方法，引入与农业生产相关的人、财、物等控制变量，测度中国各省份水土资源匹配度对农业经济发展产生的空间溢出效应，发现总体上水土匹配度对区域农业经济发展具有积极的空间溢出效应；张青峰等（2019）根据西北干旱区水土资源和粮食生产能力的实际情况，提出了一套比较全面的区域农业水资源利用指标体系构建方法；杨贵羽等（2010）对我国海河流域 10 种典型作物的农田需水量进行测算，分析其构成中的灌溉补水量和土壤水资源量所占的比例，证明提高灌溉水利用率、加强土壤水资源的集约利用对保障中国粮食安全至关重要；樊慧丽等（2020）采用空间计量模型探索长江经济带地区水土资源匹配度对农业经济增长的影响，发现该地区农业经济增长与水土资源匹配在空间上存在明显错位现象；王倩等（2020）分析了三江平原地区农业水土资源效率与粮食产量的耦合度与耦合协调度的时空变化特征，并认为因地制宜改善农业生产配套设施，促进农业水土资源的合理分配、发展精准农业是进一步提高粮食产量的重要保障。

### 1.4.3 水资源、土地资源与粮食生产关系研究

目前，关于水资源、土地资源与粮食生产关系的相关研究相对较少，何理等（2020）提出基于重心公式的多元匹配评估模型，揭示中亚地区水资源、土地资源与农业发展的多元时空匹配特征，并探讨了未来气候变化（气温升高1.5℃或2℃）对多元时空匹配特征的影响。向雁（2020）建立基于四种不同情景的“水-耕地-粮食”关联系数模型（WLF模型），揭示东北地区粮食生产对水资源需求和耕地资源利用状况的关联关系，评价水资源、耕地资源与粮食生产的关联程度。ZHENG等（2021）通过超级网络模型来检测经济部门间的“水-土地-粮食”关系，发现中国大多数农业资源效率低下且不可持续，“水-土地-粮食”关系可以通过增强经济稳健性来获取资源节约红利。SRIGIRI等（2021）研究了埃塞俄比亚阿瓦什河下游流域“水-土地-粮食”的关联关系机制，研究发现在该地区不认可牧民拥有对土地和水的传统社区权利，以及环境和社会保障政策工具是无效的。这种现象正导致当地在保障粮食安全和实现经济增长目标两者之间面临着重大权衡取舍。

而当下学者们多集中研究“水-能源-粮食”的关联关系。在2011年世界经济论坛和波恩会议上，“水-能源-粮食”首次被总结为一种安全协同关系，并称之为“纽带”。为了应对未来全球资源紧缺的挑战，与会专家们倡议将水、能源、粮食、气候、生态等多领域联合起来，整合多个学

科和领域提出解决资源危机的综合性方案，与此同时，实现社会、经济和环境效益（HOFF，2011；常远等，2016）。其后，来自不同国家的学者们对“水-能源-粮食”协同关系进行了定性和定量的研究，并产生了丰富的研究成果。从定性角度看，研究主要运用社会学和管理学理论分析城镇化、人口增长、气候变化和政策措施等外部因素对“水-能源-粮食”安全的影响。KURIAN 等（2015）分析了不同区域“水-能源-粮食”的关联关系情况，为优化资源管理提供关键因素，并提出政策建议；李良等（2018）阐述了有关“水-能源-粮食”关联关系的风险管理和控制的研究进展；郑人瑞等（2018）从资源调查、系统监测、技术创新、大数据分析、外部影响等地球科学角度探讨了水、能源、粮食之间的联系。从定量角度看，研究主要使用数学模型、系统动力学模型、耦合协调度模型等方法对不同尺度和规模区域内的“水-能源-粮食”安全状况进行评价。SAHINAHIN 等（2014）运用系统动力学模型对“水-能源-粮食”系统进行了量化与仿真模拟，从而有效地促进系统动力学模型在“水-能源-粮食”研究中的运用；ZHANG 等（2016）提出了“水-能源-粮食”安全协同效应优化模型，该模型能够根据水、能源和粮食的资源可用量、温室气体排放量情况以及社会经济需求，对不同时期水、能源和粮食的生产和消耗进行预测，定量分析“水-能源-粮食”系统内部间的相互关系及其对环境的影响；李桂君等（2016）构建了基于北京市“水-能源-粮食”可持续发展的系统动力学模型，发现能源系统层是现阶段提升北京市“水-能源-粮食”综合可持续发展能力的主要障碍层；邓鹏等（2017）运用耦合协调模型测算了江苏省“水-能源-粮食”系统的耦合协调发展程度；彭少明等（2017）构建了基于协同学原理的“水-能源-粮食”综合分析框架，并运用智能多要素平衡算法，为黄河流域粮食生产、能源开发与水资源分配的一体优化提出综合优化设计与布局方案；孙才志等（2018）采用 Logistic 曲线和耦合协调模型等对我国“水-能源-粮食”耦合系统进行了安全评价和空间相关分析，研究表明，我国“水-能源-粮食”系统安全性存在空间集聚现象，高集聚主要分布在东部地区。在农业复合系统中，水、土地、能源、粮食资源密不可分地交织在一起，并受到气候变化、社会经济、生态环境等多因素的影响。越来越多的研究根据协同效应，关注到农业复合系统中各子系统的相互联系和影响，LI 等（2021）提出了一种“水-地-粮-能”（WLFEN）关系和应对气候变化的合作优化模型，并发现 WLFEN 各资源之间存在内在联系和协同作用，它们对气候变化很敏感；INAS 等（2021）基于生命周期评估的思维，将“水-能源-粮食”关系的概念扩展到环境、经济和社会方面，并开发了“水-地-粮-能-环境-经济-社会”关系系统动态模型；JONATHAN 等（2022）基于全球范围内的多模型情景分析，量化了“水-地-粮-气候”（WLFC）关系的不同组成部分中干预措施的协同效应。这些成果拓宽了大系统中各子系统互馈机制的研究视角，对开展水资源、土地资源和粮食生产关系的研究具有很强的借鉴和指导意义。

### 1.4.4 农业可持续性评价研究

20 世纪 90 年代后，可持续发展引起了全世界的广泛关注，在不同角度下从可持续发展的概念中均能够梳理出其共同拥有的内涵，即包括共同发展、公平发展、协调发展、高效发展和多层次发展（杨学利，2010）。农业与粮食安全、资源安全和生态环境安全密切相关，并向可持续发展之路迈进。周兴河（2000）指出，应该将农业自身对可持续发展的要求纳入农业可持续发展的目标中，我国农业发展必须立足于自身实际情况、国民经济发展对农业提出的现实要求，以及国际社会环境的影响。崔和瑞（2004）认为农业可持续发展的研究必然要落实到具备地域特征的复杂区域体系中，必然考虑农业经济、农村社会、农业资源、生态环境、农业生产、农业技术等多重因素。该复杂区域体系称为区域农业可持续发展系统（RASDS）。许信旺（2005）认为判断区域农业是否为可持续发展的评价标准是经济、资源、环境和社会持续性原则。目前区域农业系统可持续性综合评价方法以指标框架的构建为主，如响应诱导可持续性评价框架（RISE）（HANI et al.，2003）、公共产品框架（PG）（GERRARD et al.，2012）、农业和环境可持续性评价框架（SAFE）（VAN et al.，2007）、粮食和农业系统可持续性评估框架（SAFA）（FAO，2013）、压力-状态-响应框架（PSR）（ADRIAANSE，1993；ALLEN，1995）、驱动力-压力-状态-影响-响应框架（DPSIR）（于伯华等，2004）、经济-社会-环境主题框架（邱化蛟等，2005）等。模糊数学法（程叶青，2004）、数据包络分析法（孙艳玲等，2009）、熵值法（袁久和等，2013）、能值分析法（杨灿等，2014）、主成分分析法（段妍磊，2016）、层次分析法（罗其友等，2017）等是主要的测算方法。农业可持续发展系统中的不同子系统间的关系也受到重视，对其进行评价的方法包括协调度模型（赵丹丹等，2018）、耦合协调度模型（刘俊等，2020）等。此外，农业环境政策和技术评估（SEAMLESS-IF）（VAN et al.，2008）等工具常用于支撑农业可持续发展的决策与规划。总体来看，相关研究注重在指标评价体系中通过赋予不同指标相应的权重来计算综合评价指数。

农业生产与农业资源密不可分，农业资源的可持续利用是农业可持续发展的基础和前提。但农业可持续发展指标体系不可能完全适用于农业资源的可持续利用评价。首先，农业可持续发展评价要从更广泛的全局角度来评价农业发展的水平和程度，而评价农业资源可持续利用只是在评价农业可持续发展时应考虑的一个基本方面。其次，在进行农业可持续发展的评价时，将系统分为不同的层次，称其为准亚层，虽然不同准亚层所处的地位不同，但准亚层之间“和平相处”，处于平等地位。值得注意的是在设计农业资源可持续利用评价指标时需要考虑指标间的相互影响与作用，只有与资源的开发和利用密切相关的指标才是可以被选择的；最后，农业可持续发展的评价类型一般被划分为可持续发展、准可持续发展和不可持续发展，但是农业资源可持续利用评价类型则需要根据实际情况进行进一步划分，并且存在一系列限制性阈值，比如环境容量极限阈值等，这也使其评价尺度更接近于微观水平（姜文来等，2000）。农业资源可持续利用评价指标体系的构建应以与生态、经济、社会发展相结合的可持续发展理论为指导，周小萍等（2004）将系统要素、空间尺度和可持续发展目标纳入对农业资源利用过程进行的研究，构建了农业资源可持续利用的宏观、中观和微观三种模式结构，在区域层面探讨了在评价农业资源可持续利用时可能会采用的评价指标体系与模型方法。刘军（2012）运用农业资源可持续利用评价模型和资源丰度指数模型等评价模型，从资源可持续利用度和资源丰度两个角度对湖南农业资源进行了综合评价。宋耀辉等（2013）从社会要素、生态要素和经济要素三个方面构建指标体系，对塔吉克斯坦的农业资源进行综合评价，并对该国实现农业资源可持续发展的限制因素进行分析，其成果可为我国在制定农业发展政策时提供启示。陈琼等（2016）从资源保护性、生态合理性、经济可行性、社会可接受性四个维度构建农业资源可持续利用评价的指标体系，对天津市2007—2012年农业资源可持续利用水平进行定量分析。候佳等（2020）从经济可持续性、社会可接受性和生态环境可持续性三个方面构建农业资源可持续利用评价体系，测算了河北省及其地级市2007—2016年农业资源可持续利用水平，并讨论了经济可持续性、社会可接受性和生态可持续性之间的协调关系以及农业资源利用的综合效率、纯技术效率和规模效率。

## 1.5 国内外研究评述

在水资源、土地资源和粮食生产的相关研究领域，当前相关文献已经覆盖了水资源利用、水资源配置、土地资源利用、土地资源配置、粮食生产能力、粮食生产时空格局、水土资源匹配、粮食生产结构调整的水土资源效应等方面，并取得了丰硕的研究成果，但仍存在一些问题和不足，具备进一步研究的空间。

（1）以往学者对水资源与土地资源进行的单一研究极大地丰富了资源分配、利用以及承载能力等方面的内容，进一步为相关研究奠定了坚实的基础。关于水资源和土地资源研究的理论和方法十分丰富，研究尺度从微观到宏观，研究方法从定性到定量，研究技术从传统数学模型到与3S、智能算法等技术的结合，相关研究的实践应用也在不断发展。水资源与土地资源紧密相连，现有研究多集中在单一水资源或单一土地资源上，将水资源与土地资源结合的研究还相对较少，缺乏对水资源与土地资源之间的内部相互作用的探讨，未认清两者之间的相互演化过程，也未达成水土资源利用效率的概念与分析方法的共识。要想更加全面地了解水土资源复合系统，需要考虑区域粮食安全等现实问题，阐明水土资源利用效率与粮食生产效率的实际情况，探索水土资源约束对粮食生产空间布局的传导路径。

（2）资源配置的单一研究是随着供需矛盾的日益突出以及人们意识的逐渐提高而不断深入的，诸多研究表明水资源和土地资源对粮食安全生产具有重大影响。如何阐明水土资源与粮食生产之间的二元关联性显得尤为重要。目前，对粮食总产量变化量的影响因素进行定量分析的方法还不是十分清晰，我国一些高耗水粮食作物的生产布局在一定程度上已经偏离了资源禀赋优势地区，在水资源利用分解因素和耕地资源利用分解因素的视角下对粮食总产量变化量进行效应分解有助于深入理解水资源利用、土地资源利用与粮食生产的关系。

（3）现有研究大量集中在定性探讨“水-能源-粮食”关联关系和理论框架以及定量探讨协同程度、驱动形式、风险程度、压力系数、未来变化与挑战等这两个方面，而较少探讨“水-土地-粮食”多元关系，水土资源利用如何驱动粮食生产发生变化这一关键问题尚未得到解答。参考“水-能源-粮食”的相关研究，“水-土地-粮食”的相关研究仍需一个切入角度，即将水资源、土地资源、粮食生产三者直接联系起来，并且定量化探究三者的综合发展水平。

（4）农业资源的可持续利用在强调经济可持续性和社会的可持续性的同时，还需要兼顾生态环境的可持续性。面对经济社会发展中诸多不确定因素，评价农业资源可持续利用情况并分析其发展趋势仍然是当今研究的主题和热点，但现有研究缺少对经济、社会和生态互馈机制的考虑。以单一资源为核心的探讨限制了“水-土地-粮食”关联关系的研究维度，如何把握水资源、土地资源与粮食生产三者之间复杂的因果关系，综合考虑经济、社会和生态因素，实现对“水-土地-粮食”复合系统的耦合协调度及其影响因素的定量化测度依然尚待探索。

# 研究内容、方法与技术路线

## 1.6.1 研究内容

本书基于“水-土地-粮食”复合系统关联中的各子系统构成要素的演变和分布特征，针对水土资源的内部复杂性评价水土资源利用效率和粮食生产效率，聚焦水土资源利用与粮食生产二元关联关系，在水资源利用分解因素和耕地资源利用分解因素的视角下对粮食总产量变化量进行效应分解。在此基础上，构建“水-土地-粮食”复合系统的耦合协调度模型，分析中国31个省份的“水-土地-粮食”复合系统的耦合协调发展水平的时空格局特征和空间关联特征，探明影响该复合系统的耦合协调发展水平的主要因素。

基于上述研究目标，本书的“水-土地-粮食”是指“水资源-土地资源-粮食生产”，水资源和土地资源合称为水土资源。本书的研究内容作如下安排：

第1章　绪论

阐述选题的研究背景和研究意义，基于Citespace软件和文献计量法对国内外相关文献信息进行统计分析，归纳和梳理国内外相关研究进展，并对其进行总结和评述，明确本文的研究内容、方法以及技术路线，挖掘研究的创新点。

第2章　概念界定、理论基础与分析框架

明确关联性以及水资源、土地资源、粮食在本研究中的含义，界定研究范畴，阐释支撑研究的资源配置理论、区域经济学理论、可持续发展理论、系统性理论、耦合协调理论等基础理论以及总体理论分析框架。

第3章　研究区概况与数据来源

详细介绍研究区的自然地理概况、社会经济概况以及本研究的数据来源。

第 4 章 “水-土地-粮食”关联的要素演变特征研究

以“水-土地-粮食”关联中的各要素为基础，从全国尺度、省级尺度和栅格尺度，系统分析 2005—2020 年水资源、土地资源、粮食生产三个单一对象的相关要素的演变特征。探究中国水资源总量、主要用水量、耕地数量、粮食总产量和单产的时间序列变化规律；利用统计数据从省级尺度对水资源总量、主要用水量、耕地数量、粮食总产量和单产进行空间统计分析；利用 RS 技术中的遥感反演手段进一步从栅格尺度对农田水量平衡、耕地类型及转换规律、粮食潜在生产力进行空间格局分析。本章通过分析单一要素的演变特征来为后续章节提供依据。

第 5 章 “水-土地-粮食”关联的效率分析研究

针对水土资源利用系统的内部复杂性，构建水土资源利用效率的两阶段网络 DEA 评价模型，测算 2005—2020 年中国 31 个省份的水土资源利用效率，并以不同阶段水土资源利用效率的测算结果为依据，对中国 31 个省份按水土资源利用特点进行分类，揭示其空间格局。基于经典 DEA 模型和 Malmquist 指数模型，分析中国 31 个省份的粮食生产效率的差异特征、动态规律和演变类型。

第 6 章 “水-土地-粮食”关联的效应分解研究

聚焦粮食生产与水土资源利用的关系，引入 LMDI（对数平均迪氏指数）分解法，从水土资源利用视角对 2005—2020 年中国 31 个省份粮食总产量变化量进行效应分解，剖析影响粮食总产量变化量的水资源利用分解因素和耕地资源利用分解因素。

第 7 章 “水-土地-粮食”关联的耦合协调评价研究

构建“水-土地-粮食”复合系统的耦合协调发展水平的综合评价指标体系，在综合评价中国 31 个省份 2005—2020 年“水-土地-粮食”复合系统的基础上，对“水-土地-粮食”复合系统的耦合协调度的时序特征以及空间相关性和异质性进行系统分析，并阐明影响该复合系统耦合协调发展水平的主要内部障碍因子和外部驱动因子。

第 8 章 “水-土地-粮食”关联的发展机制与路径选择

树立更加系统协同的自然资源观，剖析在提升“水-土地-粮食”复合系统效能时所面临的多重挑战，构筑可持续的粮食未来体系。运用系统认知能力，探讨推动“水-土地-粮食”复合系统协同治理的实现机制，结合实际问题搭建实施水土资源优化调控和粮食安全保障行为的桥梁和纽带。

第 9 章　结论

总结全书的主要研究结论并对研究进行展望，提出未来的研究方向。

### 1.6.2 研究方法

综合使用 RS/GIS 技术、DEA 模型、LMDI 模型、耦合协调模型、空间分析模型、障碍诊断模型、地理探测器模型等研究方法，构建本书的研究基础。

（1）RS/GIS 技术

RS/GIS 技术，又称遥感/地理信息系统技术。采用 MODIS 数据处理软件 MRT 对 MODIS/GPP 和 MODIS/ET 进行数据格式转换，即首先，将原始 HDF 格式的数据转换为在 ArcGIS 里可直接操作的 TIFF 文件；然后，对 TIFF 文件进行研究区裁剪；再次，对 MODIS/GPP 和 MODIS/ET 数据的无效像元予以剔除；又次，通过因子转换将其单位换算成 gC/($m^2$·年) 和 mm；最后，在进行重采样、累计加和、掩膜提取等处理后，生成年 GPP 和 ET 数据。在 ArcGIS 中通过 RS 技术来实现对土地利用转移矩阵的应用，以此反映研究区内耕地与其他土地类型、水田与旱田之间的转换关系。此方法主要应用于“水-土地-粮食”关联的各要素的演变特征研究部分，分析栅格尺度下农田水量平衡、耕地类型转换规律以及粮食潜在生产力的空间格局。

（2）DEA 模型

DEA 模型，又称数据包络分析模型。DEA 模型依据多项投入指标和产出指标，来评价决策单元之间的生产效率。运用两阶段网络 DEA 模型分析水土资源利用效率，并根据不同阶段计算结果，细化中国 31 个省份的水土资源利用类型。基于经典 DEA 分析模型和 Malmquist 指数分析模型，探究中国 31 个省份的粮食生产效率的时空特征和演化情况。此方法主要应用于“水-土地-粮食”关联的效率分析研究部分，探索水土资源利用效率及其约束下的粮食生产效率。

（3）LMDI 模型

LMDI 模型，又称对数平均迪氏指数模型。LMDI 模型将目标变量分解为若干相关的驱动因子，并分析各驱动因子的变化对目标变量变化的作用方向和影响程度，这能够很好地解决剩余残差问题，具有很强的适用性。运用 LDMI 模型，将水土资源利用的相关因素作为分解因子，在水资源利用分解因素和耕地资源利用分解因素的视角下对粮食总产量变化量进行效应分解，剖析 2005—2010 年中国 31 个省份粮食总产量变化量和不同粮食作物产量变化量的关键影响因素。此方法主要应用于“水-土地-粮食”关联的效应分解研究部分。

（4）耦合协调模型

“水-土地-粮食”复合系统是具备复杂性和多层次性的开放系统，对系统内部相互作用的研究是系统协调发展的主题，耦合协调度反映了不同子系统间的耦合协调发展水平。将耦合协调模型用于定量评价水资源子系统、土地资源子系统和粮食生产子系统之间的耦合协调关系，并对耦合协调程度进行分类。此方法主要应用于“水-土地-粮食”关联的耦合协调评价研究部分，分析各子系统间的耦合协调发展过程。

（5）空间分析模型

空间分析模型是基于空间位置和空间属性对空间对象之间的关系进行分析的方法。最常用的工具为全局空间自相关分析（*Global Moran's I* 指数）和 LISA 局部空间格局分析，应用这些工具有助于揭示事物空间相互作用关系和异质程度。此方法主要应用于“水-土地-粮食”关联的耦合协调评价研究部分，探究复合系统的耦合协调水平的空间相关性和异质性。

（6）障碍诊断模型

障碍诊断模型通过对“水-土地-粮食”复合系统综合评价指标体系中各项评价指标的障碍度进行测算，理清对评价结果产生主要影响的内部障碍因子，明晰关键制约因素的影响程度，为制定相关政策提供科学依据。此方法主要应用于“水-土地-粮食”关联的耦合协调评价研究部分，识别制约水资源子系统、土地资源子系统和粮食生产子系统耦合协调发展水平的关键内部障碍因素。

（7）地理探测器模型

地理探测器模型通过因子探测和交互探测分别剖析了自变量解释因变量的空间分异以及定量表征两两自变量对于因变量格局的作用关系，并保证了其对多个自变量共线性免疫。此方法主要应用于“水-土地-粮食”关联的耦合协调评价研究部分，综合考虑“水-土地-粮食”复合系统的耦合协调发展水平的影响机制分析的需要，探究其外部驱动因子的影响力和交互作用。

### 1.6.3 技术路线

基于当前水土资源与粮食安全面临的问题与挑战，以及农业可持续与绿色发展相链接的国家战略需求，提出本研究的科学命题。在资源配置理论、区域经济学理论、可持续发展理论、系统性理论和耦合协调理论分析的基础与支撑下，通过 RS/GIS 技术、空间分析、线性规划、数值模型等方法模型，系统开展考虑水资源、土地资源、粮食生产三个单一对象的相关要素演变特征的研究，考虑水土资源与粮食生产二元关联关系的效率分析研究以及效应分解研究，以及考虑“水-土地-粮食”多元关联关系的耦合协调评价研究，按照“前期准备—理论基础—规律分析—作用解析—耦合协调评价—路径方案”的逻辑思路，构建本研究的技术路线图，如图 1-3 所示。其中，“水-土地-粮食”关联的要素演变特征研究是指对水资源、土地资源与粮食生产三个单一对象的相关要素演变特征的研究；“水-土地-粮食”关联的效率分析研究、“水-土地-粮食”关联的效应分解研究是指对水土资源与粮食生产二元关联的效率分析研究和效应分解研究；“水-土地-粮食”关联的耦合协调评价、“水-土地-粮食”关联的发展机制与路径选择是指对水资源、土地资源与粮食生产多元关联的耦合协调评价和发展机制与路径选择。

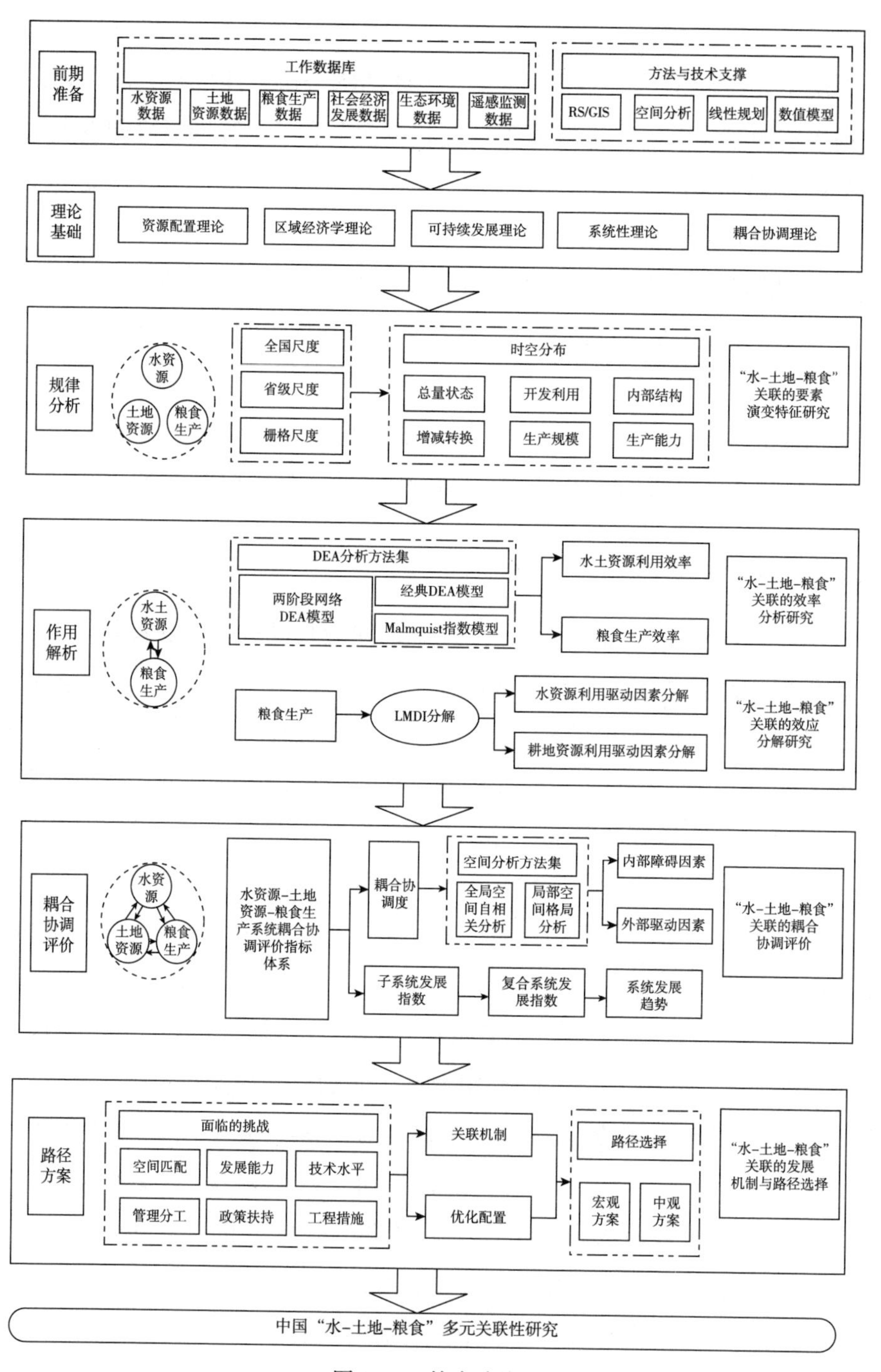

前期准备
工作数据库
水资源数据
土地资源数据
粮食生产数据
社会经济发展数据
生态环境数据
遥感监测数据
方法与技术支撑
RS/GIS
空间分析
线性规划
数值模型
理论基础
资源配置理论
区域经济学理论
可持续发展理论
系统性理论
耦合协调理论
规律分析
水资源
土地资源
粮食生产
全国尺度
省级尺度
栅格尺度
时空分布
总量状态
开发利用
内部结构
增减转换
生产规模
生产能力
"水-土地-粮食"关联的要素演变特征研究
作用解析
水土资源
粮食生产
DEA分析方法集
两阶段网络DEA模型
经典DEA模型
Malmquist指数模型
水土资源利用效率
粮食生产效率
"水-土地-粮食"关联的效率分析研究
粮食生产
LMDI分解
水资源利用驱动因素分解
耕地资源利用驱动因素分解
"水-土地-粮食"关联的效应分解研究
耦合协调评价
水资源
土地资源
粮食生产
水资源-土地资源-粮食生产系统耦合协调评价指标体系
耦合协调度
空间分析方法集
全局空间自相关分析
局部空间格局分析
内部障碍因素
外部驱动因素
子系统发展指数
复合系统发展指数
系统发展趋势
"水-土地-粮食"关联的耦合协调评价
路径方案
面临的挑战
空间匹配
发展能力
技术水平
管理分工
政策扶持
工程措施
关联机制
优化配置
路径选择
宏观方案
中观方案
"水-土地-粮食"关联的发展机制与路径选择
中国"水-土地-粮食"多元关联性研究


图1-3　技术路线

# 1.7 研究的创新点

本文中的创新点主要体现在以下几个方面：

（1）建立了相对完整的“水-土地-粮食”关联关系研究方法体系

突破以往对水资源、土地资源和粮食生产单向讨论的分析模式，尝试建立水资源、土地资源与粮食生产三者多元关联关系的研究方法，统筹考虑单要素特征、二元关联关系特征与三元关联关系特征，促进水资源、土地资源与粮食生产间的协同发展。

（2）测度了“水-土地-粮食”关联的效率和分解因素效应

引入存在共享投入的两阶段网络 DEA 模型和经典 DEA 模型分别对水土资源利用效率和粮食生产效率进行测算，并通过 LMDI 模型在水资源利用分解因素和耕地资源利用分解因素的视角下对粮食总产量变化量进行效应分解，明晰了水资源、土地资源与粮食生产间的内部作用规律。

（3）构建了“水-土地-粮食”复合系统的耦合协调发展综合评价指标体系

将“水-土地-粮食”复合系统作为既具备复杂性又具备层次性的系统，构建“水-土地-粮食”复合系统的耦合协调发展的综合评价指标体系和评价方法，并对中国 31 个省份该复合系统的耦合协调发展水平进行全面评价，揭示了其时间变化趋势和空间异质性演变格局，识别了影响该复合系统的耦合协调发展水平的内部障碍因子和外部驱动因子。

# 第2章 概念界定、理论基础与分析框架

本章界定了水资源、土地资源、粮食以及关联性的概念，明确了“水-土地-粮食”多元关联性的研究范畴，阐释了与本研究密切相关的资源配置理论、区域经济学理论、可持续发展理论、系统性理论、耦合协调理论以及总体理论分析框架，为后续研究提供理论依据。

## 2.1 概念界定

关联性是指组织体系中的每个要素既具备独立性又具备相关性，各要素之间时刻相互作用。本研究将“水-土地-粮食”定义为一个具备关联性的体系，认为水资源、土地资源、粮食生产之间互相影响、共同作用，统筹考虑水资源、土地资源、粮食生产三个单一对象的相关要素的演变特征，水土资源与粮食生产二元的关联关系，以及“水-土地-粮食”多元的关联关系，从而为各要素间以及复合系统的协同发展奠定优势。

在全国科学技术名词审定委员会1997年公布的水利科技名词中，水资源是指“地球上具有一定数量和可用质量能从自然界获得补充并可利用的水”，这一概念得到普遍认同和运用（姜文来 等，2005）。本研究中涉及的水资源总量、地表水资源量、地下水资源量、降水量、供水量、生活用水量、工业用水量、农业用水量、生态用水量、农业灌溉用水量、农田灌溉水有效利用系数等术语界定均与《中国水资源公报》《中国水利统计年鉴》一致，不再赘述。此外，蒸散量是指植被及地面整体向大气中输送的水汽总通量，农田蒸散量是指农田中的植株蒸腾量和棵间土壤蒸发量的综合量（康绍忠，1896）。

土地资源是一个综合和复杂的功能整体，根据其自然特征，人类通过开发、整治、保护等多种形式活动，按照一定的社会经济目的，对土地资源进行利用，使其具备多功能性（刘彦随 等，2002；陈婧 等，2005）。《中华人民共和国土地管理法》根据用途将土地划分为三大类：农用地、建设用地和未利用地，从而进行严格的土地管制。本研究关于土地的具体分类和界定范围与《中华人民共和国土地管理法》中的阐述保持一致；另外，本研究关于土地资源的范畴仍以耕地资源为主，耕地主要是指种植农作物的土地。

粮食，在国际上有的仅代指谷物，例如联合国粮食及农业组织（FAO）界定粮食主要是指谷物，包括小麦、稻谷和粗粮，其中的粗粮则主要指玉米、高粱、大麦、黑麦、燕麦、荞麦等其他杂粮品种；有的则指整个食物，包括谷物类，块根和块茎作物类，豆类，油籽、油果和油仁作物类，蔬菜和瓜类，糖料类，水果和浆果类，家畜家禽类八大类，共计106种。我国的粮食概念与国际上存在差别，本研究依据国家统计局对粮食的定义，即粮食是指谷物类、豆类和薯类的集合。在本书研究中，将粮食作物分为稻谷、小麦、玉米、豆类、薯类和其他作物六类。

## 2.2 理论基础

### 2.2.1 资源配置理论

古典经济学派代表人物亚当·斯密在其经典著作《国富论》中提出资源配置，并详细介绍了稀缺资源的分配机制。在进行经济活动时，资源和效益根据这一自动优化资源配置做出调整，由此促进生产开发的实现。受利益影响，市场就像一只无形的手，市场配置成为资源配置的驱动力，对于优化资源配置效果具有积极作用（王博，2016）。由于古典经济学中的市场机制论在解决宏观资源配置、周期性经济危机以及因资源利用不受控制而造成浪费等问题上存在明显的缺陷，所以新古典经济学的资源配置理论放弃分析关于古典经济学市场配置过程中的社会规律制度，逐渐侧重和关注资源配置的自由配置理论。由于资源一般具有稀缺性，人类社会必然面临“生产什么”“如何生产”“为谁生产”三大共同的经济问题，所以对资源进行合理的分配和配置是十分必要的（张立新，2018）。

一般来说，资源配置是指在一定条件下，对特定时期特定地区的生产部门间各种生产资源的种类、数量、结构与布局进行统筹组织和安排，以满足人类的社会、经济发展需要，其最终目标就是实现资源配置的最优化（刘彦随，1999）。在传统经济学意义上，实现经济增长是资源配置的核心，其标准通常是鼓励任何能够提高经济增速的行为，这种资源配置行为与当时盲目追求经济增长的意识形态是一脉相传的，其结果必然导致只注重经济效益而忽略社会及生态环境等其他方面，最终危害人类在地球上的生存环境和经济社会的可持续发展（邵绘春 等，2009）。水资源和土地资源都具有稀缺性和使用方向的可选择性，资源数量的有限性和用途的多样性是对其进行配置的驱动力。当前我国水土资源面临人均数量低、浪费严重、空间分布不均和错位等问题，并影响粮食生产，而随着城市化进程和不断增加的人口总量压力，科学合理地对资源配置进行规划和总体布局也就显得更为重要。因此进行水资源、土地资源和粮食生产的配置是必要和可行的。利用技术条件，明确水资源、土地资源和粮食生产的空间分布和演变规律，对保障国家粮食安全以及实现资源的充分利用和配置具有重要意义。

### 2.2.2 区域经济学理论

区域具有非常独特和明显的个性，自然条件、地理位置、人文历史基础等差异不可避免地导致区域间发展的不平衡。在资源配置中，影响区域经济发展的主要因素包括资源禀赋、资源配置水平、区位条件、外部环境条件等。其中，资源禀赋提供基础条件；资源配置水平包括宏观经济体制、国家或政府经济管理能力、产业结构等，具有统筹区域内外资源利用的能力；区位条件是综合性概念，描述区域与相关区域的空间关系及其相互作用对经济增长所产生的影响，其在很大程度上决定了一个区域的经济增长机会及其经济增长的机会成本；外部环境条件包括了区际经济关系、国家经济发展格局和国际经济背景三个层次。在不同区域，资源禀赋、资源配置水平、区位条件、外部环境条件都不可能完全一致，这就必然导致它们之间对经济增长产生的影响存在差异。因此，产生区域经济增长差异的现象是必然的（吴殿延，2005；刘宁，2010）。

自 20 世纪 90 年代以来，随着区域空间结构论的发展和演化，经济学家越来越关注经济活动在空间上的集聚特征和现象。空间集聚是指要素、资源、产业等的发展在地理空间上具有集中趋势的一种现象，是重要的经济活动现象。由于各种原因，不同地区的经济发展条件存在差异，但经济总是优先在本身条件相对较好的地方发展起来。由于近代产业需要高度的分工与合作，并且具有追求规模经济的特性，所以其布局总呈集聚态势，并能在一定区域范围内形成经济核心区。当一个地区经济达到较高的发展水平时，就具备一种自我发展的能力，同时能够吸引其他地区的资源和资本等生产要素向本地区集聚，产生发展集聚的凝聚力，这也将加剧经济发展的空间差异与不平衡性。对于资源、资本、人才、技术条件等生产要素相对有限的发展中国家和地区来说，只有通过实现产业集聚才能更好地发挥和利用有限资源的经济效益（吴殿延，2005；张立新，2018）。就农业生产而言，水土资源禀赋和粮食生产在区域间的发展也同样具有明显差异以及空间集聚特征。

### 2.2.3 可持续发展理论

自 20 世纪 70 年代以来，各种国际组织和会议相继发布并签署了《人类环境宣言》《我们共同的未来》《21 世纪议程》等重要宣言和报告，可持续发展理念得到了世界各国的充分认同。1987 年，联合国环境与发展委员会将可持续发展定义为，可持续发展是既满足当代人的需求，又不对子孙后代满足其需求的能力构成损害的发展，其实质是追求资源利用、环境保护与社会发展同经济增长保持协调一致（韩洪云，2012；李智国 等，2007；郭艳，2016）；20 世纪 90 年代，中国顺应国际发展趋势，发布了《中国 21 世纪议程——中国 21 世纪人口、环境与发展白皮书》，确定了 21 世纪中国可持续发展总体战略框架和各个领域的主要目标，我国根据可持续发展战略，提出了以循环经济为核心的经济可持续发展方案（陈浩，2019）。

可持续发展理论以公平性、持续性和共同性三大原则为基础，充分反映了人类社会经济发展从最初的无序开采向代际公平的价值原则的转换过程，并得到了世界范围内各个领域学者的广泛认同，被广泛应用于商业、城市发展和农业生产等多个领域范围，被用作绿色经济发展等理论的基础。我国作为人口大国，高速的社会经济发展使环境承载超负荷运转，水资源短缺、水污染严重、水生态恶化、农地非农化、土地污染和土壤退化等问题对我国粮食安全和社会稳定造成影响，而如何保证水土资源数量和质量始终是可持续发展的关键问题。要想加快建设农业强国、推进农业农村现代化发展，就必须坚持资源节约利用和生态环境保护。因此，在可持续发展理论的指导下对水资源、土地资源和粮食生产进行科学研究显得尤为重要（尹昌斌，2015；杜捷，2020；蓝希，2020）。

### 2.2.4 系统性理论

系统思想起源于 1937 年理论生物学家贝塔·朗菲提出的一般系统论原理，1968 年他发表了《一般系统理论基础、发展和应用》，该专著被公认为是系统理论科学的代表著作，奠定了系统理论的理论基础和学术地位。根据系统理论可知，整体性、关联性、等级层次性、动态平衡性、时序性等是所有系统共同具备的基本特征（张莹，2019）。随着系统理论的不断丰富，最初的一般系统论已经逐渐发展和外延到系统自发组织理论、复杂系统理论、数学系统论等，还包括了哲学领域和技术领域；而且系统理论也是分析评价科学问题的核心思想。20 世纪 80 年代，我国将生态系统、经济系统和社会系统视为有机整体开展系统研究，提出了“生态-经济-社会”（EES）复合系统理论。复合系统理论正逐渐成为研究的主流（杜捷，2020）。

复合系统是指在特定环境下具备多个子系统，每个子系统均由若干要素、变量及其结构组成，且要素之间具备复杂关系，并通过某些方式使子系统之间相互作用的大系统。“水-土地-粮食”复合系统在外部受到经济、社会和生态等多重因素的影响，内部则由多个子系统互相促进和制约。“水-土地-粮食”复合系统，是具备特定功能、开放式结构和动态性的复合系统。系统分析能够指导系统评价，并为制定科学决策提供理论基础和依据，因此，将水资源、土地资源和粮食生产作为统一整体构成“水-土地-粮食”复合系统，剖析子系统间的关联性以及对复合系统进行综合评价均有利于制定资源协同发展以及保障粮食安全的决策。

### 2.2.5 耦合协调理论

耦合协调理论是由两个部分构成，即耦合和协调。“耦合”来自物理学概念，指两个或多个主体间的物理关系。从系统的角度来看，耦合也可以指不同子系统间具备的动态关联关系，以及相互作用和影响的过程和现象；耦合度用于表征不同子系统间相互作用的程度；协调表征出两个或两个以上子系统间的关联是良性的，能够衡量子系统间和谐一致、良性循环、相互促进的关系；协调度则可以用于定量测度这种积极的良性关系，即较高的协调度可以反映出子系统在高层次上相互促进，而较低的协调度则表示子系统在低层次上相互制约。从某种程度来说，协调度弥补了耦合度只能反映子系统间相互作用程度，而不能反映子系统间综合发展水平的缺陷。在耦合的过程中，通过子系统间的相互作用机制，各子系统内部属性也发生变化，合力发挥作用并达到稳定状态。因此，耦合协调度用于表征耦合系统及其各子系统相互作用关系是否达成协调一致，这并不是各子系统的简单叠加，而是通过各子系统间共同影响作用的加强，从而达到一加一大于二的效果（阮芳丽，2022；郭冬艳，2022）。

近年来，耦合协调理念被越来越多地应用到资源环境以及实际生产领域中。水资源、土地资源与粮食生产是相互作用和相互影响的三个子系统，各个子系统之间的积极相互作用和协调稳定发展是实现农业可持续发展的必要过程和最终目标。基于耦合协调理论，研究水资源、土地资源与粮食生产三个子系统的耦合协调关系，有助于发挥三者合力，为“水-土地-粮食”复合系统良性有序发展提供保障和动力，并为粮食生产布局与规划提供参考。

## 2.3 分析框架

水资源、土地资源与粮食生产相互联系和制约，共同构成有机整体。探明水资源、土地资源、粮食生产三个单一对象的相关要素的演变特征是本研究的逻辑起点，将资源配置理论应用于水资源、土地资源、粮食生产三个子系统构成要素的演变特征中，充分考虑三者的资源属性、利用变化以及转换规律特征等，有利于实现水资源、土地资源、粮食生产三者的最优配置。测度水土资源与粮食生产的二元关联性是本研究的核心与关键，一是将效率的一般分析与当前我国水土资源利用特点和粮食生产特征相结合，实现传统经济效率测度在水土资源和粮食生产领域的扩展；二是尝试深入分析水土资源利用中各因素与粮食生产之间的逻辑关系，通过科学手段得到各因素对粮食产量变化产生的影响效应，并应用区域经济学理论综合评估水土资源利用效率、粮食生产效率、水资源利用分解因素以及耕地资源利用分解因素的影响方向与影响程度的空间差异性。阐明水资源、土地资源与粮食生产的多元关联关系及作用机制是本研究的最终目标。在推进农业绿色可持续发展战略的需求下，强调水资源、土地资源与粮食生产是紧密关联的耦合互馈系统且存在着复杂的相互关系，测度“水-土地-粮食”复合系统的耦合协调水平和类型，能够促进水资源、土地资源与粮食生产协同发展。本研究的总体理论分析框架如图 2-1 所示。

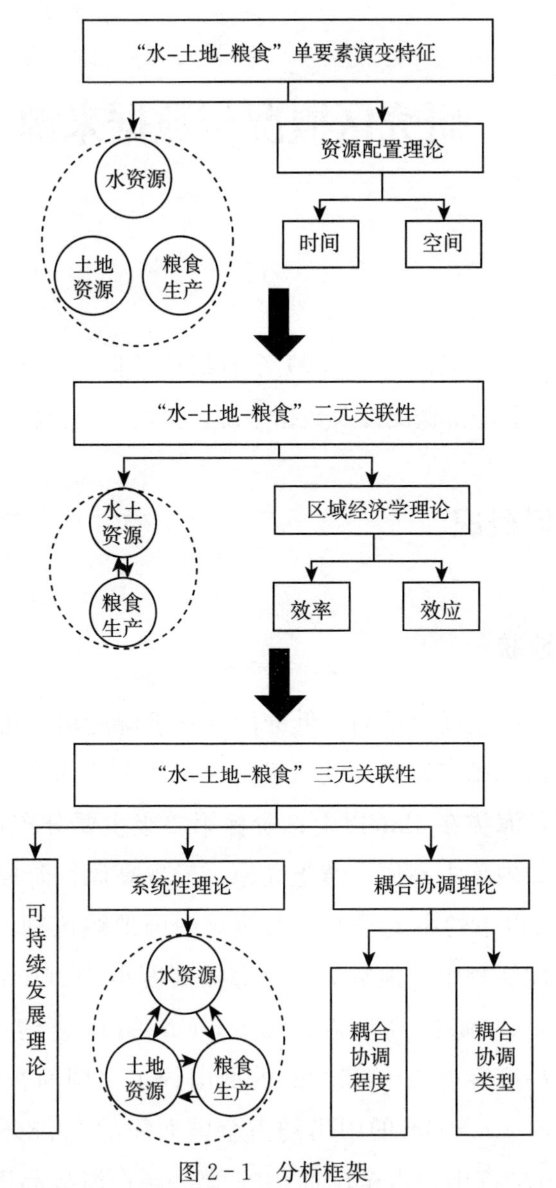


图 2-1 分析框架

注：“水-土地-粮食”单要素是指水资源、土地资源与粮食生产三个单一要素；“水-土地-粮食”二元关联性是指水土资源与粮食生产二元关联性；“水-土地-粮食”三元关联性是指水资源、土地资源与粮食生产三元关联性。

# 研究区概况与数据来源

本章详细介绍研究区（中国31个省级行政区，不包括港澳台地区）的自然地理和社会经济概况以及数据来源，为后续研究搭建实践框架。

## 3.1 研究区概况

### 3.1.1 地形地貌

中国地势整体呈现出西高东低的阶梯状下降趋势，可划分第一级阶梯、第二级阶梯和第三级阶梯共三级阶梯，其中阶梯第一级主要分布在青藏高原附近，海拔在4km以上；阶梯第二级主要分布在海拔1～2km的主要高原，如内蒙古高原、黄土高原、云贵高原；阶梯第三级主要分布在海拔500m以下的主要平原。按照《中国地貌区划》（中国科学院地理研究所，1959）中的地势划分，海拔高度小于200m的平原约占全国面积的15.3%；海拔高度在200～500m的丘陵约占全国面积的12.1%；海拔高度在500～1 000m的低山约占全国面积的16.6%；海拔高度在1 000～3 500m的中山约占全国面积的33.8%；海拔高度在3 500～5 000m的高山约占全国面积的15.9%；海拔高度在5 000m以上的极高山约占全国面积的6.3%。按照土地利用现状调查技术规程对坡度的划分，坡度小于等于2°面积约占全国面积的54.1%；坡度在2°～6°面积约占全国面积的26.3%；坡度在6°～15°面积约占全国面积的16.2%；坡度在15°～25°面积约占全国面积的3.1%；坡度大于25°面积仅占全国面积的0.3%。

### 3.1.2 气候条件

气候类型上，中国横跨季风气候、温带大陆性气候和高寒气候；温度带划分上，包括了热带、亚热带、暖温带、中温带、寒温带和青藏高原区；从干湿地区划分看，有湿润地区、半湿润地区、半干旱地区和干旱地区。即使在相同的气候类型中，也有热量与干湿程度的差异，使气候更具复杂多样性。复杂多样的气候条件使大多数农作物都能找到适宜生长的地方，季风气候显著的特征也为农业生产提供了有利条件。根据中国年均降水量和温度分布，中国年均降水量呈现由西北向东南递增的趋势，变化范围为8～2 526mm，2020年全国平均降水量为695mm；中国年平均温度分布具有相同的趋势，变化范围为－26～28℃，2020年全国年平均气温为10.25℃。

### 3.1.3 土壤植被与生态建设

中国土壤资源类型繁多，根据全国土壤普查办公室1995年编制并出版的《1∶1 000 000中华人民共和国土壤图》共分出12类土纲，分别为：淋溶土、半林溶土、钙层土、干旱土、漠土、初育土、半水成土、水成土、盐碱土、人为土、高山土和铁铝土。其中，高山土占全国所有类别土纲面积比例最大，约为21.4%；水成土占全国所有类别土纲面积比例最小，约为1.6%。根据中国土壤质地分类（邓时琴，1986），共分出3种土壤质地，分别为：砂土、壤土和黏土。其中，砂土比例最高，约占全国土壤面积的49.4%；壤土比例其次，约占全国土壤面积的37.3%；黏土比例最小，约占全国土壤面积的13.3%，并呈现出“北砂南黏”的分布特征。植被类型丰富，根据《1∶1 000 000中国植被图集》共分出11个植被类型组，反映出植被的分布规律遵循着纬向地带性、经向地带性和垂直地带性，其中栽培植被、草原、荒漠、草甸和灌丛占全国植被面积的比例较大，均超过 10%，分别为 23.7%、15.9%、13.6%、11.5% 和 10.3%。21 世纪以来，中国通过采取退耕还林还草、生态补偿、防沙治沙、流域治理、水土保持等一系列重大举措，加强基础设施，促进生态环境建设。

### 3.1.4 社会经济

截至 2020 年，中国 31 个省份（不包括港澳台）总人口约 14.12 亿人，其中城镇人口约 9.02 亿人，城镇化率约 63.9%。2005—2020 年，国内生产总值由 187 318.9 亿元快速增长至 1 015 986.2 亿元，增长了约 4.4 倍，年增长率约为 11.9%，如图 3-1 所示。其中，第一产业占比约由 11.6%减少至 7.7%，第二产业占比约由 47.0%减少至 37.8%，第三产业

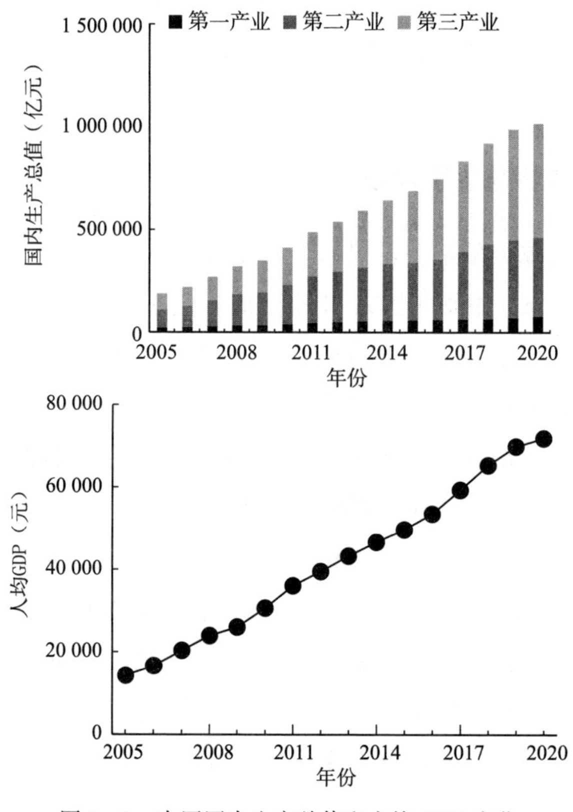


图 3-1　中国国内生产总值和人均 GDP 变化

占比约由41.4%增加至54.5%，产业结构向高效化发展。人均GDP由14 325.8元快速增长至71 947.6元，增长了约4.02倍，年增长率约为11.4%。中国的社会经济整体状态在可持续的基础上稳定增长。

## 3.2 数据来源

为保证资料完整性和统一性，本书选取2005—2020年作为研究期，涉及的数据主要包括水资源数据、土地资源数据、粮食生产数据、社会经济数据、生态环境数据和遥感监测数据，下面介绍所需数据的主要来源。

水资源数据主要包括水资源总量、主要用水量、有效灌溉面积等，相关数据来源于国家和地区的《统计年鉴》《水资源公报》和《水利统计年鉴》；土地资源数据主要包括土地面积、耕地数量、耕地质量等，相关数据来源于国家和地区的《统计年鉴》和《国土资源统计年鉴》；粮食生产数据主要包括农作物和粮食作物的播种面积和产量等，相关数据来源于国家和地区的《统计年鉴》；社会经济数据主要包括人口数、生产总值、固定资产投资、农民人均可支配收入、农业机械总动力等，相关数据来源于国家和地区的《统计年鉴》《农业统计年鉴》和《农村统计年鉴》；生态环境数据主要包括化肥使用强度、农药使用强度、农膜使用强度等，相关数据来源于国家和地区的《统计年鉴》《生态环境统计公报》；遥感监测数据主要包括MODIS数据和土地利用遥感监测数据，相关数据来源于NASA官方网站（https：//www. nasa. gov）和中国科学院资源环境科学与数据中心（http：//www. resdc. cn）。

# “水-土地-粮食”关联的要素演变特征研究

本章考虑水资源、土地资源、粮食生产三个单一对象的相关要素的演变特征，以“水-土地-粮食”关联中的各要素为基础，在全国尺度、省级尺度和栅格尺度三种尺度的视角下，一是系统分析2005—2020年水资源、土地资源、粮食生产的各要素的演变特征，包括探究中国水资源总量、主要用水量、耕地数量、粮食总产量和单产量的长时间序列变化规律。二是从省级尺度通过统计数据对水资源总量、主要用水量、耕地数量、粮食总产量和单产量进行空间统计分析。三是，从栅格尺度通过遥感反演手段进一步（1 000m×1 000m）对农田水量平衡关系、耕地类型及转换规律、粮食潜在生产力进行空间格局分析。

## 4.1 分析模型

### 4.1.1 重心模型

重心模型是指在研究要素空间变动时所采用的一种重要分析工具，常用于人口分布（徐建华等，2001）、经济分布（乔家君等，2005）以及生产分布（杨宗辉等，2019）等研究中。本章建立区域粮食生产和耕地资源的重心模型，其计算方法为：

$$X=\frac{\sum_{i=1}^{n}x_i m_i}{\sum_{i=1}^{n}m_i}, Y=\frac{\sum_{i=1}^{n}y_i m_i}{\sum_{i=1}^{n}m_i} \tag{4-1}$$

$$d=d_\alpha-d_\beta=k\sqrt{(X_\alpha-X_\beta)^2+(Y_\alpha-Y_\beta)^2} \tag{4-2}$$

式中，$X$ 和 $Y$ 分别是某一年份要素的重心地理横、纵坐标，$m$ 为 $i$ 单元要素属性量值，($x_i$，$y_i$）为第 $i$ 个省份或第 $i$ 个栅格像元几何中心的地理坐标；($X_\alpha$，$Y_\alpha$）和（$X_\beta$，$Y_\beta$）分别为第 $\alpha$ 年和第 $\beta$ 年的重心地理坐标，$d$ 为第 $\alpha$ 年相对第 $\beta$ 年重心移动的距离，$k$ 为常数，取值为 111.111。

### 4.1.2 土地利用转移矩阵

土地利用转移矩阵可以反映研究时段内各土地利用类型间的相互转化关系，能够全面地表达研究区内不同时段各土地利用类型变化的方向与程度，被广泛运用于反映研究区内耕地与其他土地类型、水田与旱田之间的转换关系。其通用形式为：

$$S_{ij}=\begin{bmatrix} S_{11} & S_{12} & \cdots & S_{1n} \\ S_{21} & S_{22} & \cdots & S_{2n} \\ \cdots & \cdots & \cdots & \cdots \\ S_{n1} & S_{n2} & \cdots & S_{nn} \end{bmatrix} \tag{4-3}$$

式中，$S_{ij}$ 为研究初级土地利用类型 $i$ 变为研究末期土地利用类型 $j$ 的面积，$n$ 为土地利用类型的种类数目；矩阵中的每一行元素代表转移前的 $i$ 地类流向转移后的各地类的信息，矩阵中的每一列元素代表转移后的 $j$ 地类面积来自转移前的各地类的信息。

### 4.1.3 ET 估算模型

本章的蒸散发（$ET$）数据来自 MODIS 产品中的 MOD16A2 数据集，该数据集包含蒸散发（$ET$)、潜热通量（$LE$)、潜在蒸散发（$PET$)、潜热通量平均值（$PLE$）和质量控制（$QC$)，数据集时空分辨率分别为 8d

和 500m，选择时间范围为 2005—2020 年。对该数据集进行格式转换、影像裁剪、无效值剔除、因子转换、重采样、累积加和以及耕地掩膜等处理，得到研究区 1km 空间分辨率农田蒸散量年值数据集，用于表征农田中的水量平衡关系（刘启航等，2020）。MOD16 蒸散算法（MU et al.，2007）基于 Penman-Monteith 模型，考虑了土壤表面蒸发、冠层截留水分蒸发和植物蒸腾，计算公式如下：

$$\lambda E=\frac{(R_n-G)+\rho\times C_p\times(e_{sat}-e)/r_h}{\Delta+\gamma\times(1+r_s/r_h)} \tag{4-4}$$

式中，$R_n$ 为净辐射量；$G$ 为土壤热通量；$\rho$ 为空气密度；$C_p$ 为定压比热；$e_{sat}$ 和 $e$ 分别为饱和水汽压和实际水汽压，二者之差为水汽压亏缺；$r_h$ 和 $r_s$ 分别为空气动力学阻抗和表面阻抗；$\Delta$ 为饱和水汽压与温度的曲率斜率；$\gamma$ 为湿度计算常数。

### 4.1.4 GPP 估算模型

本章的总初级生产力（*GPP*）数据来自 MODIS 产品中的 MOD17A2 数据集，该数据集包含总初级生产力（*GPP*）、净光合作用（NP）和质量控制（QC），数据集时空分辨率分别为 8d 和 500m，选择时间范围为 2005—2020 年。对该数据集进行格式转换、影像裁剪、无效值剔除、因子转换、重采样、累积加和以及耕地掩膜提取等处理，得到研究区 1km 空间分辨率农田生态系统总初级生产力年值数据集，用于表征粮食潜在生产力（闫慧敏等，2007）。MOD17 算法（RUNNING et al.，2004）基于光能利用率模型，主要利用光能利用率和环境因素包括温度、水汽压和光照三者间的关系求得，计算公式如下：

$$GPP=LUE_{max}\times 0.45\times SW_{rad}\times FPAR\times fVPD\times f(T_{min}) \tag{4-5}$$

式中，$LUE_{max}$ 为最大光能利用率，$SW_{rad}$ 为太阳短波辐射，$FPAR$ 为光合有效辐射的比例，$f$ 为环境影响因子（包括水分条件和温度的影响因子），$VPD$ 为饱和水汽压，$T_{min}$ 为最小温度值。

## 4.2 全国尺度下水资源、土地资源和粮食生产的时序变化

### 4.2.1 水资源总量

2005—2020年中国水资源总量的时序变化如图4-1所示。从水资源总量来看，水资源总量在2016年最高，为32 466.4亿$m^3$；在2011年最低，仅为23 258.5亿$m^3$；2005—2020年其平均值为27 904.2亿$m^3$。从水资源组成结构来看，各年份地表水资源量变化相对较大，最高值发生在2016年，为31 273.9亿$m^3$，约占该年份水资源总量的96.3%；最低值发生在2011年，为22 215.2亿$m^3$，约占该年份水资源总量的95.5%。地下水资源量则相对稳定，常年保持在8 000亿$m^3$左右。

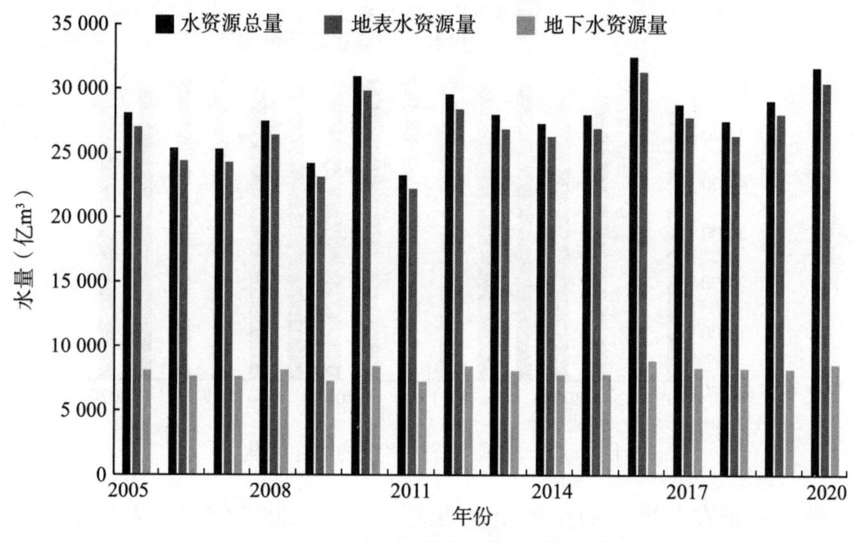


图4-1 中国水资源总量的时序变化

### 4.2.2 主要用水量

2005—2020年中国用水总量及其构成的时序变化如图4-2所示。2005—2020年用水总量呈先上升后下降的趋势，其中，2005—2013年其

呈上升趋势，由 5 633.0 亿 m³ 增加到 6 183.4 亿 m³；2014—2020 年其呈波动下降趋势，由 6 095.0 亿 m³ 减少至 5 812.9 亿 m³；2005—2020 年用水总量平均值约为 5 981.1 亿 m³，主要用水量在近年来得到控制。其中，农业用水占比最大，2005 年农业用水量为 3 582.6 亿 m³，占用水总量的 63.6%；而到 2020 年，农业用水量为 3 612.4 亿 m³，占用水总量的 62.1%；2005—2020 年农业用水量的平均值为 3 733.5 亿 m³。工业用水、生活用水和生态用水占比较小，工业用水量由 2005 年的 1 284.3 亿 m³ 减少至 2020 年的 1 030.4 亿 m³，2005—2020 年工业用水量的平均值约为 1 331.3 亿 m³；生活用水量由 2005 年的 676.0 亿 m³ 增加至 2020 年的 863.1 亿 m³，2005—2020 年生活用水量的平均值为 776.2 亿 m³；生态用水量由 2005 年的 90.1 亿 m³ 增加至 2020 年的 307.0 亿 m³，2005—2020 年生态用水量的平均值约为 140.1 亿 m³，用水结构逐渐合理。

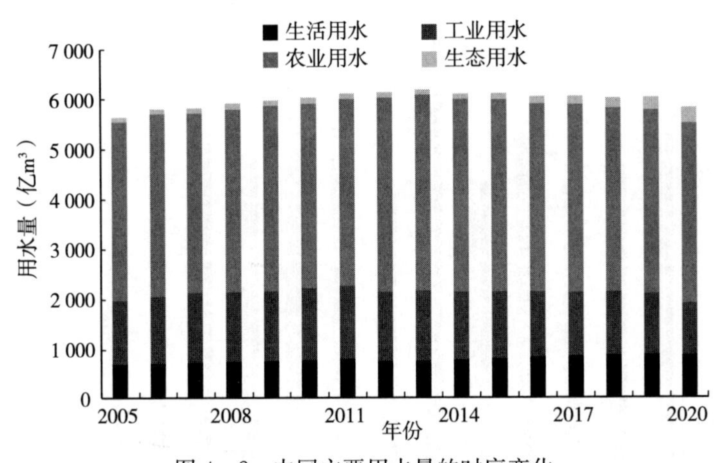


图 4-2　中国主要用水量的时序变化

灌溉对于农业生产的作用至关重要，2005—2020 年中国农业灌溉用水量及其占农业用水量比例的时序变化如图 4-3 所示。2005—2020 年农业用水量呈先上升后下降的趋势，总体为下降趋势。其中，2005—2013 年农业用水量呈波动上升趋势，由 3 224.8 亿 m³ 增加到 3 436.1 亿 m³；2014—2020 年农业用水量呈下降趋势，由 3 385.5 亿 m³ 减少至 3 147.9 亿 m³；2005—2020 年农业用水量的平均值约为 3 312.7 亿 m³。农业灌溉用水量占农业用水量比例一直居高不下，2005—2020年来其比例保持在85%以上；但总体呈下降趋势2005年农业灌溉用水量占农业用水量的90.0%，为2005—2020年农业灌溉用水量占农业用水量比值的最高值；2020年农业灌溉用水量占农业用水量的87.1%，为2005—2020年该比值的最低值。

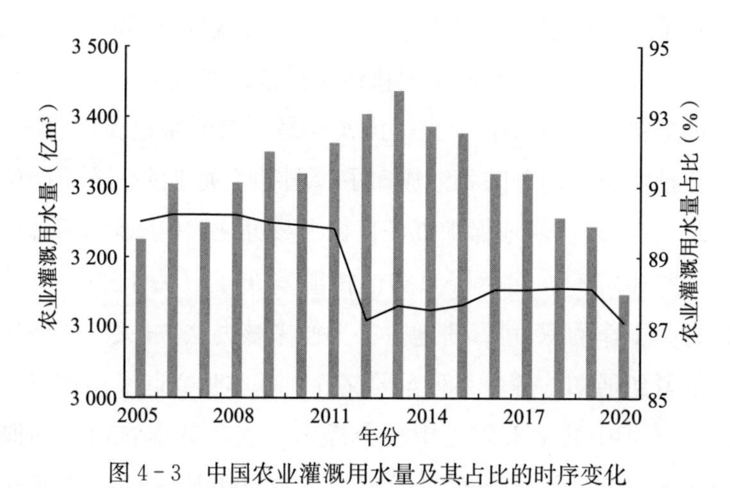


图4-3 中国农业灌溉用水量及其占比的时序变化

## 4.2.3 耕地数量

2005—2020年中国耕地面积的时序变化如图4-4所示。图中包括了原始统计耕地面积和订正耕地面积的变化情况，原始统计耕地面积在2008—2009年和2017—2018年均出现了明显的断层。其中，2005—2008年为第一次国土调查成果及变更数据，2009—2017年为第二次国土调查成果及变更数据（简称“二调”），口径不同导致原始统计耕地面积数据不连续。基于研究的需要，有必要对原始统计耕地面积进行订正。已有研究普遍采用“基于基准数据，结合耕地面积增减变化数据逐年反推”的思路和方法进行耕地面积数据的订正，如陈印军等（2016）、金涛（2019）等学者以2009年“二调”数据为基础，将2009年之前耕地数据订正为“二调”口径数据。上述研究均表明，修正后的数据能够反映耕地面积变化的真实情况。本研究采取上述思路和方法进行数据订正，即以2009年第二次国土调查数据为基础，结合耕地面积增减变化值进行逐年反推，将

2009年以前的全国耕地面积数据订正为基于“二调”口径的数据。构成基于“二调”的2005—2020年中国耕地面积的时序数列。

整体来说，2005—2020年中国订正后的耕地面积呈缓慢下降的趋势，由2005年的13 611.3万$hm^2$减少到2020年的12 786.2万$hm^2$。在我国城镇化的背景下，城市建设用地逐年增加，挤占耕地形势严峻，威胁国家粮食安全。而国家通过出台一系列耕地保护措施和政策，极大地缓解了耕地被挤占的形势。2004年，中央提出实行最严格的耕地保护制度，《土地管理法》获批实施。国务院相继颁布了《国务院关于深化改革严格土地管理的决定》《省级政府耕地保护责任目标考核办法》《土地利用总体规划纲要（2006—2020年）》，自然资源部也相继发布了《关于进一步做好基本农田保护有关工作的意见》《耕地占补平衡考核办法》《关于严格耕地占补平衡管理的紧急通知》等一系列重要文件，基本建立起了最严格的耕地保护制度；2008年中共十七届三中全会提出“永久基本农田”的概念。在自然资源部印发的《关于全面实行永久基本农田特殊保护的通知》中指出，我国基本形成了保护有力、建设有效、管理有序的永久基本农田保护格局。在耕地保护制度日趋严格的背景下，全国耕地面积下降幅度逐年减少，2006年订正后的耕地面积较2005年订正后的耕地面积下降约0.27%，而在第三次国土调查（简称“三调”）启动时间以后，2018年订

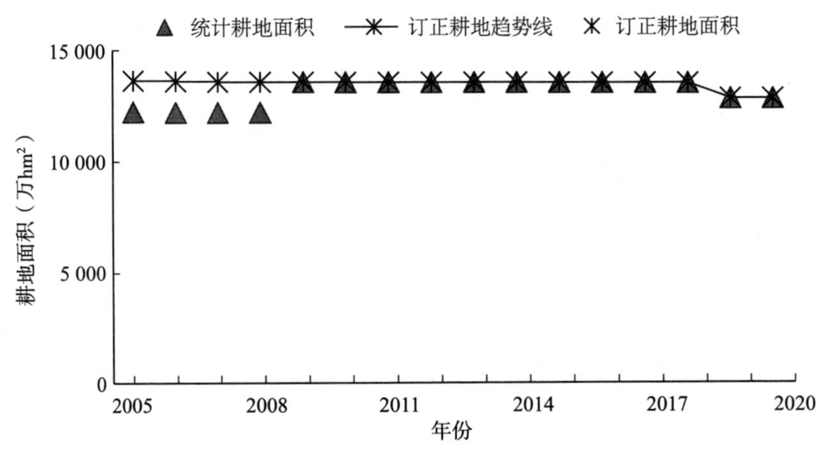


图4-4　中国耕地面积的时序变化

正后的耕地面积较2017年订正后的耕地面积下降约为0.04%。

### 4.2.4 粮食总产量和单产量

2005—2020年中国粮食产量和粮食单产的时序变化以及粮食产量构成的时序变化如图4-5和图4-6所示。2005—2020年粮食产量和单产均呈上升趋势，其中，粮食产量由2005年的48 402.2万t增加到2020年的

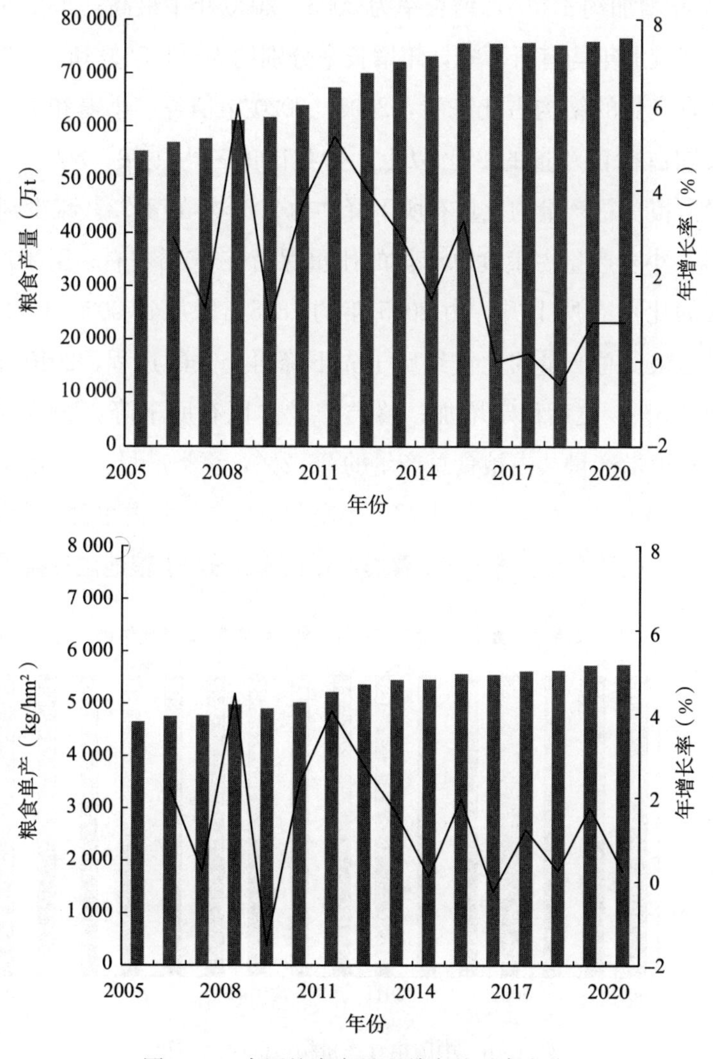


图4-5 中国粮食产量和单产的时序变化

66 949.2万t；2008年粮食产量较2007年增加约6.0%，增长率为2005—2020年中最高。2016和2018年受种植结构变化和政策等因素影响，国家调减库存较多的稻谷和玉米种植，因地制宜发展经济作物，导致粮食产量较上年均有所下降，年增长率分别约为－0.03%和－0.56%。2005—2020年中国粮食产量总体稳定在6亿t的阶段性水平；粮食单产由2005年的4 641.6kg/hm$^2$增加到2020年的5 733.5kg/hm$^2$。2008年粮食单产较2007年增加约4.5%，增长率为2005—2020年中最高；2009年和2016年粮食单产较上年均有所下降，年增长率分别约为－1.53%和－0.25%。

从粮食产量的结构占比来看，2005—2020年稻谷、小麦和玉米三者产量之和长期占粮食产量的85%以上，为我国的三大主粮。2005—2020年，稻谷产量占粮食总产量的比重有所下降，由2005年的37.3%减少到2020年的31.6%；小麦产量占粮食总产量的比重保持在20%左右；玉米产量占粮食总产量的比重有所上升，由2005年的28.8%增加到2020年的38.9%；豆类产量占粮食总产量的比重经历了先下降再上升的过程，2015年占比最低，仅为2.3%，之后稳定增加；薯类产量占比有所下降。2005年全国稻谷、小麦和玉米产量共占粮食总产量的86.2%，豆类产量占4.5%，薯类产量占7.2%；到2020年，全国水稻、小麦和玉米产量共占粮食总产量的比重变为90.6%，豆类产量占3.4%，薯类产量占4.5%，主粮地位日益受到重视。

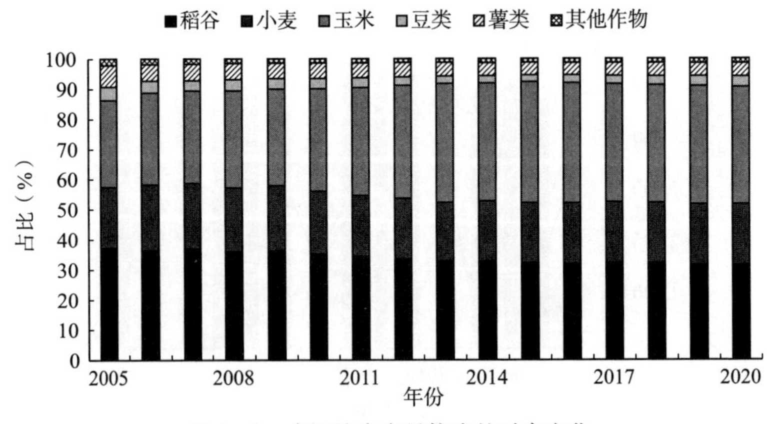


图4-6　中国粮食产量构成的时序变化

# 4.3 省级尺度下水资源、土地资源和粮食生产的空间分布

## 4.3.1 水资源总量

2005年、2010年、2015年和2020年中国水资源总量的空间分布如图4-7所示。2005年，各省份的水资源总量在8.5亿～44 451.1亿 m³ 范围内，除四川和西藏的水资源总量较大，其他各省份的水资源总量均小于2 000亿 m³；2010年，各省份的水资源总量在9.2亿～4 593.0亿 m³ 范围内，江西、四川和西藏的水资源总量较大，其他各省份的水资源总量均小于2 000亿m³；2015年，各省份的水资源总量在9.2亿～3 853.0亿 m³ 范围内，江西、四川、广西和西藏的水资源总量较大，其他各省份的水资源总量均小于2 000亿 m³；2020年，各省份的水资源总量在11.0亿～4 597.3亿 m³ 范围内，广西、湖南、四川和西藏的水资源总量较大，其他各省份的水资源总量均小于2 000亿 m³。2005—2020年，水资源总量在各区域均有不同程度变化，

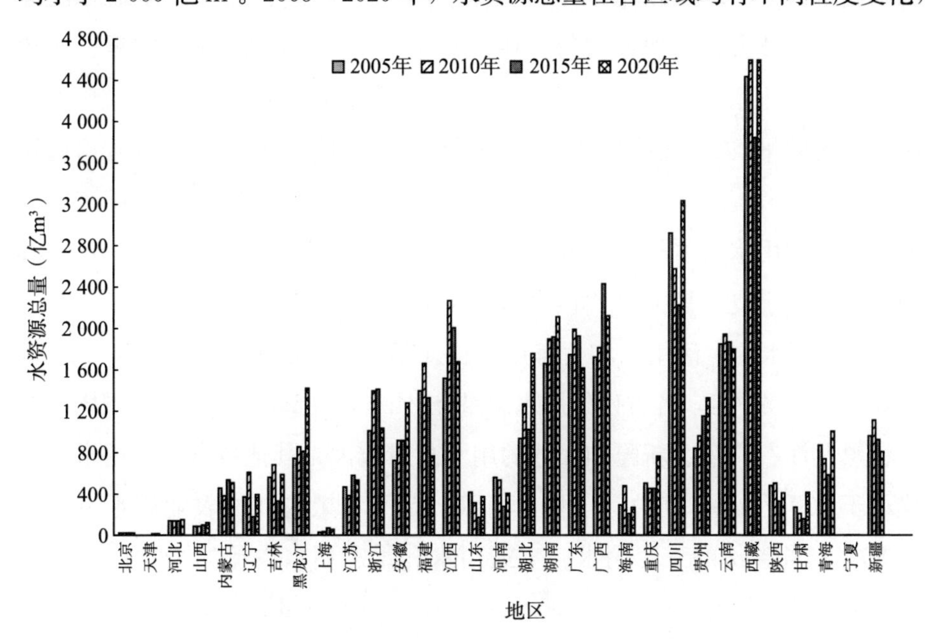


图4-7　2005年、2010年、2015年和2020年中国水资源总量空间分布

但水资源总量分布不均衡，以及以长江为界呈"南多北少"的分布格局。其中，西藏的水资源最为丰富，年均水资源总量达 4 408.8 亿 $m^3$；其次是四川，年均水资源总量为 2 538.3 亿 $m^3$；宁夏、天津、北京和上海的水资源总量最为匮乏，年均水资源总量均少于 200 亿 $m^3$，分别为 10.3 亿 $m^3$、14.5 亿 $m^3$、27.3 亿 $m^3$ 和 39.8 亿 $m^3$。南方 16 个省份的年均水资源总量占全国年均水资源总量的 80.7%，而北方 15 个省份的年均水资源总量仅占 19.3%。

### 4.3.2 主要用水量

2005 年（a）、2010 年（b）、2015 年（c）和 2020 年（d）中国用水量的空间分布如图 4-8 所示。2005 年，各省份的用水总量在 23.1 亿～519.7 亿 $m^3$ 范围内，广西、湖南、广东、新疆和江苏的用水总量较大；其他各省份的用水总量均小于 300 亿 $m^3$，其中，内蒙古、西藏、新疆和宁夏的农业用水占比超过 80%；各省份的工业用水、生活用水和生态用水占比的平均值分别为 21.9%、13.6%和 1.4%。2010 年，各省份的用水总量在 22.5 亿～552.2 亿 $m^3$ 范围内，广西、黑龙江、湖南、广东、新疆和江苏的用水总量较大；其他各省份的用水总量均小于 300 亿 $m^3$，宁夏、西藏和新疆的农业用水占比超过 80%，各省份的工业用水、生活用水和生态用水占比的平均值分别为 22.8%、14.5%和 2.3%。2015 年，各省份的用水总量在 25.7 亿～577.2 亿 $m^3$ 范围内，湖北、湖南、黑龙江、广东、江苏和新疆的用水总量较大；其他各省份的用水总量均小于 300 亿 $m^3$，其中，甘肃、宁夏、黑龙江、西藏和新疆的农业用水占比超过 80%；各省份的工业用水、生活用水和生态用水占比的平均值分别为 20.5%、14.8%和 3.2%。2020 年，各省份的用水总量在 24.3 亿～572.0 亿 $m^3$ 范围内，湖南、黑龙江、广东、新疆和江苏的用水总量较大；其他各省份的用水总量均小于 300 亿 $m^3$，其中，宁夏、西藏、新疆和黑龙江的农业用水占比超过 80%；各省份的工业用水、生活用水和生态用水占比的平均值分别为 16.1%、17.0%和 6.9%。2005—2020 年，用水总量大体呈"四周多，中间少"的分布格局，新疆和江苏的用水总量最多，年均用水总量均超过

500 亿 $m^3$；全国近 1/3 的省份年均用水量少于 100 亿 $m^3$。南方大部分省份的农业用水量与其用水总量呈正相关关系；但对于北方部分水资源短缺的省份，因其农业发展的需要，农业用水量存在“不降反升”的现象，说明我国水资源利用与农业发展存在空间错位的现象。

2005 年（a）、2010 年（b）、2015 年（c）和 2020 年（d）中国农业灌溉用水量及其占农业用水比例的空间分布如图 4-9 所示。2005 年，各省份的农业灌溉用水量在 8.8 亿～362.1 亿 $m^3$ 范围内，新疆、江苏和广西的农业灌溉用水量较大，分别为 362.1 亿 $m^3$、239.6 亿 $m^3$ 和 206.8 亿 $m^3$，其他各省份的农业灌溉用水量均小于 200 亿 $m^3$；除西藏、北京和新疆外，其他各省份的农业灌溉用水量占农业用水量比例均在 80%以上。2010 年，各省份的农业灌溉用水量在 7.9 亿～370.0 亿 $m^3$ 范围内，新疆、江苏和黑龙江的农业灌溉用水量较大，分别为 370.0 亿 $m^3$、270.3 亿 $m^3$ 和 240.9 亿 $m^3$，其他各省份的农业灌溉用水量均小于 200 亿 $m^3$；除西藏、北京、新疆和青海外，其他各省份的农业灌溉用水量占农业用水量比例均在 80%以上。2015 年，各省份的农业灌溉用水量在 4.2 亿～423.9 亿 $m^3$ 范围内，新疆、黑龙江和江苏的农业灌溉用水量较大，分别为 423.9 亿 $m^3$、303.0 亿 $m^3$ 和 242.8 亿 $m^3$，其他各省份的农业灌溉用水量均小于 200 亿 $m^3$；除北京、青海、西藏、天津和新疆外，其他各省份的农业灌溉用水量占农业用水量比例均在 80%以上。2020 年，各省份的农业灌溉用水量在 2.0 亿～378.2 亿 $m^3$ 范围内，新疆、黑龙江和江苏的农业灌溉用水量较大，分别为 378.2 亿 $m^3$、271.5 亿 $m^3$ 和 240.3 亿 $m^3$，其他各省份的农业灌溉用水量均小于 200 亿 $m^3$；除青海、北京、重庆、新疆、西藏和上海外，其他各省份的农业灌溉用水量占农业用水量比例均在 80%以上。2005—2020 年，全国农业灌溉用水量占总用水量的平均比例达 55.40%，因此，农业灌溉用水量的空间分布与总用水量的空间分布特征相似，但农业灌溉用水占农业用水量比重在不同省份间差异较大，河北、山西、吉林、黑龙江、安徽、江西、湖南、贵州和甘肃的农业灌溉用水量占农业用水量比例始终保持在 90%以上。在干旱和半干旱区，降水量无法满足蒸散量，农业生产严重依赖于灌溉。

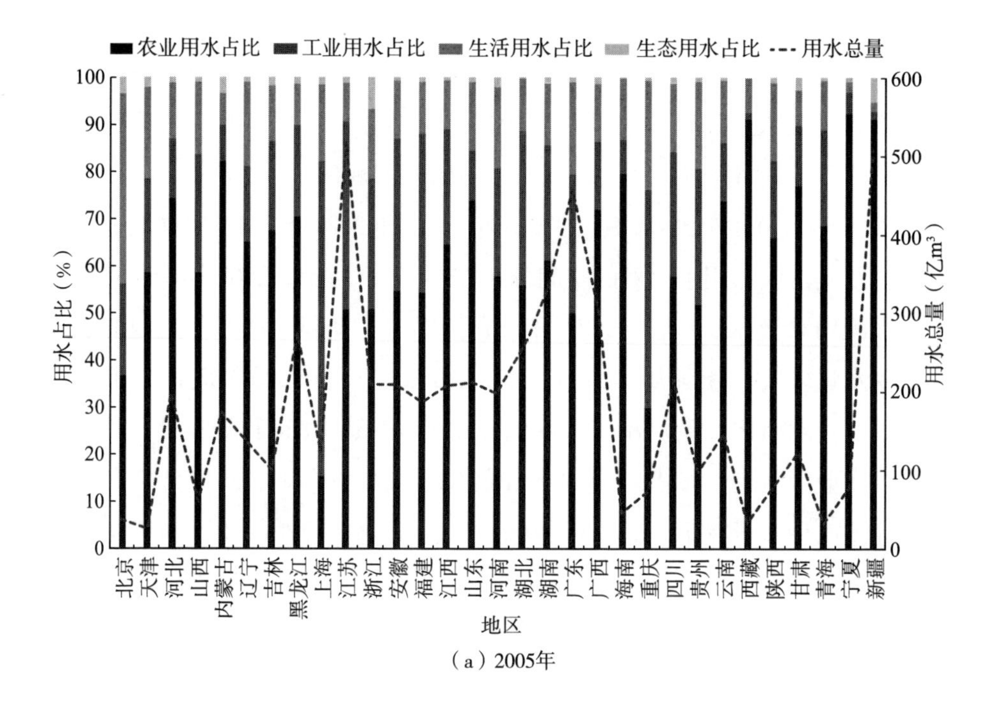


（a）2005年

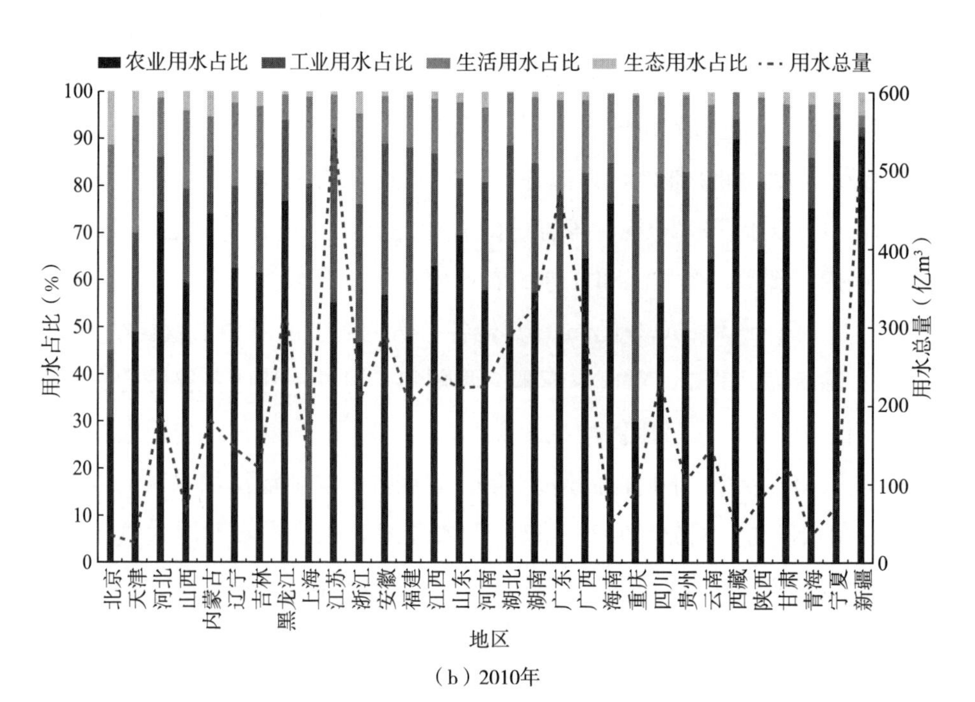


（b）2010年

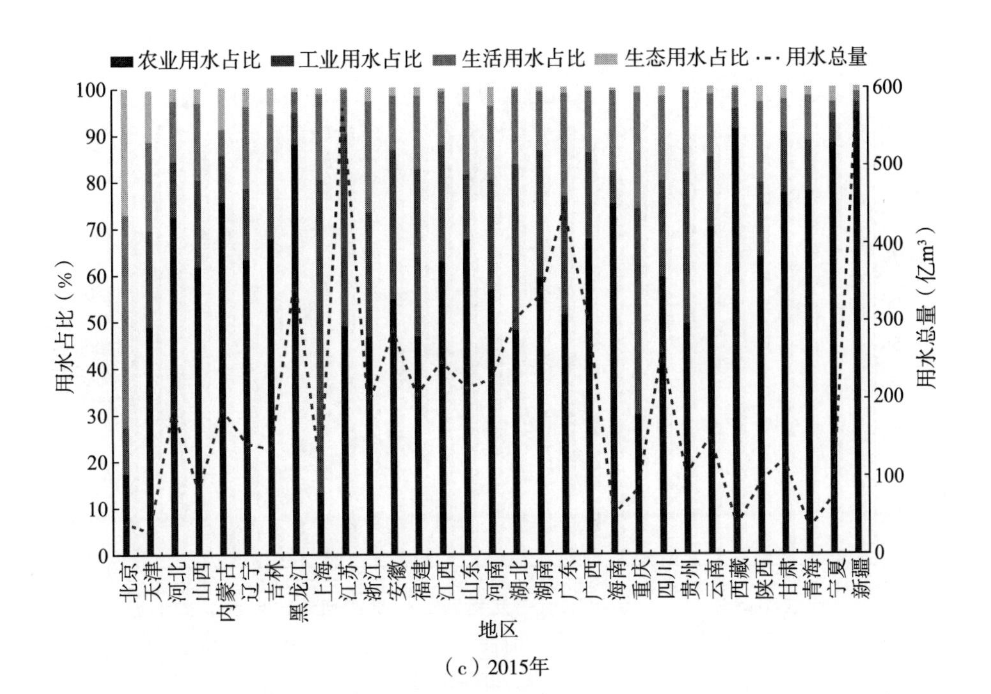


（c）2015年

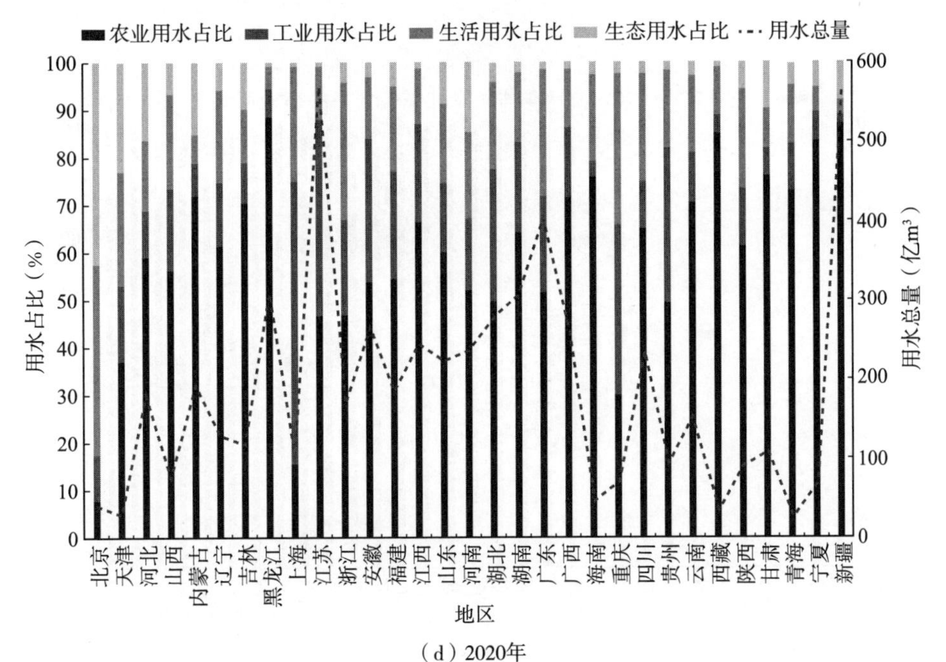


（d）2020年

图4-8 2005年（a）、2010年（b）、2015年（c）和2020年（d）中国用水量的空间分布

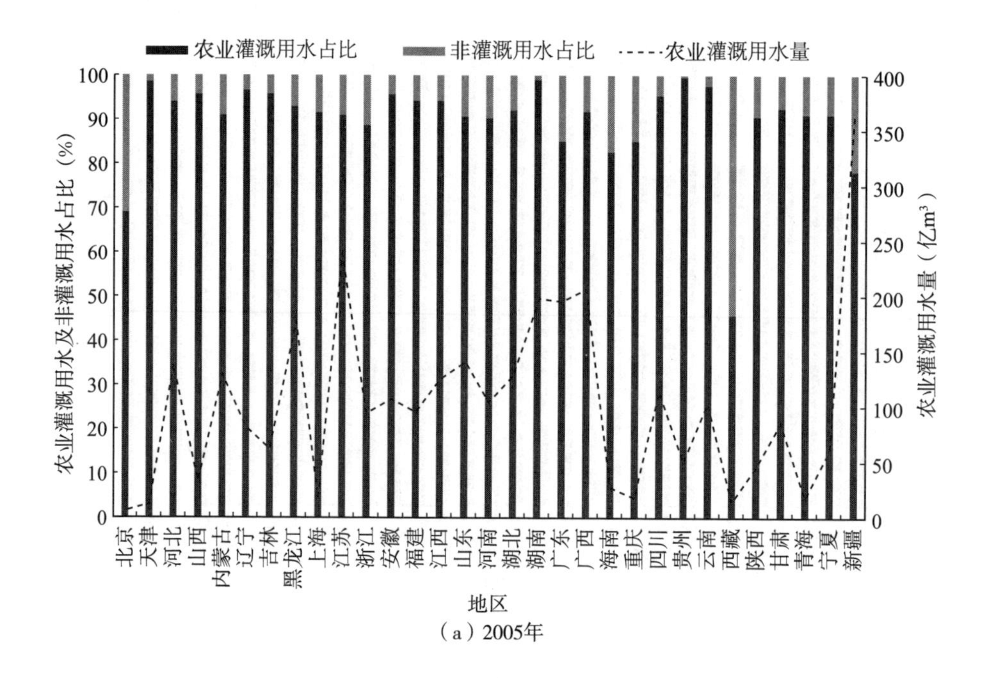

（a）2005年

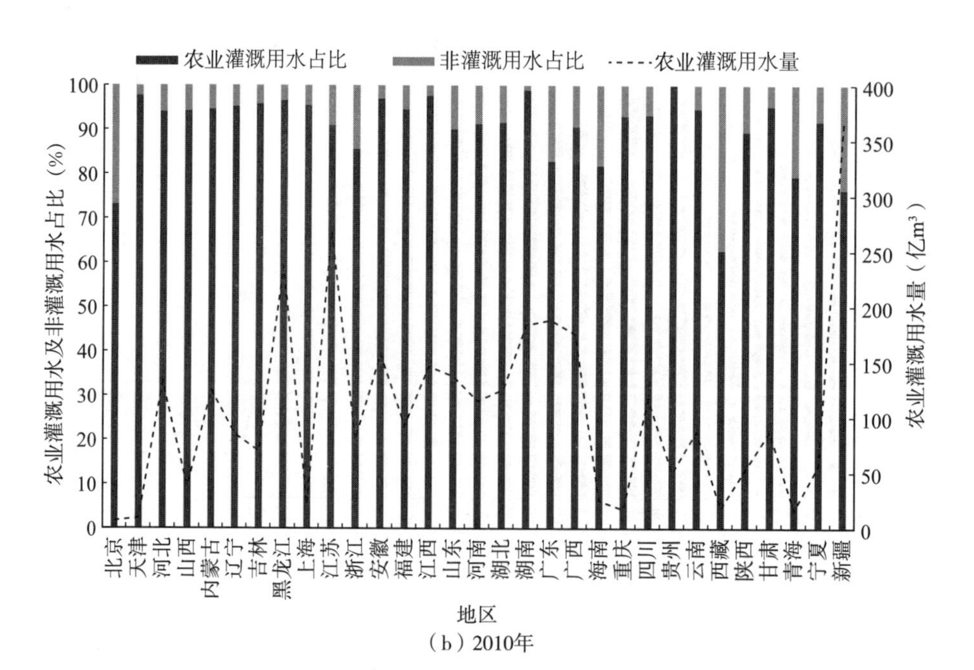

（b）2010年

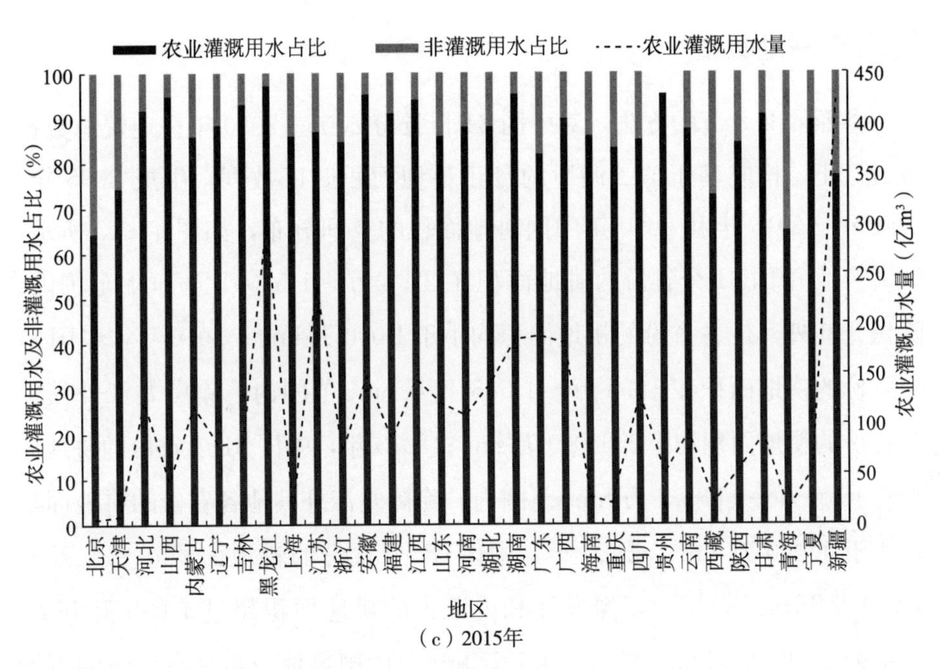

（c）2015年

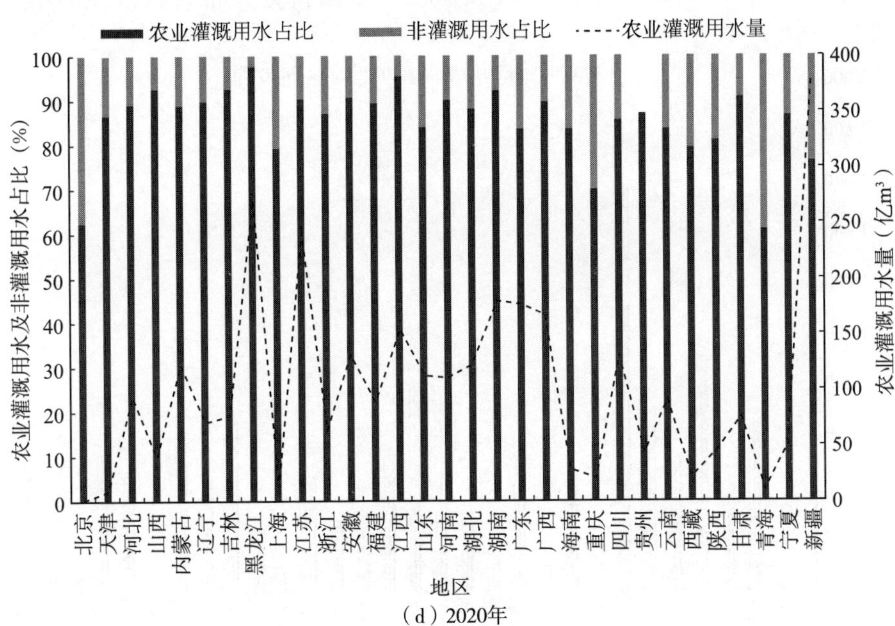

（d）2020年

图 4-9　2005 年（a）、2010 年（b）、2015 年（c）和 2020 年（d）中国农业灌溉用水量及其占农业用水比例的空间分布

### 4.3.3 耕地数量

参照 4.2.3 节的方法，对中国 31 个省份 2005—2020 年耕地资源数据进行订正，构成基于"二调"的订正耕地面积时序数列，生成 2005 年、2010 年、2015 年和 2020 年中国耕地面积的空间分布，如图 4-10 所示。2005 年，中国 31 个省份的耕地面积在 22.4 万～1 570.1 万 $hm^2$ 范围内，除黑龙江外其他各省份的耕地面积均小于 1 000 万 $hm^2$；2010 年，中国 31 个省份的耕地面积在 18.8 万～1 585.8 万 $hm^2$ 范围内，除黑龙江外其他各省份的耕地面积均小于 1 000 万 $hm^2$；2015 年，中国 31 个省份的耕地面积在 19.0 万～1 585.4 万 $hm^2$ 范围内，除黑龙江外其他各省份的耕地面积均小于 1 000 万 $hm^2$；2020 年，中国 31 个省份的耕地面积在 9.4 万～1 719.5 万 $hm^2$ 范围内，黑龙江和内蒙古的耕地面积超过 1 000 万 $hm^2$，分别为 1 719.6 万 $hm^2$ 和 1 149.7 万 $hm^2$。中国耕地分布具有很强的不均

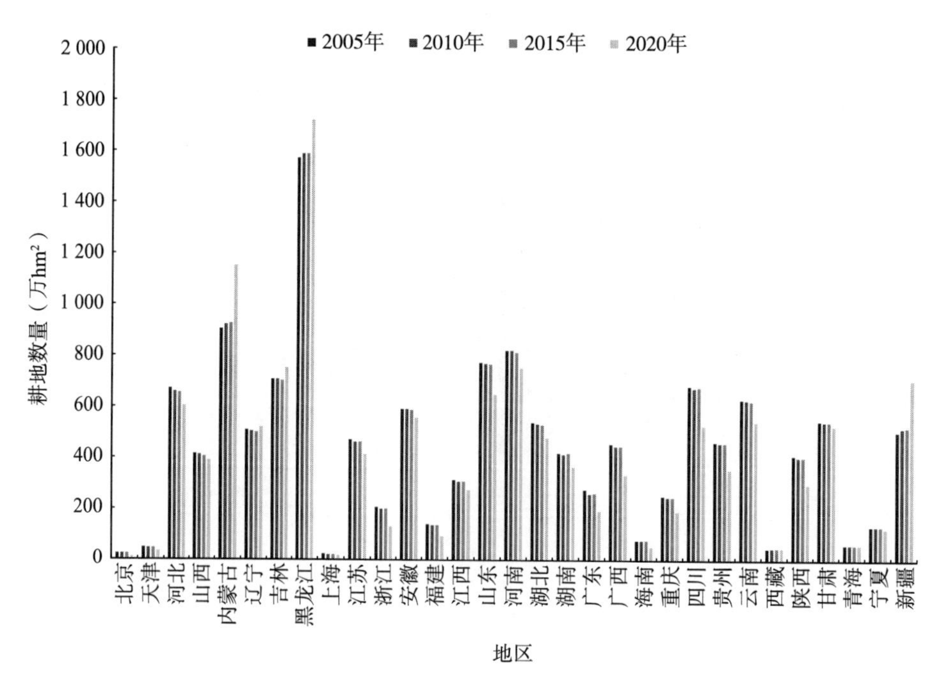


图 4-10　2005 年、2010 年、2015 年和 2020 年中国耕地面积空间分布

衡性，60%以上的耕地集中在占全国国土面积20%的行政区域；南方16个省份的年均耕地面积仅占全国年均耕地面积的39.4%，而北方15个省份的年均耕地面积占全国年均耕地面积的60.6%。2005—2020年，辽宁、吉林、黑龙江、新疆和内蒙古的耕地面积有所增加，增加最多的区域主要分布在黑龙江、新疆和内蒙古，均超过100万$hm^2$；辽宁和吉林有小面积的增加，均不超过50万$hm^2$。80%以上省份的耕地面积在下降，其中四川、山东、广西、陕西和贵州的耕地面积减少最大，均超过100万$hm^2$。

### 4.3.4 粮食总产量和单产量

2005年、2010年、2015年和2020年中国粮食产量的空间分布如图4-11所示。2005年，各省份的粮食产量在93.3万～4 582.0万t范围内，河南的粮食产量最大，青海、西藏和北京的粮食产量较小，均小于100万t。2010年，各省份的粮食产量在91.2万～5 632.9万t范围内；黑龙江和河南的粮食产量超过5 000万t，分别为5 632.9万t和5 581.8万t；西藏的粮食产量最小，仅为91.2万t。2015年，各省份的粮食产量在62.6万～7 615.8万t范围内；黑龙江、河南和山东的粮食产量均超过5 000万t，分别为7 615.8万t、6 470.2万t和5 153.1万t；北京的粮食产量最小，仅为62.6万t。2020年，各省份的粮食产量在30.5万～7 540.8万t范围内；黑龙江、河南和山东的粮食产量均超过5 000万t，分别为7 540.8万t、6 825.8万t和5 446.8万t；北京和上海的粮食产量少于100万t，分别为30.5万t和91.4万t，这两个地区的农业生产功能已让位于其他功能。2005—2020年，北京、福建、浙江、上海、广东、贵州、广西、重庆和海南的粮食产量有所减少；其余省份的粮食产量呈现不同程度的增加，其中，黑龙江增加幅度最大，2020年粮食产量较2005年提升144%，为保障国家粮食安全作出重要贡献。2005—2020年位于粮食主产区的省份的粮食产量占全国粮食产量比例的平均值为77.0%。

2005年、2010年、2015年和2020年中国粮食单产的空间分布如图4-12所示。2005年，各省份的粮食单产在3 195.6～6 344.7kg/$hm^2$范围内，上海

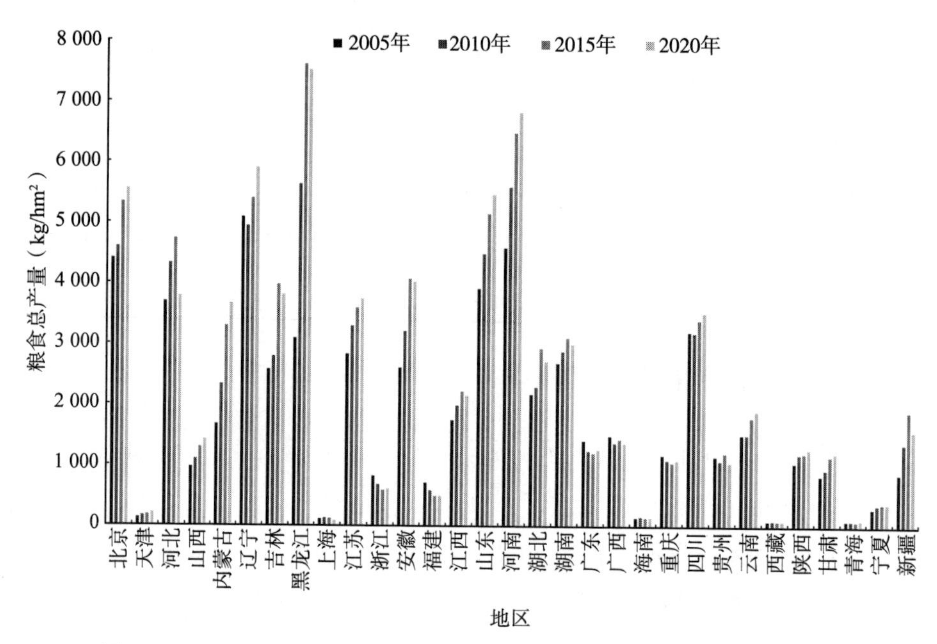


图 4-11　2005 年、2010 年、2015 年和 2020 年中国粮食产量的空间分布

和吉林的粮食单产均高于 6 000kg/hm²，分别为 6 344.7kg/hm² 和 6 010.5kg/hm²；陕西的粮食单产最少。2010 年，各省份的粮食单产在 3 450.0～6 730.1kg/hm² 范围内，新疆、上海、浙江、江苏和山东的粮食单产均高于 6 000kg/hm²，山西的粮食单产最少。2015 年，各省份的粮食单产在 3 710.6～7 886.0kg/hm² 范围内，新疆、吉林、上海、江苏、山东、湖南和湖北的粮食单产均高于 6 000kg/hm²，其中，新疆和吉林的粮食单产达 7 886.0kg/hm² 和 7 181.1kg/hm²；青海的粮食单产最少。2020 年，各省份的粮食单产在 3 703.4～7 996.5kg/hm² 范围内，上海、新疆、江苏、吉林、辽宁、山东、天津、河南、湖南、北京、浙江和福建的粮食单产均高于 6 000kg/hm²，其中，上海和新疆的粮食单产达 7 996.5kg/hm² 和 7 099.8kg/hm²；青海粮食单产最少。2005—2020 年，除青海的粮食单产有所减少，其余省份的粮食单产均有不同程度的增加，其中，海南增加幅度最大，2020 年粮食单产较 2005 年提升约 48.9%。位于粮食主产区的省

份的粮食单产水平由 4 884.1kg/hm² 增加到 5 972.3kg/hm²，提升了约 22.3%。

为进一步揭示中国粮食生产区域变迁的具体过程及其数量关系，利用重心模型计算得出粮食产量、粮食单产重心经纬度坐标及重心移动距离，如表 4-1 所示。2005—2020 年粮食生产的重心在东经 113.69°～114.48°、北纬 34.51°～36.08°间变动，逐渐从河南中部向河南北部移动。2005—2010 年向东北方向移动 62.84km，2010—2015 年继续向东北方向移动 23.74km，2015—2020 向东部方向移动 0.36km，2005—2020 年整体向东北方向移动了 172.04km。2005—2020 年粮食单产的重心移动变化不大，在东经 111.76°～111.93°、北纬 33.91°～34.09°间变动，主要分布在河南中西部。2005—2010 年向东北方向移动 0.10km，2010—2015 年向西北方向移动 1.91km，2015—2020 年向东南方向移动 2.31km，2005—2020 年整体向东北方向移动了 3.25km，佐证了陈秧分 等（2021）、刘彦随 等（2009）关于中国粮食生产“重心北移”的结论。

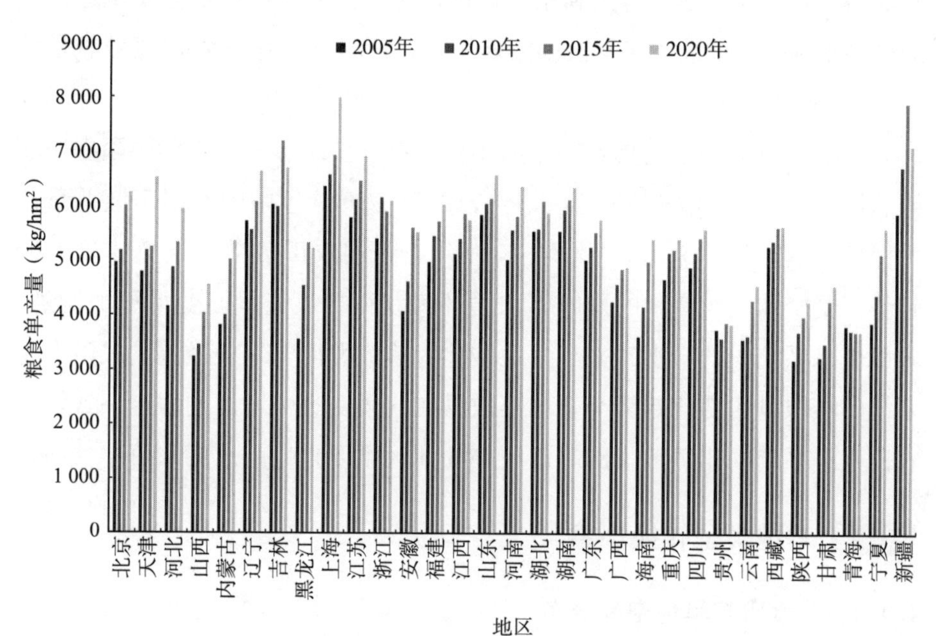


图 4-12　2005 年、2010 年、2015 年和 2020 年中国粮食单产的空间分布

表 4-1 粮食产量、粮食单产的重心经纬度坐标及重心移动距离

| 年份 | 粮食产量 | | 粮食单产 | | 时间段 | 移动距离（km） | |
|---|---|---|---|---|---|---|---|
| | 东经 | 北纬 | 东经 | 北纬 | | 粮食产量 | 粮食单产 |
| 2005 | 113.69° | 34.51° | 111.76° | 33.91° | 2005—2010 年 | 62.84 | 0.10 |
| 2010 | 114.15° | 35.47° | 111.78° | 33.95° | 2010—2015 年 | 23.74 | 1.91 |
| 2015 | 114.40° | 36.07° | 111.73° | 34.13° | 2015—2020 年 | 0.36 | 2.31 |
| 2020 | 114.48° | 36.08° | 111.93° | 34.09° | 2005—2020 年 | 172.04 | 3.25 |

## 4.4 栅格尺度下水资源、土地资源和粮食生产的空间格局

### 4.4.1 农田水量平衡关系

全国年均农田蒸散量在 0～1 200mm，呈东南向西北逐渐降低的显著空间分布特征，华南地区和西南地区的蒸散量最大，这些地区水热条件良好且农田覆盖率高；华北地区和东北地区次之；西北地区的蒸散量最小，该地区降水稀少且植被稀疏。根据栅格统计，2005 年，中国农田蒸散总量约为 9.0 万亿 t，2010 年约为 9.6 万亿 t，2015 年约为 9.4 万亿 t，2020 年约为 9.5 万亿 t，其时间序列具有一定的年代际差异。2005—2010 年中国农田蒸散总量显著上升，增长率约为 6.7%，2011—2020 年中国农田蒸散总量几乎保持不变。整体来看，2005—2020 年，中国农田蒸散总量整体呈上升趋势。受全球气候变暖的影响，水循环为获得更大能量而变得更加剧烈，农田生态系统中的降水越来越多地转化为蒸散发而非地表径流。农田生态系统的蒸散量的变化趋势与全球蒸散量在气候变暖中增加的假定一致，而农田生态系统的年蒸散量的峰值所在的地区主要是岭南地区和滇中盆地。

### 4.4.2 耕地类型转换规律

#### 4.4.2.1 水田与旱地空间分布

根据栅格统计，2005 年，水田面积为 4 658.34 万 $hm^2$，旱地面积为

13 273.86 万 $hm^2$；2010 年，水田面积为 4 650.22 万 $hm^2$，旱地面积为 13 227.91 万$hm^2$；2015 年，水田面积为 4 649.50 万 $hm^2$，旱地面积为 13 210.53 万$hm^2$；2020 年，水田面积为 4 597.39 万 $hm^2$，旱地面积为 13 228.05 万$hm^2$，旱地的空间分布区域面积远大于水田，约占耕地面积的 70%以上。2005—2020 年，中国水田面积逐步减少，减幅约为 1.31%，其中 2015—2020 年减少最明显，减速呈上升趋势，演化形成了集中分布于长江中下游平原、成都平原、东北平原、珠江三角洲以及主要河流沿岸的空间格局；中国旱地面积先减少后增加，整体呈减少趋势，减幅约为 0.35%，其中 2005—2010 年减少最明显，演化形成了集中分布于秦岭—淮河线以北的广大北方地区和南方丘陵地区的空间格局。

不同时期水田、旱地和耕地的重心迁移变化如图 4-13 所示。2005—2020 年，耕地、水田和旱地均发生明显的重心迁移，耕地的重心持续向西北方向迁移，水田的重心总体向东北方向迁移，旱地的重心总体向西北方向迁移，耕地的重心变化受旱地的影响较大。耕地的重心在东经 112.28°～113.24°、北纬 35.52°～35.76°间变动，逐渐从山西省晋城市陵川县迁移至山西省晋城市高平市，整体向西北方向迁移了 48.16km，平均每年迁移 3.21km。不同时期耕地的重心迁移速度差异较大，2005—2010 年、2010—2015 年和 2015—2020 年三个时期耕地重心每年迁移 1.22km、3.23km 和 5.24km。水田的重心在东经 114.13°～114.68°、北纬 30.79°～31.41°间变动，逐渐从湖北省孝感市孝南区迁移至湖北省黄冈市红安县，整体向东北方向迁移了 91.82km，平均每年迁移 6.12km。不同时期水田的重心迁移速度差异较大，2005—2010 年、2010—2015 年和 2015—2020 年三个时期水田的重心每年迁移 3.36km、6.80km 和 8.38km。旱地的重心在东经 112.20°～112.90°、北纬 37.17°～37.26°间变动，逐渐从山西省晋中市榆社县迁移至山西省晋中市平遥县，整体向西北方向迁移了 77.62km，平均每年迁移 5.17km。不同时期的旱地重心迁移速度差异较大，2005—2010 年、2010—2015 年和 2015—2020 年三个时期旱地的重心每年迁移 1.89km、4.99km 和 8.65km。

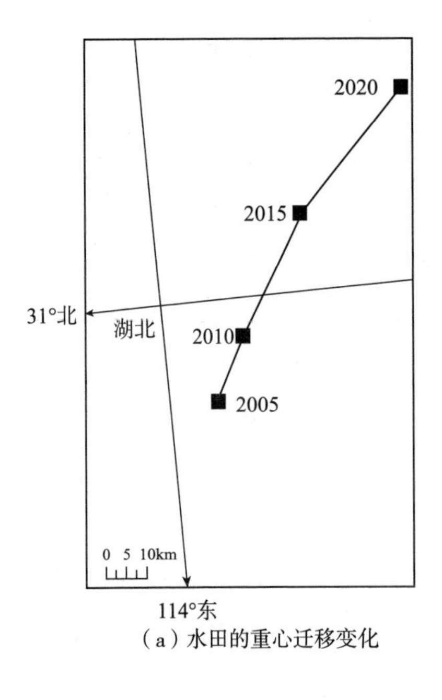

（a）水田的重心迁移变化

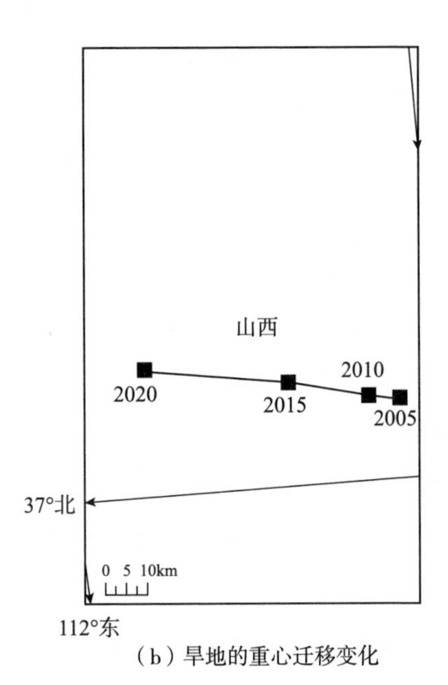

（b）旱地的重心迁移变化

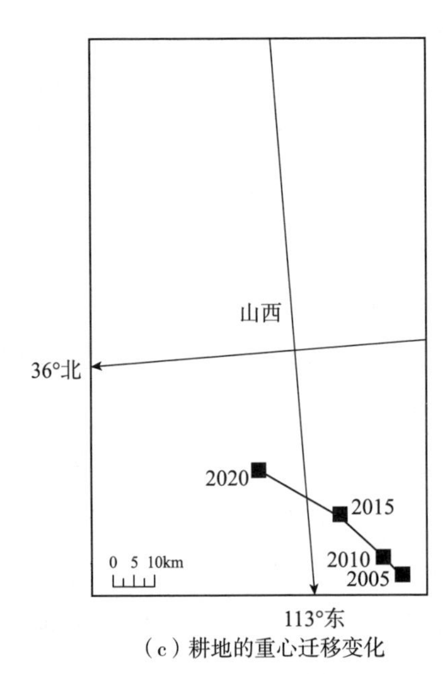

（c）耕地的重心迁移变化

图 4-13 不同时期水田、旱地和耕地的重心迁移变化

#### 4.4.2.2 “水改旱”与“旱改水”

2005—2010年、2010—2015年两个时期内中国水田改旱地的耕地面积和旱地改水田的耕地面积保持在较低水平且各期间的变化波动较小，二者均主要集中在东北三省，其中，水田改旱地主要聚集在辽河平原地区，旱地改水田较多分布在黑龙江和吉林的西部地区，以三江平原地区最为集中。随着国家在地下水超采区以及不适宜水稻种植区推进“水改旱”政策、“占水田补水田”基本原则的落实，2015—2020年中国水田改旱地（简称“水改旱”）和旱地改水田（简称“旱改水”）的耕地面积均大规模增加，水田改旱地主要聚集在辽河平原、川渝地区和长江中下游地区，旱地改水田主要聚集在三江平原、川渝地区、豫中地区和长江中下游地区。不同时期水田与旱地的转化情况如表4-2所示。“水改旱”和“旱改水”同期存在，根据栅格统计，2005—2010年，中国水田改旱地的面积为15.43万$hm^2$，旱地改水田的面积为41.46万$hm^2$；2010—2015年，中国水田改旱地的面积为6.87万$hm^2$，旱地改水田的面积47.44万$hm^2$；2015—2020年，中国水田改旱地的面积666.19万$hm^2$，旱地改水田的面积694.28万$hm^2$；2005—2020年，中国水田改旱地的面积665.10万$hm^2$，旱地改水田的面积757.46万$hm^2$。不同时期均是“旱改水”的耕地面积大于“水改旱”的耕地面积。

表4-2　不同时期水田与旱地的转化情况

| 年份 | 水田改旱地 | | 旱地改水田 | |
|---|---|---|---|---|
| | 栅格数 | 栅格统计面积（万$hm^2$） | 栅格数 | 栅格统计面积（万$hm^2$） |
| 2005—2010年 | 1 543 | 15.43 | 4 146 | 41.46 |
| 2010—2015年 | 687 | 6.87 | 4 744 | 47.44 |
| 2015—2020年 | 66 619 | 666.19 | 69 428 | 694.28 |
| 2005—2020年 | 66 510 | 665.1 | 75 746 | 757.46 |

#### 4.4.2.3 新增耕地的来源分布与减少耕地的去向分布

在不同时期中国新增耕地的来源空间分布中，2005—2010年、2010—2015年两个时间段内中国新增耕地的面积保持在较低水平且各期间的变化波动较小，新增耕地主要分布于西北地区，主要来源是草地转换为耕地和未利用地转换为耕地。随着土地整治、盘活耕地资源等政策的推进，2015—2020年中国新增耕地的面积大规模增加，新增耕地主要分布于东北地区、西南地区和西北地区，主要来源是林地转换为耕地和草地转换为耕地。根据栅格统计，2005—2020年，黑龙江省新增耕地的面积最大，约占全国新增耕地的总面积的7.37%。在不同时期中国减少耕地的去向空间分布中，2005—2010年、2010—2015年两个时间段内中国减少耕地的面积保持在较低水平且各期间的变化波动较小，2005—2010年减少耕地主要分布于华东地区，主要去向是耕地转换为建设用地和耕地转换为林地；2010—2015年减少耕地主要分布于华北地区和华中地区，主要去向是耕地转换为建设用地和耕地转换为水域；2015—2020年中国减少耕地的面积大规模增加，减少耕地主要分布于西南地区和东北地区，主要去向是耕地转换为林地和耕地转换为草地。根据栅格统计，2005—2020年，云南省减少耕地的面积最大，约占全国减少耕地总面积的6.15%。

不同时期中国新增耕地的来源数量与减少耕地的去向数量如图4-14所示。根据栅格统计，2005—2020年，中国新增耕地的来源以林地、草地和建设用地为主，面积分别为2 509.5万$hm^2$、1 787.38万$hm^2$和910.97万$hm^2$，分别约占新增耕地总面积的42.71%、30.42%和15.50%。不同时期间，林地转化为耕地面积占新增耕地面积比例以及建设用地转化为耕地面积占新增耕地面积比例正逐渐增大，由2005—2010年的17.58%和1.87%分别增长至2015—2020年的42.78%和17.10%；未利用地转化为耕地面积占新增耕地面积比例正逐渐减小，由2005—2010年的30.91%减少至2015—2020年的4.62%；草地转化为耕地面积占新增耕地面积的比例先增大后减小，水域转化为耕地面积占新增耕地面积的比例先减小后增大。2005—2020年，中国减少耕地的去向以林地、草地和建设用地为主，面积分别为2 449.81万$hm^2$、1 526.70万$hm^2$和1 465.64万$hm^2$，分别约占减少耕地总面积的41.05%、25.58%和24.56%。不同时期间，耕地转化为未利用地面积占减少耕地面积的比例正逐渐增大，由2005—2010年的 1.24%增长至 2015—2020 年间的 2.86%；耕地转化为水域面积占减少耕地面积的比例正逐渐减小，由 2005—2010 年的 9.26%减少至 2015—2020 年间的 6.12%；耕地转化为建设用地面积占减少耕地面积的比例先增大后减小，耕地转化为林地面积占减少耕地面积的比例以及耕地转换为草地面积占减少耕地面积的比例均先减小后增大。

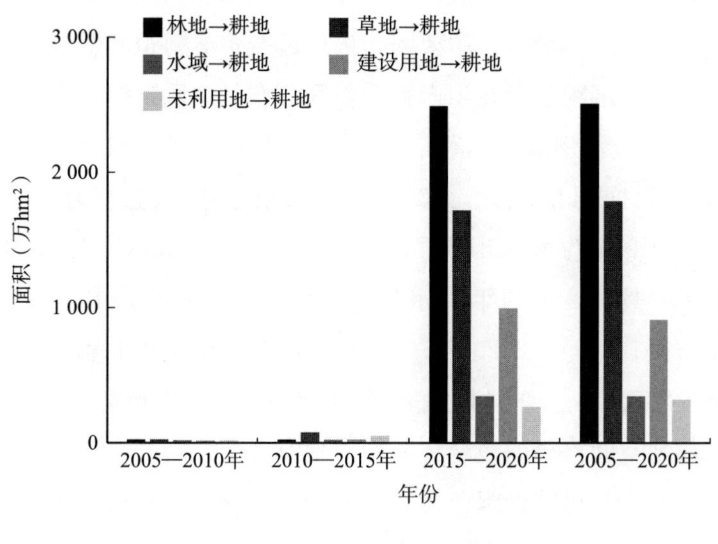


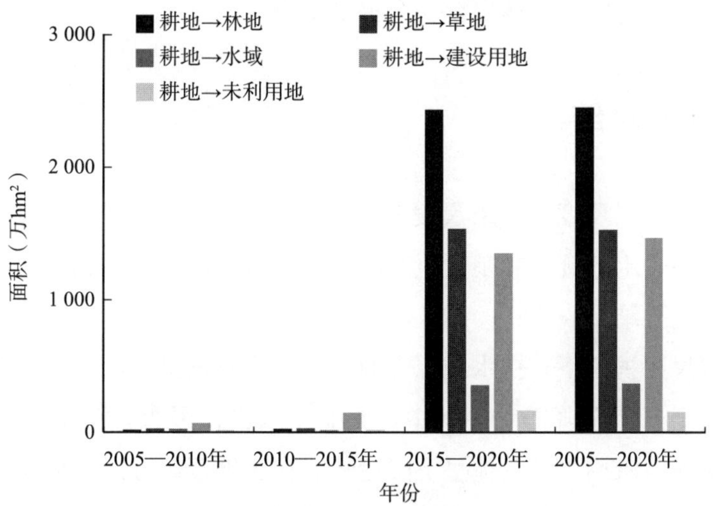


图 4-14　不同时期中国新增耕地的来源数量与减少耕地的去向数量

### 4.4.3 粮食潜在生产力

2005—2020 年，中国粮食潜在生产力在 0～3 000gC/($m^2$·年) 左右，呈由东南向西北、沿海向内陆递减的显著空间分布特征；华南地区和华东地区粮食潜在生产力最高，主要是因为该地区气候温暖湿润、光照充足和农作物覆盖程度高；西北地区、青藏高原中北部和内蒙古中西部的农田生态系统总初级生产力最低，主要因为该地区受水分胁迫和低温制约，作物生长季偏短；中国粮食潜在生产力的空间分布与中国干湿状态的分区基本一致，说明降水是影响粮食潜在生产力分布的一个重要自然因素（张心竹等，2021）。根据栅格统计，2005 年中国粮食潜在生产力的总量约为 5.33PgC，2010 年约为 5.31PgC，2015 年约为 5.61PgC；2020 年全国约为 5.72PgC，具有一定的年代际差异。2005—2010 年，中国粮食潜在生产力轻微下降；2011—2020 年，中国粮食潜在生产力显著上升。整体来看，2005—2020 年，中国粮食潜在生产力呈上升趋势，增长率约为 7.31%，耕地空间格局的改变将影响粮食潜在生产力的变化趋势。一系列种植技术的改变、可持续绿色发展模式的应用整体上对粮食潜在生产力呈积极的影响，为保障区域粮食安全提供支撑。

## 4.5 本章小结

本章从全国尺度、省级尺度和栅格尺度三种视角，对 2005—2020 年表征水资源、土地资源和粮食生产的各要素进行演变特征和空间格局的系统分析，主要结果表明：

全国尺度视角下，在水资源方面，水资源总量呈波动上升趋势，用水总量呈先上升后下降趋势，其中，农业用水占比最大，用水结构逐渐合理，而农业灌溉用水量总体呈下降趋势。在土地资源方面，耕地数量呈现缓慢下降的趋势，而在耕地保护制度日趋严格的背景下，下降幅度逐年减少。在粮食生产方面，粮食总产量和单产量均呈上升趋势，在粮食总产量的构成中，稻谷和薯类占比有所下降，小麦占比基本保持不变，玉米产量占比有所上升，豆类占比先下降再上升，主粮地位日益受到重视。综上，可知中国通过更少的农业灌溉用水量和耕地数量，生产出更多的粮食。

省级尺度视角下，在水资源方面，水资源总量呈“南多北少”不均衡分布的空间格局，近1/3的省份的年均用水量少于100亿$m^3$。在干旱和半干旱区，农业生产依赖于灌溉。在土地资源方面，耕地面积分布具有很强的不均衡性，60%以上的耕地集中在占全国国土面积20%的行政区域。在粮食生产方面，除青海的粮食单产有所减少外，其余省份的粮食单产均有不同程度的增加，黑龙江增产的幅度最大。粮食生产的重心逐渐从河南中部向北部移动，而粮食单产的重心移动变化不大，省域间水资源利用、耕地资源利用与粮食生产存在空间错位现象。

栅格尺度视角下，在水资源方面，全国农田蒸散量在0～1 200mm，呈东南向西北逐渐降低的空间分布特征，在气候变化的背景下，由于陆地降水越来越多地转化为蒸散发所以农田生态系统的年蒸散总量整体呈上升趋势，农田生态系统的年蒸散量的峰值所在的地区主要为岭南地区和滇中盆地。在土地资源方面，中国水田的面积逐步减少，演化形成了集中分布于长江中下游平原、成都平原、东北平原、珠江三角洲以及主要河流沿岸的空间格局；旱地的面积先减少后增加，整体呈减少趋势，演化形成了集中分布于广大北方地区和南方丘陵地区的空间格局。水田的重心总体向东北方向迁移，旱地的重心总体向西北方向迁移，耕地的总体重心变化受旱地的影响较大，也持续向西北方向移动。2005—2010年、2010—2015年两个时间段内中国水田改旱地的面积和旱地改水田的面积保持在较低水平，二者均主要集中在东北三省；2015—2020年二者则均大规模增加。水田改旱地主要聚集在辽河平原、川渝地区和长江中下游地区，旱地改水田主要聚集在三江平原、川渝地区、豫中地区和长江中下游地区。在不同时期，均是旱地改水田的面积大于水田改旱地的面积。2005—2010年、2010—2015年两个时间段内中国新增耕地的面积和减少耕地的面积均保持在较低水平，2015—2020年二者则大规模增加，其中，新增耕地主要分布于东北地区、西南地区和西北地区，减少耕地主要分布于西南地区和东北地区。2005—2020年，中国新增耕地的来源以林地、草地和建设用地为主，分别约占新增耕地总面积的42.71%、30.42%和15.50%；中国减少耕地的去向以林地、草地和建设用地为主，分别约占减少耕地总面积的41.05%、25.58%和24.56%。在粮食生产方面，全国粮食潜在生产力在0～3 000gC/($m^2$·年)，呈由沿海向内陆递减的空间分布特征，与中国干湿状态的分区基本一致。一系列种植技术的改变、可持续发展模式的应用整体上对粮食潜在生产力总量呈积极的影响。

# 第5章 “水-土地-粮食”关联的效率分析研究

本章考虑水土资源与粮食生产二元的关联关系，针对水土资源利用系统的内部复杂性，构建水土资源利用效率的两阶段网络 DEA 评价模型，测算 2005—2020 年中国 31 个省份的水土资源利用效率，并以不同阶段的水土资源利用效率的测算结果为依据，对不同地区的水土资源按利用特点进行分类。基于经典 DEA 分析模型对粮食生产效率进行静态分析评价，引入 Malmquist 指数分析，分析粮食生产效率的动态演化情况，揭示 2005—2020 年中国 31 个省份的粮食生产效率的时空特征、动态规律和演变类型。

## 5.1 分析模型

### 5.1.1 水土资源利用效率的两阶段网络 DEA 评价模型

由于水土资源利用系统是复杂且相互影响的过程，所以水土资源利用系统的内部结构不容忽视。宏观层面的水土资源利用系统由几个功能不同的子阶段链接起来，每个子阶段用自己的投入完成相应的产出，共同形成一个大系统，完成整体的资源利用和产出活动。将水土资源利用系统分为两个子阶段：开发和经济效益转化（姜秋香等，2018；TAN et al.，2021）。在第一个子阶段，以代表初始成本投入的水土资源（水资源总量和土地面积）、人力资源（劳动力）、物力资源（固定资产投资）作为投入指标，以反映资源开发情况的用水量以及农用地和建设用地的面积作为产出指标；第二个子阶段是第一个子阶段的延续。因为人力和物力资源总是在两个子阶段使用，所以它们被视为两个阶段的共享投入。第一阶段产出的用水量以及农用地和建设用地的面积被视为中间产品，也用作第二阶段投入；生产总值被视为第二阶段的最终产出。由此构建了具有共享输入相关性的两阶段网络 DEA 模型，其结构如图 5－1 所示。

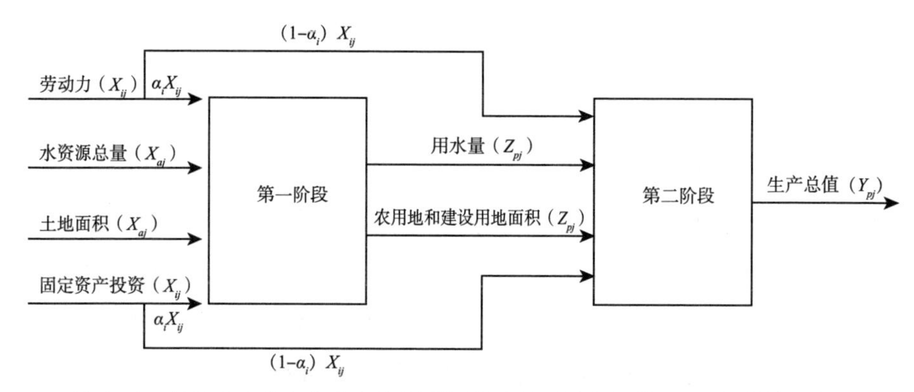


图 5－1　具备共享投入的水土资源利用效率的两阶段网络 DEA 评价模型结构

基于上述结构，采用两阶段网络 DEA 评价模型下的投入导向型对中国 31 个省份的水土资源利用效率进行测算。本章在综合考虑各子系统生产信息的基础上计算系统效率，并在系统相对最优实际效率的背景下构建系统效率与各阶段子效率的凸线性组合关系，从而分解系统效率（KAO et al.，2008；JIANG et al.，2021；陈凯华等，2011）。假设在决策系统 $DMU_j$（$j=1$，2，…，$n$）中，$\alpha_i X_{ij}$ 和（$1-\alpha_i$）$X_{ij}$ 分别代表第一阶段和第二阶段的共享投入，参数 $v_i^1$ 和 $v_i^2$（$i=1$，2，…，$m$）分别代表共享投入在不同阶段的权重结构，初始投入 $X_{aj}$ 在第一阶段的权重由参数 $\lambda_a$（$a=1$，2，…，$n$）表示。此外，$Z_{pj}$ 可视为中间产品，既是第一阶段的产出也是第二阶段的投入，参数 $w_p^1$ 和 $w_p^2$（$p=1$，2，…，$q$）分别代表 $Z_{pj}$ 作为第一阶段产出和第二阶段投入的权重结构，最终产出 $Y_{rj}$ 的权重由参数 $u_r$（$r=1$，2，…，$s$）表示。因此，第一阶段的组合投入为 $\sum_{i=1}^{m} v_i^1 \alpha_i X_{ij} + \sum_{a=1}^{n} \lambda_a X_{aj}$，组合产出为$\sum_{p=1}^{q} w_p^1 Z_{pj}$；第二阶段的组合投入为$\sum_{i=1}^{m} v_i^2(1-\alpha_i) X_{ij} + \sum_{p=1}^{q} w_p^2 Z_{pj}$，组合产出为$\sum_{r=1}^{s} u_r Y_{rj}$。在计算具体效率时，由于共享投入在任何阶段的薄弱都不能促进决策系统的整体效率提高，所以其分配比例不应有较大的偏差，对于$X_{ij}$，设置$0.2 \leqslant \alpha \leqslant 0.8$。综合考虑两个子阶段的组合投入和产出，被评估的决策单元$DMU_k$的效率不但要满足整体约束条件，还要满足对两个子阶段过程来说是独立的局部约束条件，其计算公式如下：

$$E_k = \max \frac{\sum_{p=1}^{q} w_p^1 Z_{pk} + \sum_{r=1}^{s} u_r Y_{rk}}{\sum_{i=1}^{m} v_i^1 \alpha_i X_{ik} + \sum_{a=1}^{n} \lambda_a X_{ak} + \sum_{i=1}^{m} v_i^2 (1-\alpha_i) X_{ik} + \sum_{p=1}^{q} w_p^2 Z_{pk}}$$

$$\text{s. t.} \begin{cases} \dfrac{\sum_{p=1}^{q} w_p^1 Z_{pj} + \sum_{r=1}^{s} u_r Y_{rj}}{\sum_{i=1}^{m} v_i^1 \alpha_i X_{ij} + \sum_{a=1}^{n} \lambda_a X_{aj} + \sum_{i=1}^{m} v_i^2 (1-\alpha_i) X_{ij} + \sum_{p=1}^{q} w_p^2 Z_{pj}} \leqslant 1, j = 1,2,\cdots,n \\ \dfrac{\sum_{p=1}^{q} w_p^1 Z_{pj}}{\sum_{i=1}^{m} v_i^1 \alpha_i X_{ij} + \sum_{a=1}^{n} \lambda_a X_{aj}} \leqslant 1, j = 1,2,\cdots,n \\ \dfrac{\sum_{r=1}^{s} u_r Y_{rj}}{\sum_{i=1}^{m} v_i^2 (1-\alpha_i) X_{ij} + \sum_{p=1}^{q} w_p^2 Z_{pj}} \leqslant 1, j = 1,2,\cdots,n \\ 0 < \alpha_i \leqslant 1, v_i^1, v_i^2, w_p^1, w_p^2, \lambda_a, u_r \geqslant 0, i = 1,2,\cdots,m \end{cases} \tag{5-1}$$

令$t = \dfrac{1}{\sum_{i=1}^{m} v_i^1 \alpha_i X_{ik} + \sum_{a=1}^{n} \lambda_a X_{ak} + \sum_{i=1}^{m} v_i^2 (1-\alpha_i) X_{ik} + \sum_{p=1}^{q} w_p^2 Z_{pk}}$，借助Charnes-Cooper转换（CHARNES et al.，1962），分式规划可以简化成数学规划求解，如下式所示：

$$E_k = \max \sum_{p=1}^{q} W_p^1 Z_{pk} + \sum_{r=1}^{s} U_r Y_{rk}$$

$$\text{s. t.}\begin{cases}\sum_{i=1}^{m}V_i^1\alpha_iX_{ik}+\sum_{a=1}^{n}\bar{\lambda}_aX_{ak}+\sum_{i=1}^{m}V_i^2(1-\alpha_i)X_{ik}+\sum_{p=1}^{q}W_p^2Z_{pk}=1\\ \sum_{i=1}^{m}V_i^1\alpha_iX_{ij}+\sum_{a=1}^{n}\bar{\lambda}_aX_{aj}-\sum_{p=1}^{q}W_p^1Z_{pj}\geqslant 0,j=1,2,\cdots,n\\ \sum_{i=1}^{m}V_i^2(1-\alpha_i)X_{ij}+\sum_{p=1}^{q}W_p^2Z_{pj}-\sum_{r=1}^{s}U_rY_{rj}\geqslant 0,j=1,2,\cdots,n\\ 0<\alpha_i\leqslant 1,V_i^1,V_i^2,W_p^1,W_p^2,\bar{\lambda}_a,U_r\geqslant\varepsilon,i=1,2,\cdots,m\end{cases}$$

(5-2)

在公式（5-2）中，$V_i^1=tv_i^1$，$V_i^2=tv_i^2$，$W_p^1=tw_p^1$，$W_p^2=tw_p^2$，$\bar{\lambda}_a=t\lambda_a$，$U_r=tu_r$。在求最优解时为防止$V_i^1$，$V_i^2$，$W_p^1$，$W_p^2$，$\bar{\lambda}_a$和$U_r$的最优值为0，将它们的下限设置为ε，即非阿基米德无穷小量。ε的值受投入或产出的总体比例的限制，而非任意设定。由于公式（5-2）仍然是非线性规划，为便于求解，令$\pi_i^1=V_i^1\alpha_i$，$\pi_i^2=V_i^2\alpha_i$对其简化，将非线性规划转化为直接求解的等价线性规划，如下式所示：

$$E_k=\max\sum_{p=1}^{q}W_p^1Z_{pk}+\sum_{r=1}^{s}U_rY_{rk}$$

$$\text{s. t.}\begin{cases}\sum_{i=1}^{m}\pi_i^1X_{ik}+\sum_{a=1}^{n}\bar{\lambda}_aX_{ak}+\sum_{i=1}^{m}V_i^2X_{ik}-\sum_{i=1}^{m}\pi_i^2X_{ik}+\sum_{p=1}^{q}W_p^2Z_{pk}=1\\ \sum_{i=1}^{m}\pi_i^1X_{ij}+\sum_{a=1}^{n}\bar{\lambda}_aX_{aj}-\sum_{p=1}^{q}W_p^1Z_{pj}\geqslant 0,j=1,2,\cdots,n\\ \sum_{i=1}^{m}V_i^2X_{ij}-\sum_{i=1}^{m}\pi_i^2X_{ij}+\sum_{p=1}^{q}W_p^2Z_{pj}-\sum_{r=1}^{s}U_rY_{rj}\geqslant 0,j=1,2,\cdots,n\\ \varepsilon\leqslant\pi_i^1\leqslant V_i^1,\varepsilon\leqslant\pi_i^2\leqslant V_i^2,W_p^1,W_p^2,\bar{\lambda}_a,U_r\geqslant\varepsilon,i=1,2,\cdots,m\end{cases}$$

(5-3)

线性规划描述了决策单元$DMU_k$的整体效率，借助式（5-3）获得变量$\alpha_i$，$V_i^1$，$V_i^2$，$W_p^1$，$W_p^2$，$\bar{\lambda}_a$和$U_r$的最优组合解，可以进一步计算两个子阶段的效率值，如下式所示：

$$E_k^1=\frac{\sum_{p=1}^{q}w_p^1Z_{pk}}{\sum_{i=1}^{m}v_i^1\alpha_iX_{ik}+\sum_{a=1}^{n}\lambda_aX_{ak}}=\frac{\sum_{p=1}^{q}W_p^1Z_{pk}}{\sum_{i=1}^{m}V_i^1\alpha_iX_{ik}+\sum_{a=1}^{n}\bar{\lambda}_aX_{ak}}$$

$$E_k^2 = \frac{\sum_{r=1}^{s} u_r Y_{rk}}{\sum_{i=1}^{m} v_i^2 (1-\alpha_i) X_{ik} + \sum_{p=1}^{q} w_p^2 Z_{pk}} = \frac{\sum_{r=1}^{s} U_r Y_{rk}}{\sum_{i=1}^{m} V_i^2 (1-\alpha_i) X_{ik} + \sum_{p=1}^{q} W_p^2 Z_{pk}} \tag{5-4}$$

### 5.1.2 经典 DEA 分析模型与 Malmquist 指数模型

粮食生产效率是区域粮食生产过程中要素投入综合利用程度的反映，基于投入产出视角，根据以往学者研究，遵循代表性等原则，选取相应指标。由于针对粮食生产的统计数据可获得性不高，将其按照相应权重从农业大口径数据中剥离，其中，$A$ 为权重系数，$A1$=粮食播种面积/农作物播种面积，$A2$=(农业产值/农林牧渔业总产值)×(粮食播种面积/农作物播种面积)，构建粮食生产效率指标评价体系如表 5-1 所示。

**表 5-1 粮食生产效率指标评价体系**

| 指标类型 | 指标名称 | 变量说明 |
|---|---|---|
| 投入指标 | 土地投入 | 粮食播种面积 |
| | 水资源投入 | 有效灌溉面积×$A1$ |
| | 劳动力投入 | 第一产业从业人员×$A2$ |
| | 农业机械动力投入 | 农业机械总动力×$A1$ |
| 产出指标 | 粮食产量 | 粮食产量 |

数据包络分析（Data envelopment analysis，DEA）是要素投入与产出之间的相对效率评价最常用的系统分析方法。其通过巧妙地构造目标函数和 Charnes-Cooper 变换，将分式规划问题转化为线性规划问题，无需统一量纲，也无需计算或给定投入与产出的权重值，能够使评价结果更为客观（孔巍等，2012）。目前 DEA 有多个模型，其中 CCR 和 BCC 是比较经典的 DEA 模型，采用 CCR 模型下的投入导向型对中国 31 个省份的粮食生产综合效率进行测算，模型如下：

$$\min\left[\theta - \varepsilon\left(\sum_{i=1}^{m} s_i^- + \sum_{r=1}^{s} s_r^+\right)\right] = v_d(\varepsilon)$$

$$\text{s. t.}\begin{cases}\sum_{j=1}^{n}\lambda_j x_j + s_i^- = \theta x_0 \\ \sum_{j=1}^{n}\lambda_j y_j - s_r^+ = y_0 \\ \theta,\lambda_j,s_i^-,s_r^+ \geqslant 0\end{cases} \tag{5-5}$$

式中，$\theta$ 为评价单元粮食生产综合效率值，$s_i^-$ 和 $s_r^+$ 分别为剩余变量和松弛变量，$\varepsilon$ 为非阿基米德无穷小量，$x_j$ 为第 $j$ 个单元的投入量，$y_j$ 为第 $j$ 个单元的产出量，$\lambda$ 为权重系数，$\sum_{j=1}^{n} x_j = x_0$，$\sum_{j=1}^{n} y_j = y_0$。当 $\theta=1$ 且 $s_i^- = s_r^+ = 0$ 时，该单元 DEA 为有效；当 $\theta=1$ 且 $s_i^-$，$s_r^+ > 0$ 时，该单元为弱 DEA 有效；当 $\theta<1$，该单元为非 DEA 有效。

BCC 模型用于计算中国 31 个省份的粮食生产纯技术效率，其公式是在上述 CCR 模型的基础上增加了 $\sum_{j=1}^{n}\lambda_j = 1$ 的约束条件，由 CCR 模型的规模报酬不变转换为 BCC 的规模报酬可变。根据 CCR 和 BCC 模型的结果可以得出粮食生产综合效率、纯技术效率和规模效率，计算公式如下：

$$TE = PTE \times SE \tag{5-6}$$

式中，$TE$ 为粮食生产综合效率，$PTE$ 为粮食生产纯技术效率，$SE$ 为粮食生产规模效率。各效率值在 0～1，值越大表示效率越高。

为测度粮食生产效率动态演化情况，引入基于 DEA 模型的 Malmquist 指数评价方法，比较研究单元在不同时期的动态效率值，即两个年份之间粮食生产效率的相对变化，来弥补 CCR 和 BCC 模型静态分析的不足。Malmquist 指数模型是指利用距离函数比率来计算效率指数，同时还可以针对粮食生产全要素生产率的变化量进行分解的方法。其计算公式如下：

$$\begin{cases}M_0^t = \dfrac{D_0^t(x^{t+1},y^{t+1})}{D_0^t(x^t,y^t)} \\ M_0^{t+1} = \dfrac{D_0^{t+1}(x^{t+1},y^{t+1})}{D_0^{t+1}(x^t,y^t)}\end{cases} \tag{5-7}$$

$$Tfpch=M_0=(M_0^t\times M_0^{t+1})^{\frac{1}{2}}=\left(\frac{D_0^t(x^{t+1},y^{t+1})}{D_0^t(x^t,y^t)}\times\frac{D_0^{t+1}(x^{t+1},y^{t+1})}{D_0^{t+1}(x^t,y^t)}\right)^{\frac{1}{2}} \tag{5-8}$$

式中，$x^t$ 和 $x^{t+1}$ 分别为 $t$ 和 $t+1$ 时期的投入，$y^t$ 和 $y^{t+1}$ 分别为 $t$ 和 $t+1$ 时期的产出，$D_0^t$ 和 $D_0^{t+1}$ 分别为 $t$ 和 $t+1$ 时期的生产距离函数。全要素生产率变化量可进一步分解为纯技术效率变化量、规模效率变化量和技术进步变化量，计算公式如下：

$$\begin{aligned}Tfpch=M_0&=\frac{D_0^{t+1}(x^{t+1},y^{t+1})}{D_0^t(x^t,y^t)}\times\left(\frac{D_0^t(x^{t+1},y^{t+1})}{D_0^{t+1}(x^{t+1},y^{t+1})}\times\frac{D_0^t(x^t,y^t)}{D_0^{t+1}(x^t,y^t)}\right)^{\frac{1}{2}}\\&=Effch\times Techch\\&=Pech\times Sech\times Techch\end{aligned} \tag{5-9}$$

式中，$Tfpch$ 为全要素生产率变化指数，$Effch$ 为技术效率变化指数，$Techch$ 为技术进步变化指数，$Pech$ 为纯技术效率变化指数，$Sech$ 为规模效率变化指数。

## 5.2 水土资源利用效率的分析

### 5.2.1 水土资源利用效率的测度

目前关于水土资源利用效率的测算多将决策单元视为“黑箱”，仅考虑输入和输出，忽略水土资源利用系统的内部结构和运行机理，不利于挖掘其内部的详细信息。通过考虑两个子阶段的关联和重要程度，以及初始投入在两个子阶段间的分配，本研究提出一种可同时测算水土资源利用整体效率、水土资源利用开发效率和经济效益转化效率两阶段效率的网络 DEA 测度模型。在此基础上，采用中国 31 个省份 2005—2020 年统计数据，运用 Matlab2016b 软件对水土资源利用整体效率和分阶段效率进行计算，结果如表 5-2 所示（因篇幅原因，仅显示 2005 年、2010 年、2015 年和 2020 年结果）。

不同地区水土资源利用整体效率波动较大。2005—2020 年，北京、天津、辽宁、重庆的水土资源利用整体效率变化呈上升趋势，其中，辽宁的水土资源利用整体效率的上升最为明显，年均变化率为0.014 4，主要原因是当地充分发挥资源优势，加强资源节约利用，促进产业融合和现代生产体系建设；河北、山西、内蒙古、吉林、黑龙江、江苏、浙江、安徽、福建、江西、山东、河南、湖北、湖南、广东、广西、海南、四川、贵州、云南、西藏、陕西、甘肃、青海、宁夏、新疆的水土资源利用整体效率的变化呈下降趋势，其中，广东的水土资源利用整体效率的下降最为明显，年均变化率为－0.031 5，主要原因是广东省耕地面积减少，水土流失严重，资源潜力萎缩。上海的水土资源利用整体效率保持不变，处于DEA有效状态。在各地区的水土资源利用的第一阶段效率（水土资源开发利用效率）中，2005—2020年，北京、天津、河北、山西、辽宁、吉林、黑龙江、江苏、浙江、江西、山东、河南、湖北、湖南、海南、重庆、四川、贵州、云南、陕西呈上升趋势，年均变化率在0.000 5～0.032 7之间；而安徽、福建、广东、广西和甘肃呈下降趋势，年均变化率为－0.015 6～－0.000 9。内蒙古、上海、西藏、青海、宁夏、新疆保持不变，其第一阶段效率相对有效。在各地区的水土资源利用的第二阶段效率（经济效益转化效率）中，2005—2020年，辽宁呈上升趋势，年均变化率为0.016 4；天津、河北、山西、内蒙古、吉林、黑龙江、江苏、浙江、安徽、福建、江西、山东、河南、湖北、湖南、广东、广西、海南、重庆、四川、贵州、云南、西藏、陕西、甘肃、青海、宁夏、新疆呈下降趋势，年均变化率为－0.052 6～－0.003 8；北京和上海保持不变，其第二阶段效率相对有效。

根据网络DEA测度模型的结果，分析2005—2020年中国31个省份的水土资源利用整体效率的平均值和各阶段效率的平均值两者之间的关系，如图5-2所示。天津、河北、山西、内蒙古、辽宁、吉林、黑龙江、江苏、浙江、安徽、福建、江西、山东、河南、湖北、湖南、广东、广西、海南、重庆、四川、贵州、云南、西藏、陕西、甘肃、青海、宁夏、新疆的第一阶段效率的平均值高于第二阶段效率的平均值；北京和天津的第二阶段效率的平均值高于第一阶段效率的平均值；上海的第一阶段效率和第二阶段效率的平均值均为1。大部分地区的第一阶段效率的平均值高于第二阶段效率的平均值，说明提高经济效益转化效率是促进我国大部分地区水土资源利用效率提高的关键环节。水土资源利用整体效率的平均值、第一阶段效率的平均值和第二阶段效率的平均值存在明显的区域差异，均表现为东部沿海地区的平均值高，包括上海和天津等地；西部内陆地区的平均值低，包括甘肃和青海等地。

**表5-2 中国31个省份的水土资源利用效率**

| 省份 | 2005年 | | | 2010年 | | | 2015年 | | | 2020年 | | |
|---|---|---|---|---|---|---|---|---|---|---|---|---|
| | 整体效率 | 第一阶段效率 | 第二阶段效率 | 整体效率 | 第一阶段效率 | 第二阶段效率 | 整体效率 | 第一阶段效率 | 第二阶段效率 | 整体效率 | 第一阶段效率 | 第二阶段效率 |
| 北京 | 0.876 | 0.531 | 1.000 | 0.868 | 0.713 | 1.000 | 0.985 | 0.969 | 1.000 | 1.000 | 1.000 | 1.000 |
| 天津 | 0.865 | 0.574 | 0.977 | 0.920 | 0.852 | 1.000 | 0.995 | 0.990 | 1.000 | 0.808 | 0.993 | 0.622 |
| 河北 | 0.747 | 0.668 | 0.780 | 0.525 | 0.833 | 0.163 | 0.560 | 0.994 | 0.127 | 0.541 | 0.986 | 0.095 |
| 山西 | 0.637 | 0.302 | 0.728 | 0.487 | 0.744 | 0.223 | 0.504 | 0.884 | 0.076 | 0.506 | 0.878 | 0.128 |
| 内蒙古 | 0.543 | 1.000 | 0.320 | 0.565 | 1.000 | 0.382 | 0.616 | 1.000 | 0.519 | 0.517 | 1.000 | 0.085 |
| 辽宁 | 0.627 | 0.583 | 0.644 | 0.538 | 0.644 | 0.499 | 0.579 | 0.983 | 0.247 | 0.682 | 0.774 | 0.659 |
| 吉林 | 0.606 | 0.692 | 0.576 | 0.518 | 0.971 | 0.064 | 0.526 | 0.993 | 0.100 | 0.508 | 0.978 | 0.033 |
| 黑龙江 | 0.852 | 0.747 | 0.879 | 0.546 | 1.000 | 0.295 | 0.533 | 1.000 | 0.111 | 0.510 | 1.000 | 0.042 |
| 上海 | 1.000 | 1.000 | 1.000 | 1.000 | 1.000 | 1.000 | 1.000 | 1.000 | 1.000 | 1.000 | 1.000 | 1.000 |
| 江苏 | 0.791 | 1.000 | 0.738 | 0.638 | 0.878 | 0.400 | 0.713 | 1.000 | 0.588 | 0.700 | 1.000 | 0.578 |
| 浙江 | 0.709 | 0.578 | 0.750 | 0.695 | 0.573 | 0.742 | 0.614 | 0.885 | 0.459 | 0.584 | 0.864 | 0.415 |
| 安徽 | 0.675 | 0.851 | 0.600 | 0.523 | 0.920 | 0.117 | 0.506 | 0.871 | 0.111 | 0.529 | 0.887 | 0.153 |
| 福建 | 0.829 | 0.799 | 0.839 | 0.601 | 0.788 | 0.525 | 0.580 | 1.000 | 0.338 | 0.627 | 0.725 | 0.599 |
| 江西 | 0.599 | 0.842 | 0.480 | 0.520 | 0.963 | 0.081 | 0.524 | 0.971 | 0.088 | 0.526 | 0.969 | 0.088 |
| 山东 | 0.679 | 0.447 | 0.754 | 0.551 | 0.709 | 0.351 | 0.647 | 0.997 | 0.310 | 0.559 | 0.821 | 0.260 |
| 河南 | 0.757 | 0.649 | 0.801 | 0.509 | 0.758 | 0.207 | 0.550 | 0.911 | 0.163 | 0.538 | 0.859 | 0.183 |
| 湖北 | 0.722 | 0.810 | 0.688 | 0.552 | 0.831 | 0.435 | 0.535 | 0.935 | 0.136 | 0.534 | 0.929 | 0.129 |
| 湖南 | 0.731 | 0.980 | 0.635 | 0.583 | 0.945 | 0.433 | 0.532 | 0.956 | 0.117 | 0.535 | 0.959 | 0.113 |

（续）

| 省份 | 2005年 | | | 2010年 | | | 2015年 | | | 2020年 | | |
|---|---|---|---|---|---|---|---|---|---|---|---|---|
| | 整体效率 | 第一阶段效率 | 第二阶段效率 | 整体效率 | 第一阶段效率 | 第二阶段效率 | 整体效率 | 第一阶段效率 | 第二阶段效率 | 整体效率 | 第一阶段效率 | 第二阶段效率 |
| 广东 | 0.976 | 0.903 | 1.000 | 0.867 | 0.980 | 0.840 | 0.674 | 0.793 | 0.628 | 0.594 | 0.879 | 0.296 |
| 广西 | 0.717 | 1.000 | 0.654 | 0.537 | 1.000 | 0.127 | 0.509 | 0.937 | 0.075 | 0.500 | 0.931 | 0.047 |
| 海南 | 0.702 | 0.861 | 0.635 | 0.557 | 0.896 | 0.407 | 0.529 | 0.975 | 0.095 | 0.530 | 0.975 | 0.091 |
| 重庆 | 0.545 | 0.633 | 0.505 | 0.517 | 0.941 | 0.077 | 0.533 | 0.905 | 0.136 | 0.530 | 0.871 | 0.157 |
| 四川 | 0.590 | 0.594 | 0.589 | 0.509 | 0.976 | 0.039 | 0.504 | 0.973 | 0.025 | 0.502 | 0.972 | 0.022 |
| 贵州 | 0.584 | 0.737 | 0.542 | 0.509 | 0.909 | 0.181 | 0.490 | 0.924 | 0.025 | 0.488 | 0.919 | 0.022 |
| 云南 | 0.572 | 0.747 | 0.517 | 0.499 | 0.982 | 0.011 | 0.496 | 0.968 | 0.011 | 0.495 | 0.961 | 0.012 |
| 西藏 | 0.519 | 1.000 | 0.174 | 0.501 | 1.000 | 0.007 | 0.500 | 1.000 | 0.002 | 0.501 | 1.000 | 0.016 |
| 陕西 | 0.583 | 0.828 | 0.443 | 0.517 | 1.000 | 0.039 | 0.530 | 1.000 | 0.065 | 0.534 | 1.000 | 0.079 |
| 甘肃 | 0.615 | 0.822 | 0.539 | 0.479 | 0.841 | 0.185 | 0.423 | 0.707 | 0.089 | 0.413 | 0.665 | 0.093 |
| 青海 | 0.525 | 1.000 | 0.143 | 0.507 | 1.000 | 0.084 | 0.503 | 1.000 | 0.036 | 0.501 | 1.000 | 0.038 |
| 宁夏 | 0.532 | 1.000 | 0.285 | 0.529 | 1.000 | 0.060 | 0.533 | 1.000 | 0.071 | 0.531 | 1.000 | 0.063 |
| 新疆 | 0.610 | 1.000 | 0.532 | 0.527 | 1.000 | 0.181 | 0.507 | 1.000 | 0.056 | 0.506 | 1.000 | 0.056 |

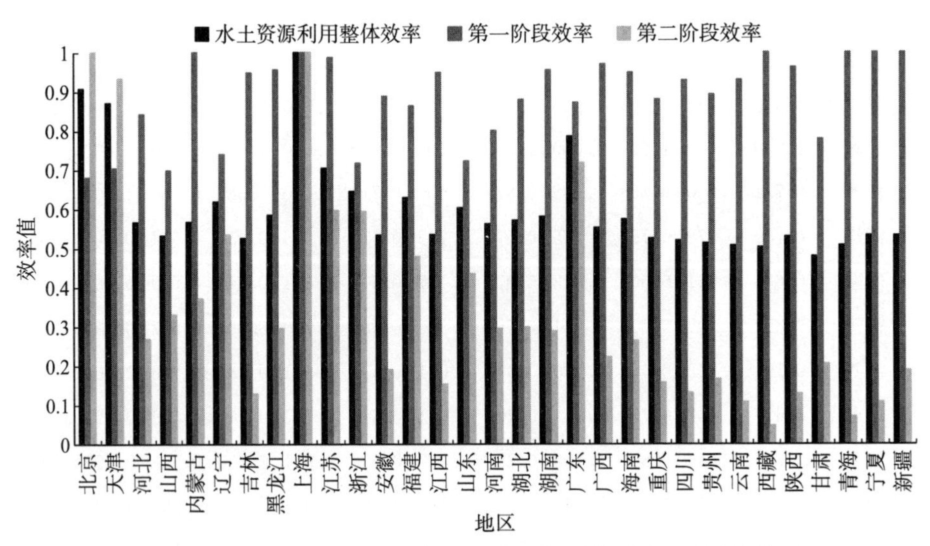


图5-2　2005—2020年不同地区水土资源利用效率的平均值

### 5.2.2 不同地区水土资源利用的特征

根据2005—2020年我国水土资源开发效率平均值（0.887）和经济效益转化效率平均值（0.346），将31个省份的水土资源利用按特征划分为低开发—低经济效益转化，低开发—高经济效益转化、高开发—低经济效益转化、高开发—高经济效益转化四种类型。具体分类情况如图5-3所示。

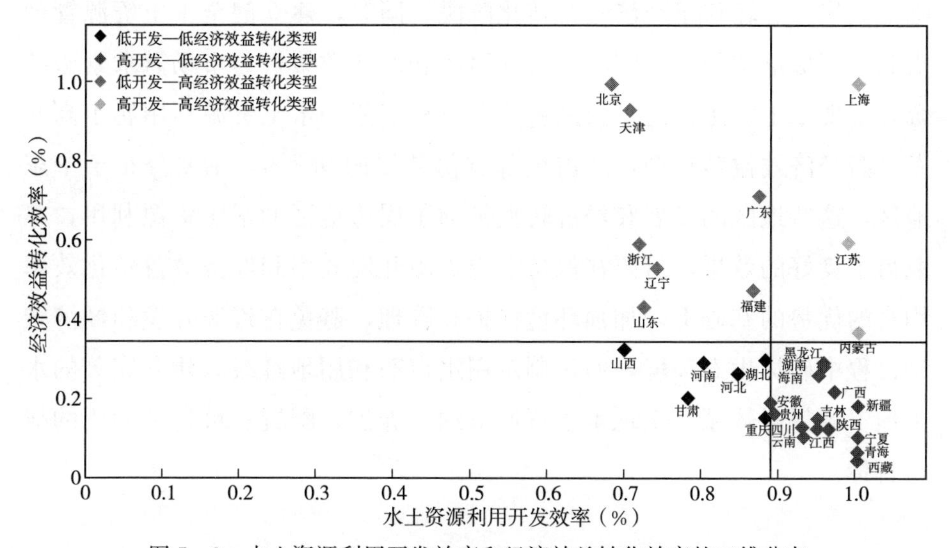


图5-3　水土资源利用开发效率和经济效益转化效率的二维分布

河北、山西、河南、湖北、重庆和甘肃的水土资源利用属于低开发—低经济效益转化类型，约占全部省份数量的19.4%，主要分布于华北地区，这些地区的水土资源利用方式粗放，难以实现以效益促发展，需要充分认识自身水土资源利用的特点，加强水土资源配置工程建设，引导有效水源和可用土地的有序使用，注重国家投入，从根本上扭转水土资源开发效率与经济效益转化效率低下的局面。北京、天津、辽宁、浙江、福建、山东和广东的水土资源利用属于低开发—高经济效益转化类型，约占全部省份数量的22.6%，主要分布于黄淮海平原和长江中下游平原，水土资源分布不均衡阻碍这些地区水土资源的大规模开发利用，但优越的区位条件使其具有经济效益转化效率较高的优势。因此，这些地区需要提升水土资源可持续利用的能力及其对经济社会发展的支撑和保障能力。吉林、黑龙江、安徽、江西、湖南、广西、海南、四川、贵州、云南、西藏、陕西、青海、宁夏和新疆的水土资源利用属于高开发—低经济效益转化类型，约占全部省份数量的48.3%，主要分布于西南和西北地区，这些地区的水土资源相对丰富且开发程度高，但忽略了后期建设对前期资源开发的效益转化，需要在保持当前水土资源开发优势的基础上，将重心转移至经济效益转化阶段，同时，建立健全水土资源管理机制，积极落实与水土资源有关的财政和产业政策，与市场需求紧密结合，实现水土资源价值。内蒙古、上海和江苏的水土资源利用属于高开发—高经济效益转化型，约占全部省份数量的9.7%，主要分布于华东地区，这些地区的发展和经济转型带动了周边地区的水土资源利用，并取得了良好的效果，需要在保持水土资源开发效率和经济效益转化效率均高的优势的基础上，加强环境保护和管理，避免在资源开发和经济转型过程中破坏生态环境，通过制定用水定额和用地红线，建立完善的水土地资源保障体系，实现水土资源节约、养护、配置和可持续利用的战略目标。

## 5.3 粮食生产效率的分析

### 5.3.1 粮食生产效率的测度

运用DEAP2.1软件对中国31个省份的2005—2020年统计数据进行以投入为导向的规模可变的粮食生产效率的静态分析，结果如表5-3所示（因篇幅原因仅显示2005年、2010年、2015年和2020年的结果）。

从综合效率（*TE*）来看，中国31个省份4个年份的平均粮食生产综合效率分别为0.818、0.801、0.793和0.844，均未达到DEA有效。2005年和2010年各有3个省份、2015年有4个省份、2020年有6个省份的粮食生

**表 5-3　中国 31 个省份的粮食生产效率分解情况**

| 省份 | 2005 年 | | | | 2010 年 | | | | 2015 年 | | | | 2020 年 | | | |
|---|---|---|---|---|---|---|---|---|---|---|---|---|---|---|---|---|
| | *TE* | *PTE* | *SE* | 规模效益 | *TE* | *PTE* | *SE* | 规模效益 | *TE* | *PTE* | *SE* | 规模效益 | *TE* | *PTE* | *SE* | 规模效益 |
| 北京 | 0.781 | 0.888 | 0.880 | 递增 | 0.783 | 0.798 | 0.982 | 递增 | 0.835 | 1 | 0.835 | 递增 | 0.780 | 1 | 0.780 | 递增 |
| 天津 | 0.780 | 0.842 | 0.927 | 递增 | 0.775 | 0.785 | 0.988 | 递减 | 0.723 | 0.739 | 0.978 | 递增 | 0.842 | 0.882 | 0.954 | 递减 |
| 河北 | 0.666 | 0.693 | 0.960 | 递减 | 0.717 | 0.752 | 0.953 | 递减 | 0.733 | 0.733 | 1 | 不变 | 0.822 | 0.864 | 0.951 | 递减 |
| 山西 | 0.570 | 0.580 | 0.983 | 递增 | 0.528 | 0.531 | 0.996 | 递增 | 0.534 | 0.535 | 0.998 | 递增 | 0.669 | 0.761 | 0.878 | 递减 |
| 内蒙古 | 0.817 | 0.821 | 0.995 | 递增 | 0.641 | 0.720 | 0.890 | 递减 | 0.797 | 0.803 | 0.993 | 递增 | 1 | 1 | 1 | 不变 |
| 辽宁 | 0.937 | 0.951 | 0.985 | 递减 | 0.867 | 0.877 | 0.989 | 递减 | 0.846 | 0.846 | 0.999 | 递增 | 0.955 | 1 | 0.955 | 递减 |
| 吉林 | 1 | 1 | 1 | 不变 | 1 | 1 | 1 | 不变 | 1 | 1 | 1 | 不变 | 1 | 1 | 1 | 不变 |
| 黑龙江 | 0.805 | 1 | 0.805 | 递减 | 0.980 | 1 | 0.980 | 递减 | 1 | 1 | 1 | 不变 | 1 | 1 | 1 | 不变 |
| 上海 | 1 | 1 | 1 | 不变 | 1 | 1 | 1 | 不变 | 1 | 1 | 1 | 不变 | 1 | 1 | 1 | 不变 |
| 江苏 | 0.926 | 0.982 | 0.944 | 递减 | 0.927 | 1 | 0.927 | 递减 | 0.914 | 0.914 | 1 | 不变 | 0.975 | 1 | 0.975 | 递减 |
| 浙江 | 0.865 | 0.893 | 0.969 | 递减 | 0.914 | 0.950 | 0.962 | 递减 | 0.820 | 0.823 | 0.995 | 递增 | 0.852 | 0.859 | 0.992 | 递减 |
| 安徽 | 0.671 | 0.677 | 0.991 | 递减 | 0.725 | 0.741 | 0.978 | 递减 | 0.743 | 0.743 | 1 | 不变 | 0.792 | 0.818 | 0.968 | 递减 |
| 福建 | 0.816 | 0.821 | 0.994 | 递减 | 0.828 | 0.844 | 0.982 | 递减 | 0.771 | 0.776 | 0.995 | 递增 | 0.764 | 0.843 | 0.906 | 递减 |
| 江西 | 0.845 | 0.849 | 0.996 | 递减 | 0.847 | 0.848 | 0.999 | 递减 | 0.939 | 1 | 0.939 | 递减 | 0.979 | 1 | 0.979 | 递减 |
| 山东 | 0.947 | 1 | 0.947 | 递减 | 0.936 | 1 | 0.936 | 递减 | 0.876 | 0.983 | 0.891 | 递减 | 0.892 | 1 | 0.892 | 递减 |
| 河南 | 0.829 | 1 | 0.829 | 递减 | 0.876 | 1 | 0.876 | 递减 | 0.823 | 1 | 0.823 | 递减 | 0.917 | 1 | 0.917 | 递减 |

（续）

| 省份 | 2005年 | | | | 2010年 | | | | 2015年 | | | | 2020年 | | | |
|---|---|---|---|---|---|---|---|---|---|---|---|---|---|---|---|---|
| | *TE* | *PTE* | *SE* | 规模效益 | *TE* | *PTE* | *SE* | 规模效益 | *TE* | *PTE* | *SE* | 规模效益 | *TE* | *PTE* | *SE* | 规模效益 |
| 湖北 | 0.986 | 1 | 0.986 | 递减 | 0.946 | 0.962 | 0.983 | 递减 | 0.843 | 0.843 | 1 | 不变 | 0.840 | 0.888 | 0.946 | 递减 |
| 湖南 | 0.919 | 0.926 | 0.992 | 递减 | 0.935 | 0.936 | 0.999 | 递减 | 0.846 | 0.846 | 1 | 不变 | 0.910 | 0.939 | 0.970 | 递减 |
| 广东 | 0.905 | 0.91 | 0.994 | 递增 | 0.804 | 0.820 | 0.981 | 递减 | 0.755 | 0.756 | 0.998 | 递增 | 0.821 | 0.867 | 0.948 | 递减 |
| 广西 | 0.822 | 0.823 | 0.999 | 递增 | 0.816 | 0.817 | 0.998 | 递增 | 0.786 | 0.795 | 0.989 | 递增 | 0.767 | 0.775 | 0.99 | 递增 |
| 海南 | 0.721 | 1 | 0.721 | 递增 | 0.691 | 0.874 | 0.79 | 递增 | 0.687 | 0.963 | 0.713 | 递增 | 0.750 | 0.796 | 0.942 | 递增 |
| 重庆 | 1 | 1 | 1 | 不变 | 1 | 1 | 1 | 不变 | 1 | 1 | 1 | 不变 | 1 | 1 | 1 | 不变 |
| 四川 | 0.970 | 1 | 0.970 | 递减 | 0.899 | 1 | 0.899 | 递减 | 0.848 | 0.900 | 0.943 | 递减 | 0.911 | 1 | 0.911 | 递减 |
| 贵州 | 0.972 | 0.973 | 0.999 | 递增 | 0.677 | 0.679 | 0.996 | 递增 | 0.733 | 0.737 | 0.995 | 递减 | 0.702 | 0.703 | 0.998 | 递增 |
| 云南 | 0.675 | 0.676 | 0.999 | 递增 | 0.645 | 0.651 | 0.992 | 递减 | 0.694 | 0.700 | 0.991 | 递减 | 0.826 | 0.925 | 0.893 | 递减 |
| 西藏 | 0.829 | 0.935 | 0.886 | 递增 | 0.811 | 1 | 0.811 | 递增 | 0.783 | 0.831 | 0.943 | 递增 | 0.706 | 0.716 | 0.985 | 递减 |
| 陕西 | 0.545 | 0.555 | 0.983 | 递增 | 0.604 | 0.609 | 0.99 | 递增 | 0.592 | 0.608 | 0.973 | 递增 | 0.648 | 0.657 | 0.986 | 递减 |
| 甘肃 | 0.582 | 0.595 | 0.978 | 递增 | 0.55 | 0.558 | 0.985 | 递增 | 0.581 | 0.601 | 0.966 | 递增 | 0.679 | 0.693 | 0.981 | 递减 |
| 青海 | 0.626 | 1 | 0.626 | 递增 | 0.568 | 0.711 | 0.799 | 递增 | 0.516 | 0.903 | 0.572 | 递增 | 0.531 | 0.724 | 0.733 | 递增 |
| 宁夏 | 0.635 | 0.651 | 0.976 | 递增 | 0.66 | 0.666 | 0.991 | 递增 | 0.673 | 0.680 | 0.990 | 递增 | 0.834 | 0.846 | 0.986 | 递增 |
| 新疆 | 0.926 | 0.973 | 0.951 | 递减 | 0.873 | 1 | 0.873 | 递减 | 0.904 | 1 | 0.904 | 递减 | 1 | 1 | 1 | 不变 |
| 平均值 | 0.818 | 0.871 | 0.944 | | 0.801 | 0.843 | 0.953 | | 0.793 | 0.841 | 0.949 | | 0.844 | 0.889 | 0.949 | |

产综合效率处在最优前沿曲线上，其中，在4个研究年份中吉林、上海和重庆的粮食生产综合效率均达到了DEA有效，说明这些地区的粮食生产实现了最优配置，资源投入得到了充分利用。总体而言，全国仅约有1/6地区的粮食生产综合效率为1，纯技术效率（*PTE*）和规模效率（*SE*）同时有效；非DEA有效地区约占全国的5/6，表明这些地区的粮食生产综合效率有巨大的提升潜力。2005年粮食生产综合效率最低的是陕西，为0.545；2010年粮食生产综合效率最低的是山西，为0.528；2015年和2020年粮食生产综合效率最低的均是青海，为0.516和0.531。2005—2020年，河北、黑龙江、安徽、江西、陕西和宁夏的粮食生产综合效率呈上升趋势，湖北、广西、贵州和西藏的粮食生产综合效率呈下降趋势，北京、浙江和福建的粮食生产综合效率呈先波动上升后下降趋势，天津、山西、内蒙古、辽宁、江苏、山东、河南、湖南、广东、海南、四川、云南、甘肃、青海和新疆的粮食生产综合效率呈先波动下降后上升趋势。

从综合效率（*TE*）的内部构成来看，中国31个省份4个年份的平均纯技术效率（*PTE*）总是低于平均规模效率（*SE*），说明中国粮食生产综合效率的提高主要得益于生产规模的扩大和要素的大量投入，但是生产技术利用的水平相对较弱，生产管理的水平相对较低。在粮食生产综合效率较高的地区，纯技术效率和规模效率均较高；而在粮食生产综合效率较低的地区，两种效率则有所差异。陕西、山西、甘肃、河北、安徽和云南等地区的纯技术效率较低，而规模效率则较高，粮食产量主要依靠生产要素的规模投入，但对生产投入要素的利用能力相对较差；北京等地区的纯技术效率较高而规模效率则较低，这一类地区的粮食生产技术水平和管理水平均较高，但由于粮食生产规模较小，导致其粮食生产综合效率偏低。

纯技术效率（*PTE*）与综合效率（*TE*）具有相似的变化轨迹，中国31个省份4个年份的平均粮食生产纯技术效率分别为0.871、0.843、0.841和0.889。在研究期内，纯技术效率达到最优（*PTE*=1）的地区数量几乎总是多于综合效率和规模效率有效的地区数量，其中，2005年和2010年纯技术效率有效的地区数量为10个，2010年为8个，2020年为

13个，这些地区资源之间的组合实现了最优。而在4个年份中，陕西、山西和甘肃的纯技术效率处于较低水平，这些地区则需要进一步提升基础设施建设和管理技术水平。中国31个省份4个年份的平均粮食生产规模效率（*SE*）分别为0.944、0.953、0.949和0.949，整体变化幅度较小。在研究期内，约有1/6地区的规模效率达到最优（*SE*=1），2005年、2010年、2015年和2020年规模效益递减地区的数量分别为14个、18个、7个和19个，而2005年、2010年、2015年和2020年规模效益递增地区的数量分别为14个、10个、15个和6个。规模效益递减地区的粮食生产投入规模过大，只有减少现有的要素投入才能提高其粮食生产效率，而规模报酬递增的地区则应该通过合理扩大粮食生产要素来促进粮食生产效率的提高。

### 5.3.2 粮食生产 Malmquist 指数的特征

经典DEA模型仅能评价静态的粮食生产效率，无法反映其动态变化的特征。因此，引入Malmquist指数可以反映不同时期不同地区的粮食生产变化趋势，运用DEAP 2.1软件对中国31个省份的2005—2020年统计数据进行Malmquist指数分析，分别计算分年和分省份的技术效率变化指数（*Effch*）、技术进步变化指数（*Techch*）、纯技术效率变化指数（*Pech*）、规模效率变化指数（*Sech*）以及全要素生产率变化指数（*Tfpch*）。

2005—2020年中国粮食生产的全要素生产率变化指数及其分解情况如表5-4所示。各时间段全要素生产率变化指数（*Tfpch*）的平均值为1.012，其中，2008—2009年和2013—2014年这两个时间段粮食生产的全要素生产率变化指数小于1，表明粮食生产的全要素生产率变化指数处于衰退趋势；其余各个时期的全要素生产率变化指数都大于1，表明在这些时期内粮食生产的全要素生产率变化指数处于上升阶段。从全要素生产率变化指数的结构上看，2005—2020年期间，技术效率变化指数（*Effch*）呈上升趋势，平均上升速率为0.17%，平均值为1.002；技术进步变化指数（*Techch*）呈下降趋势，平均下降速率为0.11%，平均值为1.010。技术效率变化指数又可分为纯技术效率变化指数（*Pech*）和规模效率变化指数（*Sech*），纯技术效率变化指数呈上升趋势，平均上升速率为0.18%，平均值为1.002；规模效率变化指数变化不大，平均值为1.001。技术效率变化指数对粮食生产的全要素生产率变化指数的增长驱动作用较大，投入规模变化以及管理水平改善的快慢直接关系到粮食生产的全要素生产率变化指数增长的快慢，其中，技术水平的发挥对粮食生产效率的提高起主导作用。

**表5-4　2005—2020年中国粮食生产的全要素生产率变化指数（*Tfpch*）及其分解情况**

| 年份 | *Effch* | *Techch* | *Pech* | *Sech* | *Tfpch* |
|---|---|---|---|---|---|
| 2005—2006年 | 0.993 | 1.012 | 0.989 | 1.004 | 1.005 |
| 2006—2007年 | 1.042 | 0.963 | 1.029 | 1.012 | 1.003 |
| 2007—2008年 | 0.949 | 1.079 | 0.958 | 0.991 | 1.025 |
| 2008—2009年 | 1.052 | 0.935 | 1.031 | 1.02 | 0.983 |
| 2009—2010年 | 0.946 | 1.058 | 0.961 | 0.985 | 1.001 |
| 2010—2011年 | 0.978 | 1.051 | 0.984 | 0.994 | 1.028 |
| 2011—2012年 | 0.998 | 1.024 | 1.007 | 0.991 | 1.022 |
| 2012—2013年 | 0.975 | 1.052 | 0.982 | 0.992 | 1.026 |
| 2013—2014年 | 1.040 | 0.959 | 1.028 | 1.012 | 0.997 |
| 2014—2015年 | 1.004 | 1.007 | 1.000 | 1.004 | 1.012 |
| 2015—2016年 | 0.998 | 1.020 | 0.999 | 0.999 | 1.018 |
| 2016—2017年 | 0.999 | 1.021 | 0.997 | 1.002 | 1.020 |
| 2017—2018年 | 1.049 | 0.962 | 1.065 | 0.985 | 1.009 |
| 2018—2019年 | 0.997 | 1.026 | 0.992 | 1.005 | 1.023 |
| 2019—2020年 | 1.022 | 0.986 | 1.01 | 1.012 | 1.007 |
| 平均值 | 1.002 | 1.010 | 1.002 | 1.001 | 1.012 |

中国31个省份粮食生产的全要素生产率变化指数及其分解情况如表5-5所示。青海、湖北、重庆、四川和贵州的全要素生产率变化指数小于1，广西的全要素生产率变化指数等于1，这些地区粮食生产中各要素的综合生产率未能得到有效提升。其余省份的全要素生产率变化指数均

大于1，其中，北京、吉林、上海、浙江、福建、山东、湖南、广东和西藏的全要素生产率变化指数的提高主要得益于技术进步，而天津、河北、山西、内蒙古、辽宁、黑龙江、江苏、安徽、江西、河南、海南、云南、陕西、甘肃、宁夏和新疆的全要素生产率变化指数的提高则源于技术效率与技术进步的双因素提高。黑龙江、内蒙古、宁夏、河北和山西位居全要素生产率变化指数的前五，在一定时间内粮食生产效率得到了快速提高。

**表5-5 中国31个省份粮食生产的全要素生产率变化指数（*Tfpch*）及其分解情况**

| 省份 | *Effch* | *Techch* | *Pech* | *Sech* | *Tfpch* | *Tfpch* 指数排名 |
|---|---|---|---|---|---|---|
| 北京 | 1 | 1.016 | 1.008 | 0.992 | 1.016 | 9 |
| 天津 | 1.005 | 1.012 | 1.003 | 1.002 | 1.017 | 8 |
| 河北 | 1.014 | 1.012 | 1.015 | 0.999 | 1.026 | 4 |
| 山西 | 1.011 | 1.014 | 1.018 | 0.993 | 1.025 | 5 |
| 内蒙古 | 1.014 | 1.030 | 1.013 | 1 | 1.044 | 2 |
| 辽宁 | 1.001 | 1.010 | 1.003 | 0.998 | 1.011 | 20 |
| 吉林 | 1 | 1.016 | 1 | 1 | 1.016 | 10 |
| 黑龙江 | 1.015 | 1.030 | 1 | 1.015 | 1.045 | 1 |
| 上海 | 1 | 1.006 | 1 | 1 | 1.006 | 23 |
| 江苏 | 1.003 | 1.010 | 1.001 | 1.002 | 1.014 | 15 |
| 浙江 | 0.999 | 1.015 | 0.997 | 1.002 | 1.014 | 16 |
| 安徽 | 1.011 | 1.013 | 1.013 | 0.998 | 1.024 | 6 |
| 福建 | 0.996 | 1.017 | 1.002 | 0.994 | 1.012 | 18 |
| 江西 | 1.010 | 1.002 | 1.011 | 0.999 | 1.012 | 19 |
| 山东 | 0.996 | 1.011 | 1 | 0.996 | 1.007 | 22 |
| 河南 | 1.007 | 1.009 | 1 | 1.007 | 1.015 | 13 |
| 湖北 | 0.989 | 1.005 | 0.992 | 0.997 | 0.995 | 28 |
| 湖南 | 0.999 | 1.009 | 1.001 | 0.998 | 1.008 | 21 |
| 广东 | 0.994 | 1.007 | 0.997 | 0.997 | 1.001 | 25 |
| 广西 | 0.995 | 1.004 | 0.996 | 0.999 | 1 | 26 |

（续）

| 省份 | $Effch$ | $Techch$ | $Pech$ | $Sech$ | $Tfpch$ | $Tfpch$ 指数排名 |
|---|---|---|---|---|---|---|
| 海南 | 1.003 | 1.010 | 0.985 | 1.018 | 1.013 | 17 |
| 重庆 | 1 | 0.995 | 1 | 1 | 0.995 | 29 |
| 四川 | 0.996 | 0.987 | 1 | 0.996 | 0.983 | 30 |
| 贵州 | 0.979 | 1.001 | 0.979 | 1 | 0.980 | 31 |
| 云南 | 1.014 | 1.002 | 1.021 | 0.993 | 1.016 | 11 |
| 西藏 | 0.989 | 1.016 | 0.982 | 1.007 | 1.005 | 24 |
| 陕西 | 1.011 | 1.003 | 1.011 | 1 | 1.015 | 14 |
| 甘肃 | 1.010 | 1.006 | 1.010 | 1 | 1.016 | 12 |
| 青海 | 0.989 | 1.008 | 0.979 | 1.011 | 0.997 | 27 |
| 宁夏 | 1.018 | 1.009 | 1.018 | 1.001 | 1.027 | 3 |
| 新疆 | 1.005 | 1.012 | 1.002 | 1.003 | 1.018 | 7 |
| 平均值 | 1.002 | 1.010 | 1.002 | 1.001 | 1.012 | |

为了更直观地反映中国31个省份粮食生产效率的演变情况，依据Malmquist指数计算结果，从粮食生产效率演变的内部构成规律出发，依据技术效率变化指数（$Effch$）、技术进步变化指数（$Techch$）和全要素生产率变化指数（$Tfpch$）将中国31个省份的粮食生产效率的演变分为4种类型，当 $Tfpch>1$，同时满足 $Effch>1$ 和 $Techch>1$ 时，粮食生产效率的演变类型为综合提升型；当 $Tfpch>1$，同时满足 $Effch\leqslant1$ 和 $Techch>1$ 时，粮食生产效率的演变类型为技术进步提升型；当 $Tfpch>1$，同时满足 $Effch>1$ 和 $Techch\leqslant1$ 时，粮食生产效率的演变类型为技术效率提升型；当 $Tfpch\leqslant1$ 时，粮食生产效率的演变类型为下降型。生成的粮食生产效率的演变类型分布如表5－6所示。技术效率变化指数的空间差异明显，南部地区的技术效率变化指数大多数为下降状态，北部地区的技术效率变化指数则多为提升状态。除四川和重庆外，其余地区整体的技术进步变化指数均有所提升。除西南地区部分省份外，大部分地区的全要素生产率变化指数皆有所提升。粮食生产效率的类型是综合提升型的省份数量约占全部省份数量的51.6%。半数以上省份的全要素生产率变化指

数、技术效率变化指数和技术进步变化指数均有所提高，这些地区在粮食生产投入各方面稳步推进，发展态势良好。这与近年来粮食生产技术的革新和管理水平的提高有关，一方面优化了投入要素结构，另一方面提升了生产技术水平，使现有资源下的粮食生产效率得到充分的提升。粮食生产效率的演变类型为技术进步提升型的省份数量约占全部省份数量的29.0%，主要分布于东部沿海地区，此类地区的全要素生产率变化指数的提升主要是由于技术进步引起，新技术的开发提高了其粮食生产效率，但同时技术效率变化指数的下滑表明该类型地区的粮食生产管理水平有待提高，如何促进其粮食生产的科学管理，提高资源利用效率将是其今后关注的重点。粮食生产效率的演变类型为下降型的省份数量约占全部省份数量的 19.4%，主要分布于西南地区，此类地区应该合理配置粮食生产各种要素的投入，并提高技术和管理制度的适应性。

**表 5-6 中国 31 个省份粮食生产效率的演变类型空间分布**

| 省份 | 粮食生产效率的演变类型 | 省份 | 粮食生产效率的演变类型 | 省份 | 粮食生产效率的演变类型 |
|---|---|---|---|---|---|
| 北京 | 技术进步提升型 | 安徽 | 综合提升型 | 四川 | 下降型 |
| 天津 | 综合提升型 | 福建 | 技术进步提升型 | 贵州 | 下降型 |
| 河北 | 综合提升型 | 江西 | 综合提升型 | 云南 | 综合提升型 |
| 山西 | 综合提升型 | 山东 | 技术进步提升型 | 西藏 | 技术进步提升型 |
| 内蒙古 | 综合提升型 | 河南 | 综合提升型 | 陕西 | 综合提升型 |
| 辽宁 | 综合提升型 | 湖北 | 下降型 | 甘肃 | 综合提升型 |
| 吉林 | 技术进步提升型 | 湖南 | 技术进步提升型 | 青海 | 下降型 |
| 黑龙江 | 综合提升型 | 广东 | 技术进步提升型 | 宁夏 | 综合提升型 |
| 上海 | 技术进步提升型 | 广西 | 下降型 | 新疆 | 综合提升型 |
| 江苏 | 综合提升型 | 海南 | 综合提升型 | | |
| 浙江 | 技术进步提升型 | 重庆 | 下降型 | | |

## 5.4 本章小结

本章通过构建水土资源利用效率的两阶段网络 DEA 评价模型、经典

DEA 模型和 Malmquist 指数模型，分别对 2005—2020 年中国 31 个省份的水土资源利用效率和粮食生产效率进行系统分析，主要结果表明：

引入具备共享投入的水土资源利用效率的两阶段网络 DEA 评价模型对水土资源利用效率进行评价，兼顾水土资源的开发与经济效益转化间的相互影响，发现各地区水土资源利用整体效率波动较大，整体效率同时受到两个阶段水土资源系统的影响。大部分地区的水土资源利用的第一阶段效率的平均值高于第二阶段效率的平均值，提高经济效益转化效率正成为促进水土资源利用效率提高的关键环节。水土资源利用整体效率、第一阶段效率和第二阶段效率的平均值存在明显的区域差异，均表现为东部沿海地区的平均值高，西部内陆地区的平均值低。2005—2020 年中国第一阶段效率（水土资源利用开发效率）的平均值为 0.887，第二阶段效率（经济效益转化效率）的平均值为 0.346，以此为分界点，发现水土资源利用属于低开发—低经济效益转化类型的地区主要分布于华北地区，属于低开发—高经济效益转化类型的地区主要分布于黄淮海平原和长江中下游平原，属于高开发—低经济效益转化类型的地区主要分布于西南和西北地区，属于高开发—高经济效益转化类型的地区主要分布于华东地区。

基于经典 DEA 模型对粮食生产效率进行静态分析的结果显示，在 2005 年、2010 年、2015 年和 2020 年 31 个省份的平均粮食生产综合效率均未达到 DEA 有效，但粮食生产综合效率达到 DEA 有效的地区数量呈上升态势。平均纯技术效率总是低于平均规模效率，表明中国粮食生产综合效率的提高主要得益于生产规模的扩大和要素的大量投入，但是生产技术利用的水平相对较弱，生产管理的水平相对较低。在粮食生产综合效率较低的地区，纯技术效率和规模效率有所差异。基于 Malmquist 指数模型对粮食生产效率的动态演化情况进行分析的结果显示，中国粮食生产的全要素生产率变化指数的平均值为 1.002，研究期内，除 2008—2009 年和 2013—2014 年两个时间段外，其他时间中国粮食生产的全要素生产率变化指数均处于上升状态。从不同地区粮食生产的全要素生产率变化指数及其内部构成来看，技术效率变化指数的空间差异明显，南部地区的技术效率变化指数大多数呈下降状态，北部地区的技术效率变化指数则多为提升状态；技术进步变化指数整体有所提升；大部分地区的全要素生产率变化指数皆有所提升。超过半数地区的粮食生产效率的演变类型为综合提升类型，粮食生产效率的演变类型为技术进步提升类型的地区主要分布于东部沿海地区，粮食生产效率的演变类型为下降型的地区主要分布于西南地区。

# 第6章 “水-土地-粮食”关联的效应分解研究

本章考虑水土资源与粮食生产二元的关联关系，聚焦粮食生产中的水土资源利用效应。本章将水土资源利用视角具体划分成水资源利用分解因素和耕地资源利用分解因素视角，并通过这两个视角分别对粮食生产变化量进行分析，采用 LMDI 方法构建水资源利用效应分解模型和耕地资源利用效应分解模型，开展关于 2005—2010 年中国 31 个省份粮食总产量变化量和不同种类粮食作物产量变化量的影响因素的时空研究。

## 6.1 分析模型

将水土资源的相关要素作为粮食生产的分解因子，分别从水资源利用分解因素角度和耕地资源利用分解因素视角对粮食总产量变化量进行时间和空间的科学分析，能够剖析水土资源利用对粮食生产产生的影响效应。LMDI 模型因其能够消除残差项和解决零值问题，所以在探究目标变量的主导因素及其时空差异时得到了广泛的应用。

### 6.1.1 水资源利用效应分解模型

依据 Kaya 恒等式和 LMDI 模型分析框架（KAYA，1989；ANG，2005），提出水资源利用效应分解模型，即基于水资源利用分解因素的视角将粮食产量（$Y$）分解如下：

$$Y=\frac{Y}{WA}\times\frac{WA}{WT}\times\frac{WT}{P}\times P \tag{6-1}$$

式中，$Y$ 为粮食总产量，单位：万 t；$WA$ 为农田灌溉用水量，单位：亿 $m^3$；$WT$ 为总用水量，单位：亿 $m^3$；$P$ 为总人口，单位：万人。

设基期与时期 $t$ 的粮食总产量分别为 $Y_0$ 与 $Y_t$，则 $t$ 时期的粮食总产量相对于基期的粮食总产量的变化量可以表示为：

$$\Delta Y=Y_t-Y_0=\Delta Y'_1+\Delta Y'_2+\Delta Y'_3+\Delta Y'_4 \tag{6-2}$$

$$\Delta Y'_1=\frac{Y_t-Y_0}{\ln Y_t-\ln Y_0}\times\ln\left(\frac{Y_t/WA_t}{Y_0/WA_0}\right) \tag{6-3}$$

$$\Delta Y'_2=\frac{Y_t-Y_0}{\ln Y_t-\ln Y_0}\times\ln\left(\frac{WA_t/WT_t}{WA_0/WT_0}\right) \tag{6-4}$$

$$\Delta Y'_3=\frac{Y_t-Y_0}{\ln Y_t-\ln Y_0}\times\ln\left(\frac{WT_t/P_t}{WT_0/P_0}\right) \tag{6-5}$$

$$\Delta Y'_4=\frac{Y_t-Y_0}{\ln Y_t-\ln Y_0}\times\ln\left(\frac{P_t}{P_0}\right) \tag{6-6}$$

式中，$\Delta Y'_1$是指由于单位耗水产粮量变化所引起的粮食总产量的变化量，定义为灌溉产值效应；$\Delta Y'_2$是指由于农田灌溉用水量占总用水量比例变化所引起的粮食总产量的变化量，定义为用水结构效应；$\Delta Y'_3$是指由于人均用水量变化所引起的粮食总产量的变化量，定义为人均用水效应；$\Delta Y'_4$是指由于总人口数量变化所引起的粮食总产量的变化量，定义为人口规模效应。因此，区域粮食总产量的变化量为灌溉产值效应、用水结构效应、人均用水效应和人口规模效应四者综合贡献的结果。若某一因素的效应值为正值，表示该因素对粮食总产量起正向促进作用，否则为负向抑制作用，效应值的绝对值越大表明促进或抑制的作用越明显。

### 6.1.2 耕地资源利用效应分解模型

采用与 6.1.1 相同的方法，提出耕地资源利用效应分解模型，即基于耕地资源利用分解因素的视角将粮食产量（$Y$）分解如下：

$$Y=\frac{Y}{AG}\times\frac{AG}{AC}\times\frac{AC}{C}\times C \tag{6-7}$$

式中，$Y$ 为粮食总产量，单位：万 t；$AG$ 为粮食作物播种面积，单位：$10^3\,hm^2$；$AC$ 为农作物播种面积，单位：$10^3\,hm^2$；$C$ 为耕地面积，单位：$10^3\,hm^2$。（考虑到研究需要，耕地面积数据采用论文第 4 章中基于"二调"的订正耕地面积时序数列，下同）。

设基期与时期 $t$ 的粮食总产量分别为 $Y_0$ 与 $Y_t$，则 $t$ 时期的粮食总产量相对于基期的粮食总产量的变化量可以表示为：

$$\Delta Y = Y_t - Y_0 = \Delta Y_1'' + \Delta Y_2'' + \Delta Y_3'' + \Delta Y_4'' \tag{6-8}$$

$$\Delta Y_1'' = \frac{Y_t - Y_0}{\ln Y_t - \ln Y_0} \times \ln\left(\frac{Y_t / AG_t}{Y_0 / AG_0}\right) \tag{6-9}$$

$$\Delta Y_2'' = \frac{Y_t - Y_0}{\ln Y_t - \ln Y_0} \times \ln\left(\frac{AG_t / AC_t}{AG_0 / AC_0}\right) \tag{6-10}$$

$$\Delta Y_3'' = \frac{Y_t - Y_0}{\ln Y_t - \ln Y_0} \times \ln\left(\frac{AC_t / C_t}{AC_0 / C_0}\right) \tag{6-11}$$

$$\Delta Y_4'' = \frac{Y_t - Y_0}{\ln Y_t - \ln Y_0} \times \ln\left(\frac{C_t}{C_0}\right) \tag{6-12}$$

式中，$\Delta Y_1''$是指由于单位粮食产量变化所引起的粮食总产量的变化量，定义为粮食单产效应；$\Delta Y_2''$是指由于粮食作物播种面积占农作物播种面积比例变化所引起的粮食总产量的变化量，定义为粮作比例效应；$\Delta Y_3''$是指由于农作物播种面积占耕地面积比例变化所引起的粮食总产量的变化量，定义为复种指数效应；$\Delta Y_4''$是指由于耕地面积变化所引起的粮食总产量的变化量，定义为耕地面积效应。因此，区域粮食总产量的变化量为粮食单产效应、粮作比例效应、复种指数效应和耕地面积效应四者综合贡献的结果。若某一因素的驱动效应为正值，表示该因素对粮食总产量变化起正向作用，否则起负向作用。

为了明确影响不同种类粮食作物产量的耕地资源利用分解因素，将粮食总产量定义为稻谷、小麦、玉米、大豆类、薯类和其他作物产量的总和，此时，粮食产量（$Y$）分解如下：

$$Y = \sum_j \frac{Y_j}{A_j} \times \frac{A_j}{AG} \times \frac{AG}{AC} \times \frac{AC}{C} \times C \tag{6-13}$$

式中，$Y$ 为粮食总产量，单位：万 t；$Y_j$ 为第 $j$ 类粮食作物的产量，单位：万 t；$A_j$ 为第 $j$ 类粮食作物的播种面积，单位：$10^3 hm^2$；$AG$ 为粮食作物播种面积，单位：$10^3 hm^2$；$AC$ 为农作物播种面积，单位：$10^3 hm^2$；$C$ 为耕地面积，单位：$10^3 hm^2$。

对某类粮食作物来说，设基期与时期 $t$ 其产量分别为 $Y_j^0$ 与 $Y_j^t$，则 $t$ 时期某类粮食作物的产量相对于基期某类粮食作物的产量的变化量可以表示为：

$$\Delta Y_j = Y_j^t - Y_j^0 = \Delta Y_{j1} + \Delta Y_{j2} + \Delta Y_{j3} + \Delta Y_{j4} + \Delta Y_{j5} \quad (6-14)$$

$$\Delta Y_{j1} = \frac{Y_j^t - Y_j^0}{\ln Y_j^t - \ln Y_j^0} \times \ln\left(\frac{Y_j^t / A_j^t}{Y_j^0 / A_j^0}\right) \quad (6-15)$$

$$\Delta Y_{j2} = \frac{Y_j^t - Y_j^0}{\ln Y_j^t - \ln Y_j^0} \times \ln\left(\frac{A_j^t / AG_t}{A_j^0 / AG_0}\right) \quad (6-16)$$

$$\Delta Y_{j3} = \frac{Y_j^t - Y_j^0}{\ln Y_j^t - \ln Y_j^0} \times \ln\left(\frac{AG_t / AC_t}{AG_0 / AC_0}\right) \quad (6-17)$$

$$\Delta Y_{j4} = \frac{Y_j^t - Y_j^0}{\ln Y_j^t - \ln Y_j^0} \times \ln\left(\frac{AC_t / C_t}{AC_0 / C_0}\right) \quad (6-18)$$

$$\Delta Y_{j5} = \frac{Y_j^t - Y_j^0}{\ln Y_j^t - \ln Y_j^0} \times \ln\left(\frac{C_t}{C_0}\right) \quad (6-19)$$

式中，$\Delta Y_{j1}$是指由于某类粮食作物单产变化所引起的该类粮食作物总产量的变化量，定义为该类粮食作物的单产效应；$\Delta Y_{j2}$是指由于某类粮食作物的播种面积占粮食作物播种总面积比例变化所引起的该类粮食作物总产量的变化量，定义为该类粮食作物的种植结构效应；$\Delta Y_{j3}$是指由于某类粮食作物播种面积占农作物播种总面积比例变化所引起的该类粮食的作物总产量的变化量，定义为该类粮食作物的粮作比例效应；$\Delta Y_{j4}$是指由于农作物播种面积占耕地面积比例变化所引起的某类粮食作物总产量的变化量，定义为该类粮食作物的复种指数效应；$\Delta Y_{j5}$是指由于耕地面积变化所引起的某类粮食作物总产量的变化量，定义为该类粮食作物的耕地面积效应。因此，某类粮食作物的总产量变化量为该作物单产效应、种植结构效应、粮作比例效应、复种指数效应和耕地面积效应五者综合贡献的结果。若某一因素的驱动效应为正值，表示该因素对某类粮食作物总产量变化起正向作用，否则起负向作用。

# 6.2 水资源利用视角下粮食总产量变化量的影响因素分析

## 6.2.1 水资源利用分解因素的描述性统计

基于 SPSS22.0 软件，对 2005 年、2010 年、2015 年和 2020 年四个时间点影响中国 31 个省份粮食总产量变化量的水资源利用分解因素进行描述性统计，其结果如表 6-1 所示。全距计算结果表明，农田灌溉用水占比和人口数量在各省份间的离散程度呈扩大趋势。从标准差反映的相对离散程度看，人口数量呈平稳增加态势，人均用水量呈平稳降低趋势，而单位耗水产粮量先降低后增加，总体呈增加态势；农田灌溉用水占比先增加后降低，总体呈增加态势。影响各省份间粮食总产量变化量的水资源利用分解因素主要指标的相对差异程度越来越大。在各项分解因素中，中国 31 个省份四个时间点的平均值和中位数的变化趋势相同，且差异不大。从偏离系数看，农田灌溉用水占比在四个年份均为负值，表现为负偏，低值呈离散分布，而较多的高值呈聚集分布；单位耗水产粮量、人均用水量和人口数量在四个年份均为正值，表现为正偏，较多的低值呈聚集分布，而高值呈离散分布。从峰度系数看，单位耗水产粮量在 2020 年以及人口数量在 2005 年和 2010 年均为负值，表现为平峰，其分布大多不集中，区域间差异明显；其余均为正值，表现为尖峰，其分布大多相对集中。另外，单位耗水产粮量的峰度系数稳定下降，说明其区域间差异正逐渐减小。

**表 6-1　对影响中国省域粮食总产量变化量的水资源利用分解因素进行的描述性统计**

| 因素 | 年份 | 统计指标 | | | | | | 偏离系数 | 峰度系数 |
|---|---|---|---|---|---|---|---|---|---|
| | | 极小值 | 极大值 | 全距 | 平均值 | 中位数 | 标准差 | | |
| 单位耗水产粮量（$kg/m^3$） | 2005 | 0.24 | 6.43 | 6.18 | 1.73 | 1.34 | 1.36 | 1.781 | 3.806 |
| | 2010 | 0.32 | 6.28 | 5.97 | 1.83 | 1.55 | 1.34 | 1.654 | 3.268 |
| | 2015 | 0.36 | 5.47 | 5.11 | 2.00 | 1.94 | 1.32 | 1.182 | 1.207 |
| | 2020 | 0.42 | 6.15 | 5.73 | 2.27 | 2.07 | 1.57 | 0.829 | −0.043 |

（续）

| 因素 | 年份 | 统计指标 | | | | | | 偏离系数 | 峰度系数 |
|---|---|---|---|---|---|---|---|---|---|
| | | 极小值 | 极大值 | 全距 | 平均值 | 中位数 | 标准差 | | |
| 农田灌溉用水占比（%） | 2005 | 13.94 | 84.19 | 70.25 | 56.36 | 60.03 | 15.31 | −0.977 | 1.215 |
| | 2010 | 12.67 | 82.32 | 69.65 | 54.16 | 56.55 | 15.44 | −0.929 | 1.231 |
| | 2015 | 11.00 | 85.28 | 74.29 | 53.23 | 55.97 | 16.84 | −0.760 | 1.067 |
| | 2020 | 4.93 | 86.44 | 81.51 | 51.62 | 52.06 | 16.74 | −0.849 | 1.632 |
| 人均用水量（$m^3$/人） | 2005 | 166.07 | 2 529.31 | 2 363.24 | 535.86 | 443.75 | 455.67 | 3.147 | 12.192 |
| | 2010 | 173.17 | 2 452.81 | 2 279.64 | 536.97 | 475.78 | 435.29 | 3.128 | 12.418 |
| | 2015 | 174.56 | 2 420.13 | 2 245.56 | 517.65 | 464.47 | 423.00 | 3.277 | 13.640 |
| | 2020 | 185.47 | 2 202.32 | 2 016.84 | 485.50 | 409.78 | 390.93 | 3.102 | 12.192 |
| 人口数量（万人） | 2005 | 280.31 | 9 380.00 | 9 099.69 | 4 148.32 | 3 730.00 | 2 679.12 | 0.525 | −0.584 |
| | 2010 | 300.22 | 10 441.00 | 10 140.78 | 4 302.27 | 3 735.00 | 2 764.41 | 0.625 | −0.332 |
| | 2015 | 330.37 | 11 678.00 | 11 347.63 | 4 454.75 | 3 846.00 | 2 914.72 | 0.757 | 0.016 |
| | 2020 | 364.81 | 12 624.00 | 12 259.19 | 4 549.77 | 3 955.00 | 3 054.42 | 0.864 | 0.329 |

### 6.2.2 水资源利用分解因素对粮食年际总产量变化量的影响效应测度

为揭示水资源利用分解因素中的灌溉效率效应、用水结构效应、人均用水效应和人口规模效应对中国粮食总产量变化量的影响程度，根据水资源利用效应分解模型对中国粮食总产量变化量进行效应分解，结果如表6-2所示。

灌溉产值效应对中国粮食总产量变化量总体产生正向促进作用，贡献量的累积为20 790.94万t。除2008—2009年外，其他各年灌溉产值效应对粮食总产量变化量产生的作用均是正向的，其中，2010—2011年贡献率最高，达71.62%。2005—2020年灌溉产值效应贡献率的累积为64.57%。用水结构效应对中国粮食总产量变化量的影响总体呈负向抑制作用，贡献量的累积为−3 169.32万t。除2007—2008年、2008—2009年、2011—2012年、2012—2013年、2019—2020年外，其他各年用水结构效应对粮食总产量变化量产生的作用均是负向的，其中，2006—2007年用水结构效应的负向贡献率的绝对值最大，贡献率为−37.19%。2005—2020年用水结构效应贡

表 6-2　2005—2020 年基于水资源利用效应分解模型对中国粮食总产量变化量进行效应分解的结果

| 年份 | 灌溉产值效应 | | 用水结构效应 | | 人均用水效应 | | 人口规模效应 | | 总效应 |
| --- | --- | --- | --- | --- | --- | --- | --- | --- | --- |
| | 贡献量 | 贡献率 | 贡献量 | 贡献率 | 贡献量 | 贡献率 | 贡献量 | 贡献率 | 贡献量 |
| 2005—2006 年 | 214.76 | 11.85 | −204.86 | −11.31 | 1 132.98 | 62.53 | 259.17 | 14.30 | 1 402.04 |
| 2006—2007 年 | 1 448.37 | 51.64 | −1 043.25 | −37.19 | −54.42 | −1.94 | 258.93 | 9.23 | 609.63 |
| 2007—2008 年 | 2 120.92 | 70.22 | 92.22 | 3.05 | 543.57 | 18.00 | 263.73 | 8.73 | 3 020.43 |
| 2008—2009 年 | −200.26 | −22.08 | 206.81 | 22.80 | 238.70 | 26.31 | 261.33 | 28.81 | 506.57 |
| 2009—2010 年 | 2 471.67 | 61.58 | −1 021.69 | −25.45 | 257.30 | 6.41 | 263.17 | 6.56 | 1 970.45 |
| 2010—2011 年 | 2 196.16 | 71.62 | −64.10 | −2.09 | 454.08 | 14.81 | 351.88 | 11.48 | 2 938.02 |
| 2011—2012 年 | 1 643.97 | 58.83 | 493.89 | 17.67 | −210.50 | −7.53 | 445.94 | 15.96 | 2 373.30 |
| 2012—2013 年 | 1 231.47 | 67.46 | 67.37 | 3.69 | 160.30 | 8.78 | 366.43 | 20.07 | 1 825.58 |
| 2013—2014 年 | 1 858.76 | 50.89 | −26.65 | −0.73 | −1 341.37 | −36.72 | 425.88 | 11.66 | 916.62 |
| 2014—2015 年 | 2 268.49 | 73.60 | −261.51 | −8.48 | −231.89 | −7.52 | 320.36 | 10.39 | 2 095.45 |
| 2015—2016 年 | 1 119.74 | 35.90 | −451.15 | −14.47 | −1 116.57 | −35.80 | 431.21 | 13.83 | −16.76 |
| 2016—2017 年 | 109.25 | 13.02 | −27.04 | −3.22 | −333.80 | −39.79 | 368.81 | 43.96 | 117.22 |
| 2017—2018 年 | 884.61 | 33.52 | −950.84 | −36.03 | −554.56 | −21.01 | 249.27 | 9.44 | −371.51 |
| 2018—2019 年 | 847.23 | 55.09 | −314.70 | −20.46 | −156.64 | −10.19 | 219.23 | 14.26 | 595.13 |
| 2019—2020 年 | 2 575.78 | 47.25 | 336.19 | 6.17 | −2 443.50 | −44.82 | 96.38 | 1.77 | 564.86 |
| 累积 | 20 790.94 | 64.57 | −3 169.32 | −9.84 | −3 656.32 | −11.36 | 4 581.71 | 14.23 | 18 547.01 |

注：通过某种因素贡献量与同一时期所有因素贡献量绝对值之和的比值来表示某种因素对粮食总产量产生的贡献率。贡献量单位：万 t，贡献率单位：%。

献率的累积为－9.84％。人均用水效应对中国粮食总产量变化量的影响总体呈负向抑制作用，贡献量的累积为－3 656.32 万 t，经历了由正向到负向的变化。2005—2013 年，除个别年份外，人均用水效应对粮食总产量变化量产生的作用均是正向的，而在 2013 年以后，人均用水效应对粮食总产量变化量产生的作用均是负向的，且这种负向抑制作用有增强的趋势，2005—2006 年其正向贡献率最大，达 62.53％；2019—2020 年其负向贡献率的绝对值最大，贡献率为－44.82％。2005—2020 年人均用水效应贡献率的累积为－11.36％。人口规模效应对中国粮食总产量变化量产生稳定的正向促进作用，贡献量的累积为 4 581.71 万 t，但其效应整体呈减少趋势，2016—2017 年贡献率最高，达 43.96％；2019—2020 年贡献率最低，仅为 1.77％。2005—2020 年人口规模效应贡献率的累积为 14.23％。综合而言，从水资源利用分解因素的视角来看，灌溉产值效应和人口规模效应对中国粮食总产量变化量起到正向促进作用，而用水结构效应和人均用水效应对中国粮食总产量变化量起到负向抑制作用。四个影响因素按照贡献率的累积绝对值的大小排序表现为：灌溉产值效应＞人口规模效应＞人均用水效应＞用水结构效应。灌溉产值效应对粮食总产量变化量的影响占据主导地位，发展农业高效节水灌溉技术、优化田间作物管理措施、提高单位耗水产粮量是增加粮食产量变化量的主要路径，而通过提高灌溉水资源利用效率来提高粮食总产量变化量，是实现粮食生产与灌溉用水量脱钩的有效手段。

### 6.2.3 水资源利用分解因素对不同地区粮食总产量变化量的影响效应累积

为直观表现水资源利用各分解因素对不同区域粮食总产量变化量影响效应的差异性，根据水资源利用效应分解模型对中国 31 个省份的粮食总产量变化量进行影响效应计算，得到各地区水资源利用分解因素对粮食总产量变化量的影响效应的贡献量，结果如图 6－1 所示。除福建、海南、重庆、四川、贵州和西藏外，灌溉产值效应在其他地区均表现出对粮食总产量变化量的正向促进作用；北方地区灌溉产值效应的贡献量普遍高于南方地区；

东北和华北的大部分地区灌溉产值效应的贡献量均超过 1 000 万 t，在这些地区，节水灌溉技术的普及有利于提高作物水分生产率。用水结构效应在我国的大部分地区表现出对粮食总产量变化量的负向抑制作用，粮食总产量的增长不再依赖于增加农田灌溉用水的占比，这对缓解农业环境压力，促进水粮关系良性发展具有重要意义。值得注意的是，黑龙江用水结构效应的贡献量达 1 336.33 万 t，该地区粮食生产严重依赖于灌溉水资源，用水比例巨大，制约着当地除农业以外其他产业的发展，因此，压缩高耗水作物面积、推动农业种植结构调整势在必行。人均用水效应在西北、华北平原和东南沿海的大部分地区表现出对粮食总产量变化量的负向抑制作用，河北人均用水效应的贡献量的绝对值超过 500 万 t，贡献量为－581.63 万 t；东北、西南和华中的部分地区的人均用水效应对粮食总产量变化量表现为正向促进作用，黑龙江人均用水效应的贡献量最大，达 1 485.52 万 t。由于人口自然流失等原因，黑龙江、吉林、内蒙古和甘肃的人口规模效应表现出对粮食总产量变化量的负向抑制作用，其余地区的人口规模效应对粮食总产量变化量均表现为正向促进作用，其中山东作为产粮大省，其人口规模效应的贡献量最大，为 431.75 万 t。

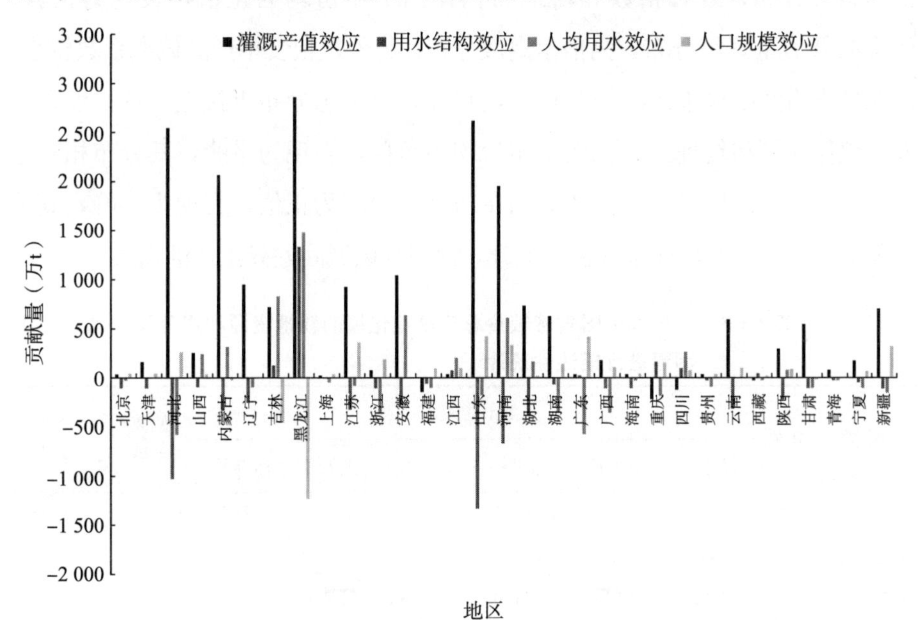

图 6－1　各地区水资源利用分解因素对粮食总产量变化量的影响效应的贡献量情况

## 6.3 耕地资源利用视角下粮食总产量变化量的影响因素分析

### 6.3.1 耕地资源利用分解因素的描述性统计

基于SPSS22.0软件，对2005年、2010年、2015年和2020年四个时间点影响中国31个省份粮食总产量变化量的耕地资源利用分解因素进行描述性统计，其结果如表6-3所示。全距计算结果表明，粮食单产和粮作比例在各省份间的离散程度呈扩大趋势。从标准差反映的相对离散程度看，粮作比例呈平稳增加态势；复种指数呈先降低后增加，总体呈增加态势；粮食单产和耕地面积在波动中增加。影响各省份间粮食总产量变化量的耕地资源利用分解因素主要指标的相对差异程度越来越大。在各项分解因素中，中国31个省份四个时间点的平均值和中位数差异不大。从偏离系数看，粮食单产在四个年份均为负值，表现为负偏，低值呈离散分布，而较多的高值呈聚集分布；复种指数和耕地面积在四个年份均为正值，表现为正偏，较多的低值呈聚集分布，高值呈离散分布；另外，粮食单产的偏离系数较小，说明各省份间粮食单产的偏差较小，其分布与正态分布更接近。从峰度系数看，粮作比例和复种指数在四个年份均为负值，表现为平峰，其分布相对不集中，区域间差异显著；耕地面积在四个年份均为正值，表现为尖峰，其分布相对集中，但其峰度系数稳定上升，说明其区域间差异正逐渐增大。

**表6-3 对影响中国省域粮食总产量变化量的耕地资源利用分解因素进行描述性统计**

| 因素 | 年份 | 统计指标 | | | | | | 偏离系数 | 峰度系数 |
|---|---|---|---|---|---|---|---|---|---|
| | | 极小值 | 极大值 | 全距 | 平均值 | 中位数 | 标准差 | | |
| 粮食单产 (kg/hm²) | 2005 | 3 195.56 | 6 344.69 | 3 149.13 | 4 669.06 | 4 891.36 | 938.70 | −0.042 | −1.257 |
| | 2010 | 3 349.87 | 6 607.88 | 3 258.01 | 4 954.88 | 5 152.22 | 941.79 | −0.198 | −1.069 |
| | 2015 | 3 707.50 | 7 182.10 | 3 474.60 | 5 374.80 | 5 375.13 | 914.26 | −0.210 | −0.457 |
| | 2020 | 3 703.45 | 7 996.50 | 4 293.05 | 5 703.22 | 5 736.13 | 969.78 | −0.103 | 0.129 |

（续）

| 因素 | 年份 | 统计指标 | | | | | | 偏离系数 | 峰度系数 |
|---|---|---|---|---|---|---|---|---|---|
| | | 极小值 | 极大值 | 全距 | 平均值 | 中位数 | 标准差 | | |
| 粮作比例 | 2005 | 0.40 | 0.87 | 0.47 | 0.65 | 0.66 | 0.11 | −0.175 | −0.092 |
| | 2010 | 0.43 | 0.94 | 0.52 | 0.66 | 0.68 | 0.12 | 0.135 | −0.145 |
| | 2015 | 0.42 | 0.96 | 0.54 | 0.65 | 0.66 | 0.13 | 0.367 | −0.117 |
| | 2020 | 0.36 | 0.97 | 0.61 | 0.65 | 0.64 | 0.16 | 0.203 | −0.825 |
| 复种指数 | 2005 | 0.53 | 1.92 | 1.39 | 1.21 | 1.31 | 0.41 | 0.049 | −1.263 |
| | 2010 | 0.54 | 2.13 | 1.59 | 1.25 | 1.25 | 0.41 | 0.315 | −0.714 |
| | 2015 | 0.57 | 2.10 | 1.53 | 1.26 | 1.16 | 0.40 | 0.269 | −0.897 |
| | 2020 | 0.62 | 2.34 | 1.73 | 1.41 | 1.42 | 0.48 | 0.121 | −0.974 |
| 耕地面积（$10^3 hm^2$） | 2005 | 224.40 | 15 700.90 | 15 476.50 | 4 390.74 | 4 522.15 | 3 304.96 | 1.224 | 3.154 |
| | 2010 | 188.20 | 15 858.00 | 15 669.80 | 4 363.49 | 4 424.70 | 3 331.69 | 1.278 | 3.328 |
| | 2015 | 189.81 | 15 854.10 | 15 664.30 | 4 354.80 | 4 402.27 | 3 327.04 | 1.287 | 3.373 |
| | 2020 | 93.50 | 17 195.40 | 17 101.90 | 4 124.57 | 3 629.20 | 3 654.54 | 1.701 | 4.452 |

### 6.3.2 耕地资源利用分解因素对粮食年际总产量变化量的影响效应测度

为揭示耕地资源利用分解因素中的粮食单产效应、粮作比例效应、复种指数效应和耕地面积效应对中国粮食总产量变化量的影响程度，根据耕地资源利用效应分解模型对中国粮食总产量变化量进行效应分解，结果如表 6-4 所示。

粮食单产效应对中国粮食总产量变化量总体产生正向促进作用，贡献量的累积为 12 268.20 万 t。除 2008—2009 年和 2015—2016 年，其他各年粮食单产效应对粮食总产量变化量产生的作用均是正向的，其中，2010—2011 年贡献率最高，达 77.01%。2005—2020 年粮食单产效应贡献率的累积为 46.12%。粮作比例效应对中国粮食总产量变化量的影响总体呈正向促进作用，贡献量的累积为 1 779.37 万 t。在 2005—2016 年中，除个别年份外，粮作比例效应对粮食总产量变化量产生的作用均是正向的。但在 2016 年以后，粮作比例效应对粮食总产量变化量产生的作用均是负向的，而这种负向抑制作用正逐渐减弱，2005—2006 年其正向贡献率最大，

表 6-4　2005—2020 年基于耕地资源利用效应分解模型对中国粮食总产量变化量进行效应分解的结果

| 年份 | 粮食单产效应 | | 粮作比例效应 | | 复种指数效应 | | 耕地面积效应 | | 总效应 |
|---|---|---|---|---|---|---|---|---|---|
| | 贡献量 | 贡献率 | 贡献量 | 贡献率 | 贡献量 | 贡献率 | 贡献量 | 贡献率 | 贡献量 |
| 2005—2006 年 | 1 083.22 | 30.66 | 1 384.45 | 39.18 | −935.00 | −26.46 | −130.62 | −3.70 | 1 402.04 |
| 2006—2007 年 | 115.12 | 13.76 | 211.89 | 25.33 | 395.99 | 47.35 | −113.37 | −13.56 | 609.63 |
| 2007—2008 年 | 2 268.86 | 69.43 | −108.21 | −3.31 | 875.38 | 26.79 | −15.59 | −0.48 | 3 020.43 |
| 2008—2009 年 | −829.81 | −38.04 | 760.75 | 34.87 | 583.28 | 26.74 | −7.66 | −0.35 | 506.57 |
| 2009—2010 年 | 1 257.64 | 60.90 | 247.80 | 12.00 | 512.39 | 24.81 | −47.38 | −2.29 | 1 970.45 |
| 2010—2011 年 | 2 281.83 | 77.01 | 15.52 | 0.52 | 653.26 | 22.05 | −12.59 | −0.42 | 2 938.02 |
| 2011—2012 年 | 1 640.49 | 67.11 | 95.77 | 3.92 | 672.59 | 27.52 | −35.55 | −1.45 | 2 373.30 |
| 2012—2013 年 | 994.82 | 54.49 | 208.63 | 11.43 | 619.88 | 33.96 | 2.25 | 0.12 | 1 825.58 |
| 2013—2014 年 | 74.29 | 7.31 | 270.36 | 26.60 | 621.84 | 61.18 | −49.87 | −4.91 | 916.62 |
| 2014—2015 年 | 1 266.34 | 58.85 | 184.55 | 8.58 | 672.76 | 31.26 | −28.21 | −1.31 | 2 095.45 |
| 2015—2016 年 | −164.98 | −42.38 | 104.77 | 26.92 | 81.47 | 20.93 | −38.03 | −9.77 | −16.76 |
| 2016—2017 年 | 808.84 | 53.91 | −450.78 | −30.04 | −221.35 | −14.75 | −19.49 | −1.30 | 117.22 |
| 2017—2018 年 | 162.32 | 23.32 | −363.24 | −52.18 | −144.56 | −20.76 | −26.04 | −3.74 | −371.51 |
| 2018—2019 年 | 1 147.75 | 13.14 | −563.89 | −6.46 | 3 517.09 | 40.27 | −3 505.82 | −40.14 | 595.13 |
| 2019—2020 年 | 161.48 | 16.1 | −219 | −21.84 | 622.38 | 62.06 | 0 | 0 | 564.86 |
| 累积 | 12 268.2 | 46.12 | 1 779.37 | 6.69 | 8 527.41 | 32.05 | −4 027.97 | −15.14 | 18 547.01 |

注：通过某种因素贡献量与同一时期所有因素贡献量绝对值之和的比值来表示某种因素对粮食总产量产生的贡献率。贡献量单位：万 t，贡献率单位：%。

为39.18%，2016—2017年其负向贡献率的绝对值最大，贡献率为−30.04%。2005—2020年粮作比例效应贡献率的累积为6.69%。复种指数效应对中国粮食总产量变化量的影响总体呈正向促进作用，贡献量的累积为8 527.41万t，除2005—2006年、2016—2017年和2017—2018年外，其他各年复种指数效应对粮食总产量变化量产生的作用均是正向的，且这种正向促进作用有增强的趋势，2019—2020年其正向贡献率最大，达62.06%。2005—2020年复种指数效应贡献率的累积为32.05%。耕地面积效应对中国粮食总产量变化量的影响总体呈负向抑制作用，贡献量的累积为−4 027.97万t，除2012—2013年和2019—2020年外，其他各年耕地面积效应对粮食总产量变化量产生的作用均是负向的，其中，2018—2019年其负向贡献率的绝对值最大，贡献率为−40.14%。2005—2020年耕地面积效应贡献率的累积为−15.14%。总体而言，从耕地资源利用分解因素的角度来看，除耕地面积效应对中国粮食总产量变化量的影响起负向抑制作用外，粮食单产效应、粮作比例效应和复种指数效应对中国总粮食总产量变化量的影响均起到正向促进作用。四个影响因素按照贡献率的累积绝对值的大小排序表现为：粮食单产效应>复种指数效应>耕地面积效应>粮作比例效应。粮食单产效应与复种指数效应对粮食总产量变化量均起到显著促进作用，这与粮食生产过程中对耕地的集约利用和科学种植有关，但这种促进作用也会有土地规模报酬递减的时刻。在保障耕地面积的同时，若想提高粮食总产量变化量就需要进一步提升粮食生产效率。

### 6.3.3 耕地资源利用分解因素对不同地区粮食总产量变化量的影响效应累积

为了直观表现耕地资源利用各分解因素对不同区域粮食总产量变化量影响效应的差异性，根据耕地资源利用效应分解模型对中国31个省份的粮食总产量变化量进行影响效应计算，得到不同地区耕地资源利用分解因素对粮食总产量变化量的影响效应的贡献量，具体结果情况如图6-2所示。除青海外，粮食单产效应在其他地区均表现出对粮食总产量变化量的正向促进作用，其中黑龙江粮食单产效应的正向促进作用最大，其贡献量达 1 907.74 万 t。各地区生产效率的提高对粮食总产量变化量的增加起到积极的作用，北方地区粮食单产效应的贡献量普遍大于南方地区。粮作比例效应在西北和西南地区表现出对粮食总产量变化量的负向抑制作用，而在东北、华北和华东的大部分地区其表现为正向促进作用。粮作比例效应对粮食总产量变化量起正向促进作用的地区基本涵盖了我国的粮食主产区，这些地区拥有优越的自然条件和完善的农业基础设施，适宜粮食作物的播种和生长，其中山东粮作比例效应的贡献量最大，为 922.91 万 t。除北京、山西、上海和福建外，复种指数效应在其他地区均表现出对粮食总产量变化量的正向促进作用。东北和西南地区复种指数效应的贡献量普遍高于中西部地区，其中黑龙江和四川复种指数效应的贡献量超过 1 000 万 t，分别为 1 363.07 万 t 和 1 047.62 万 t，这得益于其自然环境较好的优势和农业技术的进步。耕地面积效应在我国的大部分地区表现出对粮食总产量变化量的负向抑制作用，只有在黑龙江、吉林、辽宁、内蒙

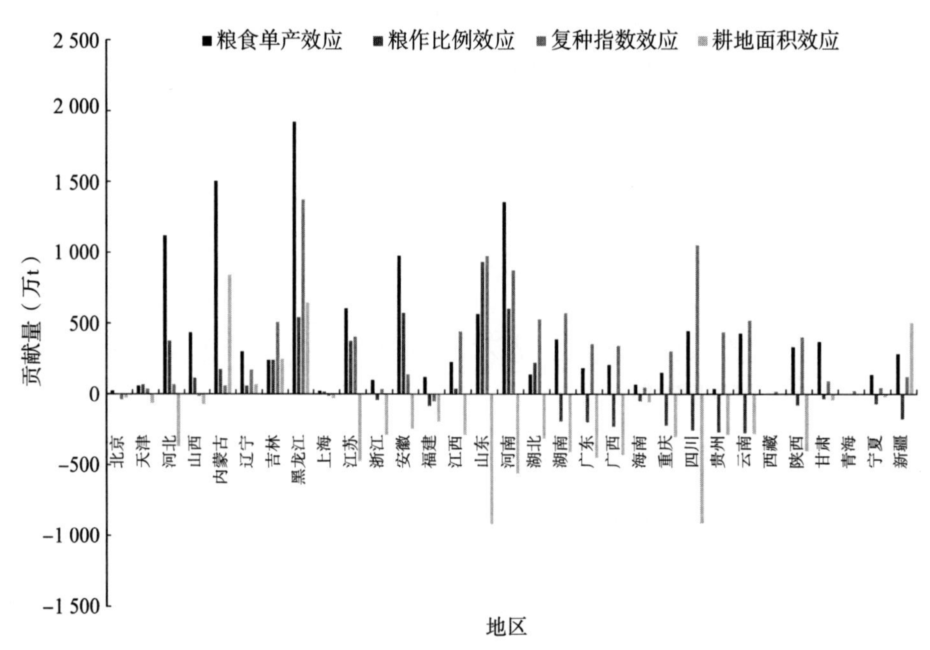


图 6-2　各地区耕地资源利用分解因素对粮食总产量变化量的影响效应的贡献量情况

古和新疆其表现为正向促进作用，这与这五个地区的耕地面积扩大和粮食总产量变化量的增加有关。中东部大部分地区的耕地面积效应对粮食产量总产量表现为负向抑制作用，这与在城镇化和工业化快速发展进程中由于人类活动挤占优质耕地造成耕地“非农化”和“非粮化”的现象有关，其中，山东、四川和河南的耕地面积效应贡献量的绝对值超过 500 万 t，贡献量分别为－919.0 万 t、－913.2 万 t 和 －566.4 万 t。

### 6.3.4 耕地资源利用分解因素对分类粮食作物年际产量变化量的影响效应测度

为揭示耕地资源利用分解因素中的粮食单产效应、种植结构效应、粮作比例效应、复种指数效应和耕地面积效应对中国不同分类粮食作物产量变化量的影响程度，根据耕地资源利用效应分解模型对中国不同分类粮食作物产量变化量进行效应分解，结果如图 6－3 所示。

除个别年份外，稻谷的单产效应对稻谷产量变化量的影响在大部分年份呈正向促进作用，其中 2006—2007 年单产效应对稻谷产量变化量的贡献量最高，为 444.12 万 t；种植结构效应对稻谷产量变化量的贡献量由负值转为正值；粮作比例效应对稻谷产量变化量的贡献量则逐渐由正值转为负值；复种指数效应对稻谷产量变化量的贡献量除个别年份波动较大，基本表现为对稻谷产量变化量的正向促进作用；耕地面积效应除 2012—2013 年外，其余年份均表现为对稻谷产量变化量的负向抑制作用；总效应变化规律反映了稻谷产量变化量在历年的增减情况，在大部分年份表现为正值。

小麦的单产效应对小麦产量变化量的影响在大部分年份呈正向促进作用，但这种正向促进作用有减弱的趋势；种植结构效应对小麦产量变化量的贡献量由正值转为负值，且其负向抑制作用有增强的趋势。粮作比例效应、复种指数效应和耕地面积效应对小麦产量变化量贡献量的变化规律与稻谷相似。总效应变化规律反映了小麦产量变化量在历年的增减情况，除 2017—2018 年外，其余年份总效应均表现为正值。

玉米单产效应对玉米产量变化量的贡献量波动较大，其中 2007—2008 年正向贡献量最高，达 1 186.78 万 t，2013—2014 年负向贡献量的绝对值最高，贡献量为−872.34 万 t，总体呈正向促进作用减弱的趋势；种植结构效应对玉米产量变化量的贡献量由正值逐渐转为负值；粮作比例效应、复种指数效应和耕地面积效应对玉米产量变化量贡献量的变化规律与以上两种作物相似。总效应变化规律反映了玉米产量变化量在历年的增减情况，在大部分年份表现为正值。

豆类单产效应对豆类产量变化量的贡献量由负值转为正值，近年来其贡献量稳定在 50 万 t 左右；种植结构效应对豆类产量变化量的贡献量逐渐由负值转为正值；粮作比例效应、复种指数效应和耕地面积效应对豆类产量变化量贡献量的变化规律与以上作物相似。总效应变化规律反映了豆类产量变化量在历年的增减情况，经历了由负值向正值的转变。

薯类单产效应对薯类产量变化量的贡献量在 2006 年为−191.41 万 t，随后持续为其增产发挥正向促进作用；种植结构效应对薯类产量变化量的贡献量逐渐由负值转为正值，但其正向促进作用较弱；粮作比例效应、复种指数效应和耕地面积效应对薯类产量变化量贡献量的变化规律与以上作物相似。总效应变化规律反映了薯类产量变化量在历年的增减情况，其贡献量由负值转为正值。

各效应对其他作物产量变化量的贡献量均较低。单产效应和种植结构效应变化曲线波动较大，粮作比例效应、复种指数效应和耕地面积效应对其他作物产量变化量贡献量的变化规律与以上作物相似。总效应变化规律反映了其他作物产量变化量在历年的增减情况，由负值逐渐转为正值。

综合来看，单产效应和种植结构效应对粮食作物产量变化量的贡献量在各类粮食作物间存在较大差异。稻谷和小麦单产效应对其产量变化量产生稳定的正向促进作用，玉米和其他作物单产效应对其产量变化量的贡献量波动较大，而豆类和薯类单产效应对其产量变化量的贡献量经历了由负值到正值的转变。稻谷、豆类和薯类种植结构效应对其产量变化量的贡献量由负值转为正值；小麦和玉米种植结构效应对其产量变化量的贡献量由正值转为负值；其他作物种植结构效应对其产量变化量的贡献量波动较大，但表现为负值的年份居多。粮作比例效应、复种指数效应和耕地面积效应对粮食作物产量变化量贡献量的变化规律在各类粮食作物间差异不大。各类粮食作物的总效应均在近年来表现为正值，说明随着生产效率和科学技术水平的提高，不同粮食作物均在增产。

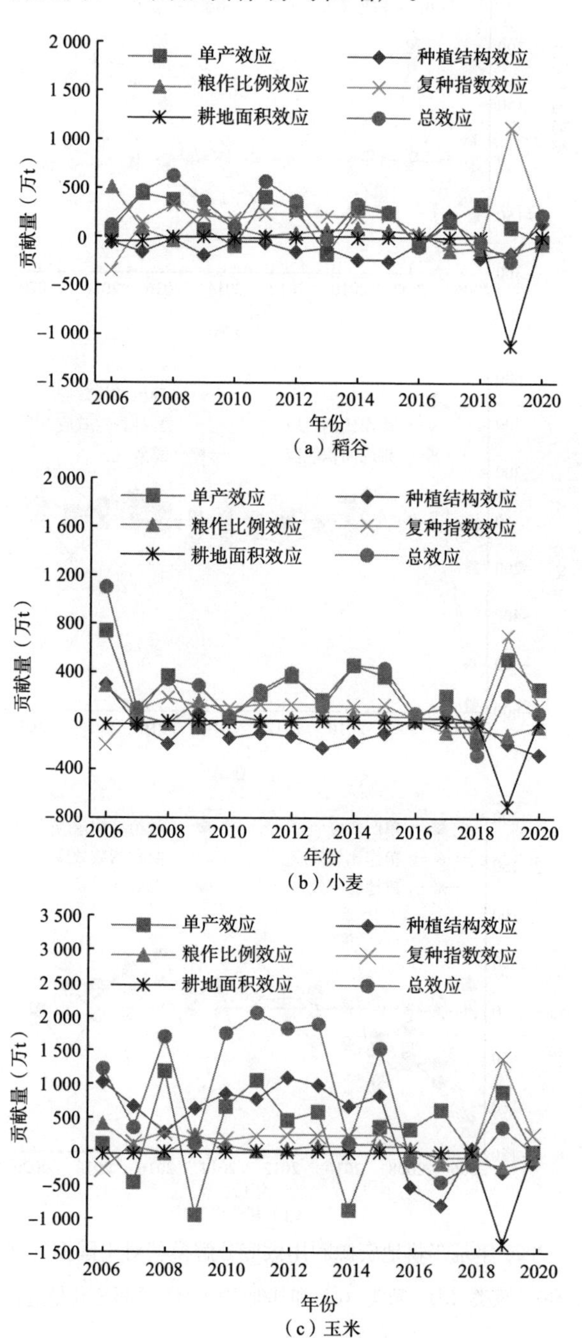

（a）稻谷


（b）小麦


（c）玉米

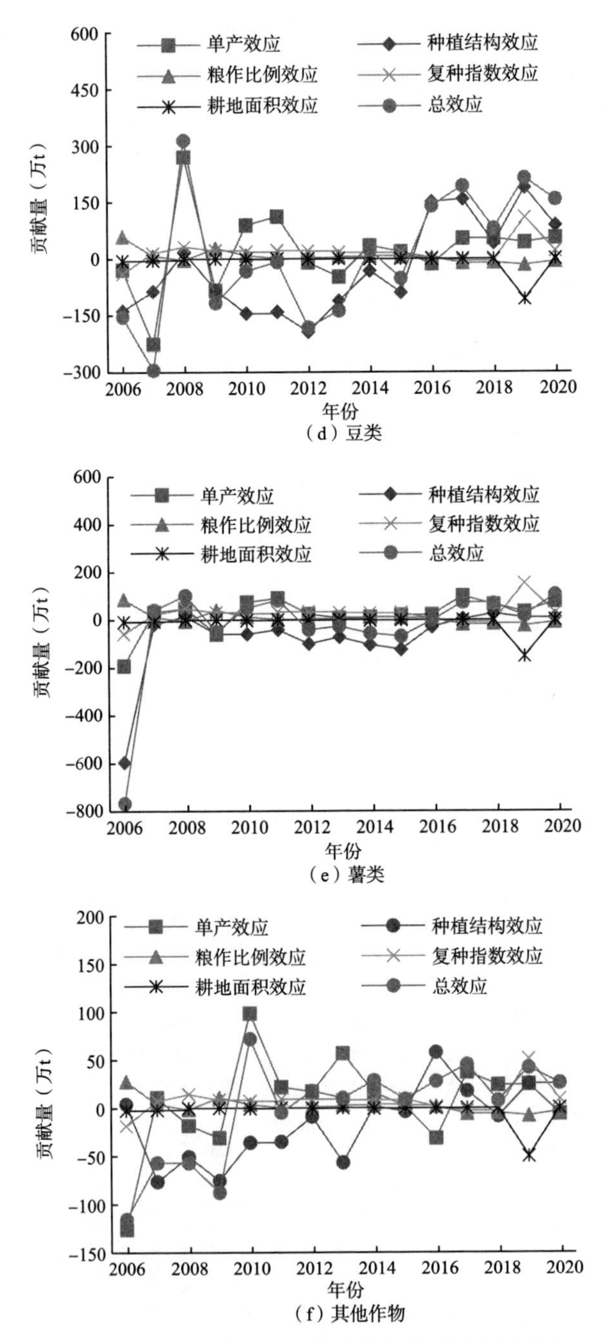

（d）豆类

（e）薯类

（f）其他作物

图6-3　2006—2020年基于耕地资源利用效应分解模型对中国稻谷（a）、小麦（b）、玉米（c）、豆类（d）、薯类（e）和其他作物（f）产量变化量进行效应分解的结果

### 6.3.5 耕地资源利用分解因素对不同地区分类粮食作物产量变化量的影响效应累积

为直观表现耕地资源利用分解因素对不同地区分类粮食作物产量变化量影响效应的差异性，根据耕地资源利用效应分解模型对中国 31 个省份不同地区分类粮食作物产量变化量进行影响效应计算，得到耕地资源利用分解因素对不同地区分类粮食作物产量变化量的影响效应的贡献量，具体结果如图 6－4 所示。

稻谷单产效应在除贵州、甘肃和宁夏以外的其他地区均表现出对稻谷产量变化量的正向促进作用。种植结构效应在西部和中部的大部分地区表现为对稻谷产量变化量的负向抑制作用，而在东南沿海地区其表现为正向促进作用。值得注意的是，黑龙江种植结构效应对稻谷产量变化量的贡献量最大，为 541.28 万 t，这与由于积温增加、水稻种植界线北移导致近年来黑龙江水稻种植面积的大幅上升有关。粮作比例效应在中南、西南和西北地区表现为对稻谷产量变化量的负向抑制作用，而其产生正向促进作用的地区覆盖了粮食主产区的大部分地区。除北京、内蒙古、上海和福建外，复种指数效应在其他地区均表现出对稻谷产量变化量的正向促进作用，其中黑龙江复种指数效应对稻谷产量变化量的贡献量最大，为 523.45 万 t，这与该地区水稻种植技术水平的不断提升有关。耕地面积效应在大部分地区表现出对稻谷产量变化量的负向抑制作用，其中负向贡献量绝对值超过 100 万 t 的地区集中连片分布在我国南部的大部分地区。

小麦单产效应在我国大部分地区表现为对小麦产量变化量的正向促进作用，仅在北京、黑龙江、福建、西藏和宁夏其表现为负向抑制作用，但作用较弱。除江苏、浙江、安徽和湖北外，种植结构效应在其他地区均表现为对小麦产量变化量的负向抑制作用。小麦产量的粮作比例效应贡献量的空间分布规律与稻谷相似。复种指数效应在除北京、山西、上海、福建和广东以外的地区均表现为对小麦产量变化量的正向促进作用，其贡献量在 0 万～500 万 t 间波动。耕地面积效应在大部分地区表现出对小麦产量变化量的负向抑制作用。

玉米单产效应在除浙江、湖北、贵州和青海以外的其他地区均表现出对玉米产量变化量的正向促进作用，其中黑龙江单产效应对玉米产量变化量的贡献量最大，达 1 010.43 万 t，这是因为 2008 年国家开始实施玉米临时收储政策，玉米临储收购价格一路走高至 2014 年，在黑龙江传统大豆主产区改种玉米，而且玉米单产在这一时期连年增加。玉米种植结构效应表现出对玉米产量变化量的正向促进作用，除上海和贵州外，其余地区玉米种植结构效应的贡献量均为正值；玉米产量变化量的粮作比例效应贡献量的空间分布规律与以上两种作物相似；复种指数效应在除北京、山西、上海和福建以外的地区均表现为对玉米产量变化量的正向促进作用，其中黑龙江复种指数效应对玉米产量变化量的贡献量最大，为 609.95 万 t，这与近年来该地区玉米产量恢复性增长有关；耕地面积效应在大部分地区表现出对玉米产量变化量的负向抑制作用，但在内蒙古其耕地面积效应表现出对玉米产量变化量具有较强的正向促进作用，其贡献量为 623.19 万 t，这与近年来该地区玉米高效增产和耕地面积增加有关。

在不同省份间，豆类、薯类和其他作物的各耕地资源利用分解因素对其产量变化量的贡献量较小。在大部分地区，单产效应对豆类、薯类和其他作物的产量变化量起到正向促进作用。豆类的种植结构效应在除重庆、四川和贵州以外的地区对其产量变化量均表现为负向抑制作用；薯类的种植结构效应在西部部分地区表现为对其产量变化量的正向促进作用；其他作物的种植结构效应在华北等地表现为对其产量变化量的正向促进作用，但均较弱。豆类、薯类和其他作物的粮作比例效应对各自产量变化量的贡献量的空间分布规律与稻谷、小麦和玉米相似；复种指数效应对豆类、薯类和其他作物产量变化量整体均起到正向促进作用；除黑龙江、吉林、辽宁、内蒙古和新疆外，豆类、薯类和其他作物的耕地面积效应均对各自产量变化量起负向抑制作用。

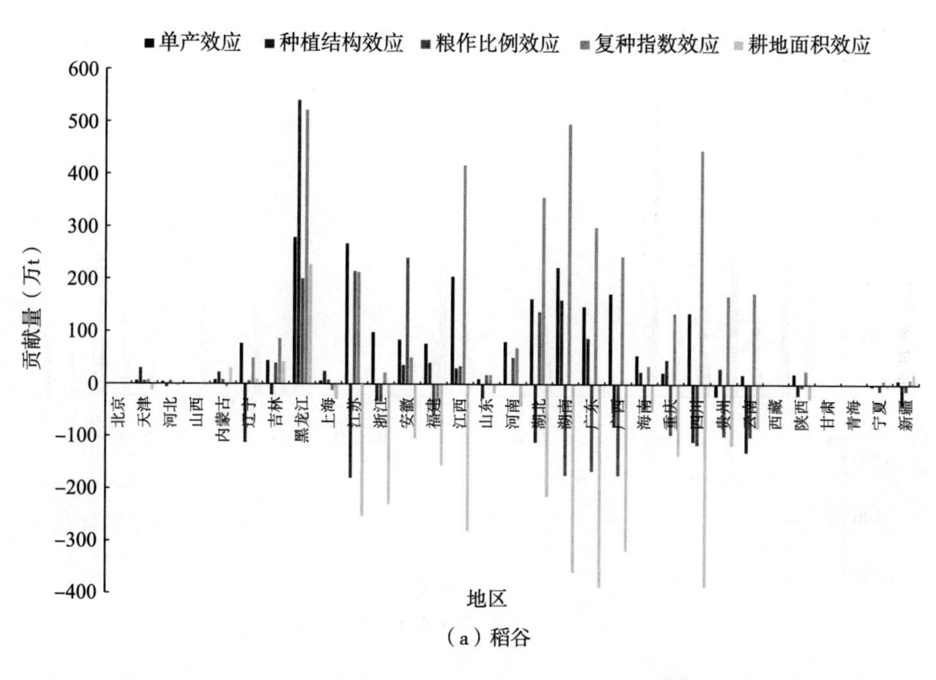
单产效应
种植结构效应
粮作比例效应
复种指数效应
耕地面积效应
600
500
400
300
200
100
0
-100
-200
-300
-400
贡献量（万t）
北京
天津
河北
山西
内蒙古
辽宁
吉林
黑龙江
上海
江苏
浙江
安徽
福建
江西
山东
河南
湖北
湖南
广东
广西
海南
重庆
四川
贵州
云南
西藏
陕西
甘肃
青海
宁夏
新疆
地区

（a）稻谷

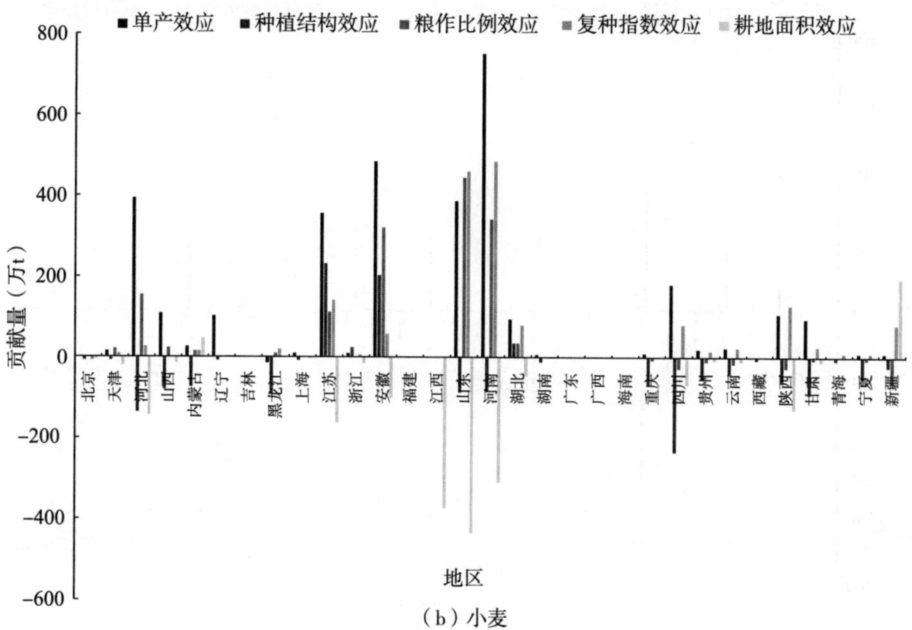
单产效应
种植结构效应
粮作比例效应
复种指数效应
耕地面积效应
800
600
400
200
0
-200
-400
-600
贡献量（万t）
北京
天津
河北
山西
内蒙古
辽宁
吉林
黑龙江
上海
江苏
浙江
安徽
福建
江西
山东
河南
湖北
湖南
广东
广西
海南
重庆
四川
贵州
云南
西藏
陕西
甘肃
青海
宁夏
新疆
地区

（b）小麦

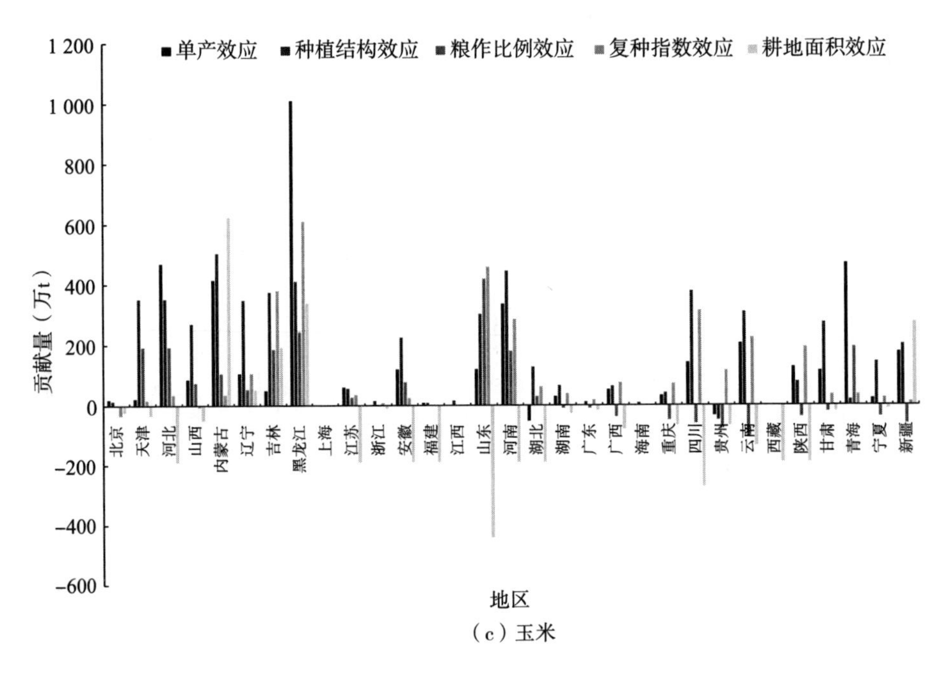
单产效应
种植结构效应
粮作比例效应
复种指数效应
耕地面积效应
1 200
1 000
800
600
400
200
0
-200
-400
-600
贡献量（万t）
北京
天津
河北
山西
内蒙古
辽宁
吉林
黑龙江
上海
江苏
浙江
安徽
福建
江西
山东
河南
湖北
湖南
广东
广西
海南
重庆
四川
贵州
云南
西藏
陕西
甘肃
青海
宁夏
新疆
地区
（c）玉米

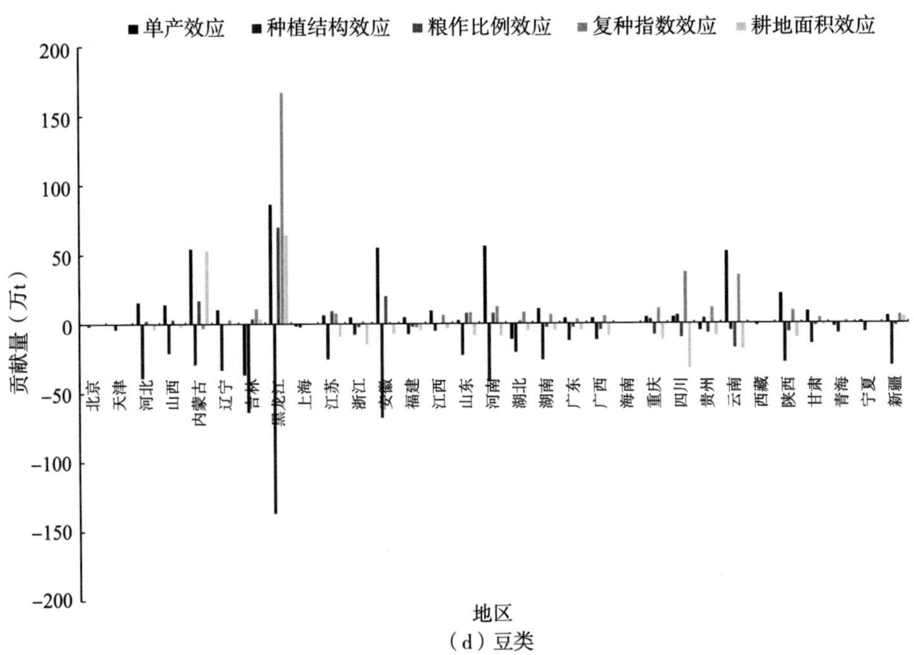
单产效应
种植结构效应
粮作比例效应
复种指数效应
耕地面积效应
200
150
100
50
0
-50
-100
-150
-200
贡献量（万t）
北京
天津
河北
山西
内蒙古
辽宁
吉林
黑龙江
上海
江苏
浙江
安徽
福建
江西
山东
河南
湖北
湖南
广东
广西
海南
重庆
四川
贵州
云南
西藏
陕西
甘肃
青海
宁夏
新疆
地区
（d）豆类

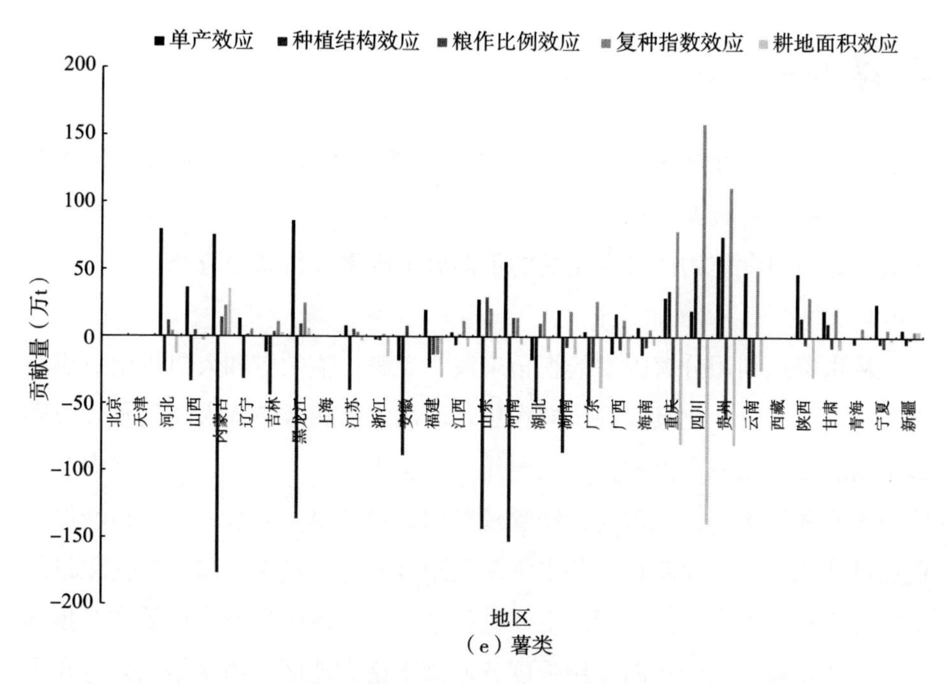

（e）薯类

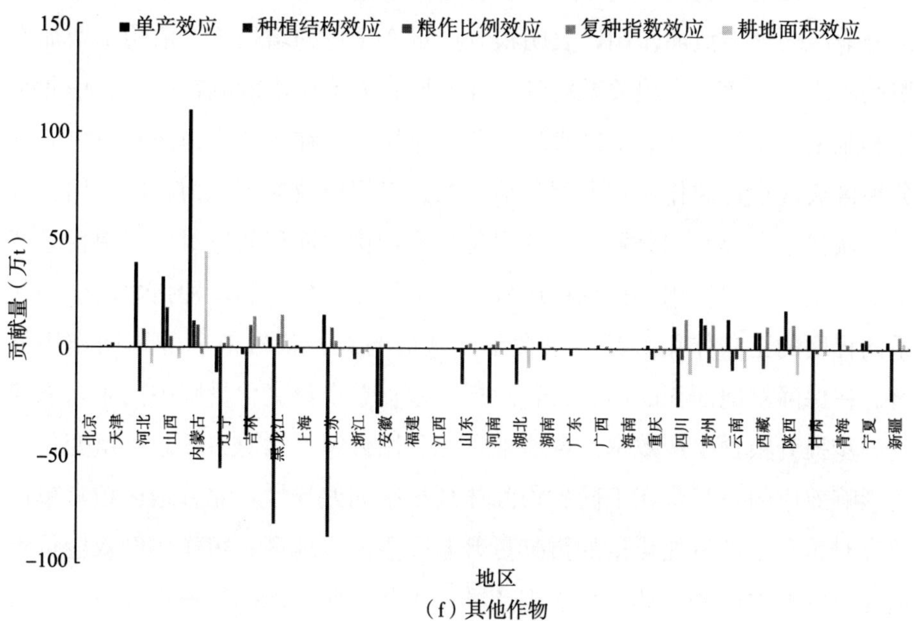

（f）其他作物

图6-4　耕地资源利用分解因素对不同地区稻谷（a）、小麦（b）、玉米（c）、豆类（d）、薯类（e）、其他作物（f）产量变化量的影响效应的贡献量情况

## 6.4 本章小结

本章通过构建基于 LMDI 方法的水资源利用效应分解模型和耕地资源利用效应分解模型，对 2005—2020 年影响中国 31 个省份粮食总产量变化量和分类粮食作物产量变化量的不同分解因素进行系统分析，主要结果表明：

从水资源利用分解因素的视角来看，灌溉产值效应和人口规模效应对中国粮食总产量变化量起到正向作用，而用水结构效应和人均用水效应则起负向作用。灌溉产值效应的正向作用占据主导地位，这表明发展农业高效节水灌溉技术、优化田间作物管理措施、提高单位耗水产粮量是增加粮食产量变化量的主要路径。各水资源利用分解因素对粮食总产量变化量的影响效应在不同省份间体现出空间差异性，北方地区灌溉产值效应对粮食总产量变化量产生的正向作用强度普遍高于南方地区；用水结构效应在大部分地区表现出负向作用，表明粮食产量变化量的增长不再依赖于增加农田灌溉用水占比，水粮关系得到良性发展；人均用水效应在西北、华北平原和东南沿海的大部分地区表现为负向作用，而在东北、西南和华中的部分地区表现为正向作用；大部分地区的人口规模效应表现为正向作用。

从耕地资源利用分解因素的视角来看，耕地面积效应对中国粮食总产量变化量起负向作用，粮食单产效应、粮作比例效应和复种指数效应则起不同程度的正向作用，其中粮食单产效应与复种指数效应的正向作用显著。在保障耕地面积的同时，若想提高粮食总产量变化量则中国未来需要进一步提升粮食生产效率。各耕地资源利用分解因素对粮食总产量变化量的影响效应的贡献量在不同省份间体现出空间差异性，北方地区粮食单产效应对粮食总产量变化量的贡献量普遍高于南方地区；粮作比例效应贡献量为正值的地区基本涵盖粮食主产区；东北和西南地区复种指数效应对粮食总产量变化量的贡献量普遍高于中西部地区；受在城镇化和工业化快速发展进程中人类活动挤占耕地的影响，耕地面积效应对粮食总产量变化量的贡献量在大部分地区表现为负数。单产效应和种植结构效应对粮食作物产量变化量的贡献量在中国各类粮食作物间存在较大差异，而粮作比例效应、复种指数效应和耕地面积效应对粮食作物产量变化量贡献量的变化规律在中国各类粮食作物间基本相似。随着中国生产效率和科学技术水平的提高，不同种类的粮食作物均表现出增产。在大部分地区，单产效应对稻谷、小麦、玉米、豆类和薯类产量变化量均起到正向作用。稻谷的种植结构效应在西部和中部的大部分地区对其产量变化量表现为负向作用，在南沿海地区表现为正向作用；小麦、豆类、薯类和其他作物的种植结构效应在大部分地区对各自产量变化量起负向作用，而玉米的种植结构效应在大部分地区表现为正向作用。复种指数效应在大部分地区均对稻谷、小麦、玉米、豆类和薯类产量变化量起到正向作用。

# "水-土地-粮食"关联的耦合协调评价研究

本章考虑"水-土地-粮食"多元的关联关系，以可持续发展理论为指导，构建"水-土地-粮食"复合系统的耦合协调发展水平的评价指标体系，对2005—2020年中国31个省份的"水-土地-粮食"复合系统和各子系统发展指数进行测算，评价子系统间的耦合协调关系，采用空间分析模型揭示不同地区该复合系统耦合协调度的空间相关性和异质性，并对影响该复合系统耦合协调发展水平的内部障碍因子以及外部驱动因子进行详细分析，为保障水土资源可持续利用和粮食安全提供参考。

## 7.1 分析模型

### 7.1.1 指标体系的构建

"水-土地-粮食"复合系统是一个具有复杂性、敏感性和层次性的开放系统，构成该复合系统的各要素间相互依存、相互制约和相互影响。水资源的禀赋条件及其开发的合理性在很大程度上会影响土地资源的利用方式，土地资源的数量、质量及开发强度也会影响需水量、水质和水资源开发强度。水资源是粮食生产的基本保障要素，土地资源的有限性客观上会决定粮食生产能力的上限，水土资源特性会直接决定粮食生产的物质基础条件，影响粮食生产的潜力和稳定性。同时，粮食生产种植结构的改变、农药化肥农膜等要素的长期大量投入也会直接影响水土资源的数量和质量(李长松等，2022)。基于可持续发展理念，综合水资源、土地资源和粮食的内涵和研究范畴，从经济、社会和生态各方面对"水-土地-粮食"复合系统中的重要因素及其反馈关系进行梳理，参考相关文献和已有研究成果(陈百明，2002；宋松柏等，2003；张少杰等，2010；赵丹丹等，2018；张宁等，2022)，遵循科学性原则、全面性原则、代表性原则、层次性原则和可计算性原则，构建"水-土地-粮食"复合系统的耦合协调发展水平的综合评价指标体系，如表7-1所示。

**表7-1 "水-土地-粮食"复合系统的耦合协调发展水平的综合评价指标体系**

| 系统层 | 指标层 | | 属性 | 序号 | 组合权重 |
|---|---|---|---|---|---|
| | 指标 | 定义 | | | |
| 水资源子系统 | 农田灌溉水有效利用系数 | 灌入田间可被农作物利用的水量与水源渠首处引进的总水量之比 | 正 | $x_1$ | 0.054 |
| | 单位农业用水产值(元/m$^3$) | 第一产业增加值与农业用水量的比值 | 正 | $x_2$ | 0.140 |
| | 水分利用效率(kg/m$^3$) | 农田总初级生产力与农田蒸散消耗量的比值 | 正 | $x_3$ | 0.064 |
| | 节水灌溉率(%) | 节水灌溉面积与有效灌溉面积的比值 | 正 | $x_4$ | 0.127 |
| | 产水模数(m$^3$/hm$^2$) | 水资源总量与地区总面积的比值 | 正 | $x_5$ | 0.204 |
| | 农业灌溉用水比例(%) | 农业灌溉用水量占农业用水量比例 | 负 | $x_6$ | 0.068 |
| | 地下水开采率(%) | 地下水开采量占地下水资源量比例 | 负 | $x_7$ | 0.147 |
| | 水资源开发利用率(%) | 水资源利用量与水资源总量的比值 | 负 | $x_8$ | 0.195 |
| 土地资源子系统 | 平均耕地产值(元/hm$^2$) | 种植业生产总值与耕地面积的比值 | 正 | $x_9$ | 0.177 |
| | 单位耕地面积农业机械总动力(kW/hm$^2$) | 农业机械总动力与耕地面积的比值 | 正 | $x_{10}$ | 0.111 |
| | 复种指数 | 农作物总播种面积与耕地面积的比值 | 正 | $x_{11}$ | 0.081 |
| | 人均耕地面积(hm$^2$/人) | 年末耕地面积总数与年末总人口数的比值 | 正 | $x_{12}$ | 0.191 |
| | 土地农用利用率(%) | 农用地面积占总土地面积比例 | 正 | $x_{13}$ | 0.040 |
| | 水土流失治理率(%) | 水土流失治理面积占水土流失面积比例 | 正 | $x_{14}$ | 0.208 |
| | 耕地农药使用强度(t/hm$^2$) | 单位耕地面积的农药施用量 | 负 | $x_{15}$ | 0.116 |
| | 耕地化肥使用强度(t/hm$^2$) | 单位耕地面积的化肥施用量 | 负 | $x_{16}$ | 0.076 |

（续）

| 系统层 | 指标层 | | 属性 | 序号 | 组合权重 |
|---|---|---|---|---|---|
| | 指标 | 定义 | | | |
| 粮食生产子系统 | 人均粮食产量（kg/人） | 粮食总产量与总人口比值 | 正 | $x_{17}$ | 0.219 |
| | 粮食单产（$kg/hm^2$） | 粮食总产量与粮食作物总播种面积比值 | 正 | $x_{18}$ | 0.069 |
| | 农村居民人均可支配收入（元） | 统计术语 | 正 | $x_{19}$ | 0.281 |
| | 粮食总产量波动系数 | 粮食总产量在剔除趋势值后相对于长期趋势的波动程度 | 负 | $x_{20}$ | 0.143 |
| | 粮食农村居民消费价格指数 | 统计术语 | 负 | $x_{21}$ | 0.013 |
| | 粮食抗灾指数 | 农作物未受灾面积占农作物播种面积比例 | 正 | $x_{22}$ | 0.032 |
| | 粮食生产碳排放量（万 t） | 参考李波 等（2011）测算 | 负 | $x_{23}$ | 0.121 |
| | 粮食生产面源污染排放量（万 t） | 参考赖斯芸 等（2004）测算 | 负 | $x_{24}$ | 0.122 |

## 7.1.2 组合权重的确定

评价指标体系的赋权方法众多，其中，熵值法和变异系数法由于其客观性强且具有一定的适用性，得到了学者们的广泛应用。熵的概念起源于信息论，用于描述数据的不确定性，对于评价体系中的指标而言，根据各项指标所能提供的信息量大小来确定指标权重，信息熵越大，则在综合评价中的作用越重要，但熵值法对异常值敏感，容易导致指标权重失真。变异系数法通过指标数据的标准差和平均值来判断指标数据的差异化程度，能够消除由于平均值不同对多种数据变异程度造成的影响。为避免单一指标体系赋权方法过于片面且稳定性差等，本章先分别运用熵值法和变异系数法求出各指标权重，通过线性加权方法对熵值法与变异系数法确定的指标权重结果进行组合赋权，增加权重确定的科学性（宋小青等，2007）。

为保证数据的可比性，对“水-土地-粮食”复合系统的耦合协调发展综合评价指标体系中不同类型的指标数据进行标准化，计算公式如下：

正向指标：$r_{tij}=\frac{x_{tij}-\min(x_j)}{\max(x_j)-\min(x_j)}$　　(7-1)

负向指标：$r_{tij}=\frac{\max(x_j)-x_{tij}}{\max(x_j)-\min(x_j)}$　　(7-2)

式中，$t$ 为年份，$i$ 为地区，$j$ 为指标，$r_{tij}$ 为指标标准化结果，$x_{tij}$ 为第 $t$ 年 $i$ 地区指标 $j$ 的数值，$\max(x_j)$ 和 $\min(x_j)$ 分别为指标 $j$ 的最大值和最小值。

首先，计算指标 $j$ 在第 $t$ 年地区 $i$ 的权重，公式如下：

$$p_{tij}=\frac{r_{tij}}{\sum_{t=1}^{\theta}\sum_{i=1}^{m}r_{tij}} \tag{7-3}$$

式中，$\theta$ 为总年份数，$m$ 为总地区数，若 $p_{tij}=0$，则定义 $p_{tij}\ln(p_{tij})=0$。

计算指标 $j$ 的信息熵，公式如下：

$$ej=-k\sum_{t=1}^{\theta}\sum_{i=1}^{m}p_{tij}\ln(p_{tij}) \tag{7-4}$$

式中，常数 $k=1/\ln(\theta_m)$，$m$ 为总年份数，同时满足 $0\leqslant e_j\leqslant 1$。

计算各指标的信息熵冗余度：

$$d_j=1-e_j \tag{7-5}$$

根据信息熵冗余度推导出各指标的熵值法权重：

$$w'_j=\frac{d_j}{\sum_{j=1}^{n}d_j} \tag{7-6}$$

式中，$n$ 为总指标数。

其次，计算各项指标变异系数权重，公式如下：

$$v_j=\frac{\sigma_j}{\overline{x}} \tag{7-7}$$

$$w''_j=\frac{v_j}{\sum_{j=1}^{n}v_j} \tag{7-8}$$

式中，$v_j$ 为指标 $j$ 的变异系数，$\sigma_j$ 为指标 $j$ 的标准差，$\overline{x}$ 为指标 $j$ 的平均值。

最后，采用熵值法和变异系数法进行组合赋权，计算公式如下：

$$w_j = \frac{w'_j w''_j}{\sum_{j=1}^{n} w'_j w''_j} \tag{7-9}$$

式中，$w_j$ 为指标 $j$ 的组合权重，$w'_j$ 为熵值法权重，$w''_j$ 为变异系数法权重。利用上述方法确定的各项指标权重值如表 7-1 所示。

### 7.1.3 综合发展指数

为衡量"水-土地-粮食"复合系统和各子系统的发展水平，通过指标标准化值和权重值构建和计算综合发展指数，具体公式如下：

$$F(s) = \sum_{j=1}^{J} w_j r_{tij} \tag{7-10}$$

$$T = \lambda F(1) + \mu F(2) + \eta F(3) \tag{7-11}$$

式中，$s$ 表示子系统，$F(s)$ 为子系统综合发展指数，$j$ 为各子系统评价指标，$J$ 为子系统评价指标数量，$F$（1）、$F$（2）、$F$（3）分别表示水资源子系统、土地资源子系统和粮食生产子系统综合发展指数，$T$ 为复合系统综合发展指数，$\lambda$、$\mu$、$\eta$ 用于衡量三个子系统发展的重要程度，考虑到三个子系统具有同等重要性，故取 $\lambda=\mu=\eta=1/3$。

### 7.1.4 耦合协调度模型

耦合协调度一般反映系统间的耦合、协调和相互反馈的程度（张洪芬，2019）。本书基于水资源子系统、土地资源子系统和粮食生产子系统的评价结果，探究三者之间的耦合协调水平，计算公式如下：

$$D = \sqrt{\frac{3\sqrt[3]{F(1)F(2)F(3)}}{F(1)+F(2)+F(3)} \times T} \tag{7-12}$$

式中，$D$ 为耦合协调度，是对三个子系统间良性相互作用强弱的度量，范围在 0 到 1 之间。

参考已有研究成果（张宁等，2022；田云等，2022），对"水-土地-粮食"复合系统的耦合协调阶段进行判别，如表 7-2 所示。

表 7-2　耦合协调阶段和类型的判别标准

| 区间 | 耦合协调度 | 耦合协调类型 |
| --- | --- | --- |
| 失调衰退阶段 | $0 \leqslant D \leqslant 0.1$ | 极度失调衰退类型 |
| | $0.1 < D \leqslant 0.2$ | 严重失调衰退类型 |
| | $0.2 < D \leqslant 0.3$ | 中度失调衰退类型 |
| | $0.3 < D \leqslant 0.4$ | 轻度失调衰退类型 |
| 过渡调和阶段 | $0.4 < D \leqslant 0.5$ | 濒临失调衰退类型 |
| | $0.5 < D \leqslant 0.6$ | 勉强耦合协调类型 |
| 协调发展阶段 | $0.6 < D \leqslant 0.7$ | 初级耦合协调类型 |
| | $0.7 < D \leqslant 0.8$ | 中级耦合协调类型 |
| | $0.8 < D \leqslant 0.9$ | 良好耦合协调类型 |
| | $0.9 < D \leqslant 1.0$ | 优质耦合协调类型 |

### 7.1.5 空间分析模型

空间自相关分析主要反映地理区域内变量之间的空间相关性程度，能够解释与空间位置相关的空间依赖、空间关联或空间自相关现象，全局分析和局部分析是两种主要的空间自相关分析。本书采用全局分析和局部分析测度中国"水-土地-粮食"复合系统的耦合协调度的空间相关性和地区聚集或离散的程度，全局自相关分析可用来统计整个研究区域变量的 *Global Moran's I*（MORAN，1948），计算公式如下：

$$Global\ Moran's\ I = \frac{n}{\sum_{i=1}^{n}\sum_{j=1}^{n} w_{ij}} \times \frac{\sum_{i=1}^{n}\sum_{j \neq 1}^{n} w_{ij}(x_i - \bar{x})(x_j - \bar{x})}{\sum_{i=1}^{n}(x_i - \bar{x})^2} \tag{7-13}$$

式中，$w_{ij}$ 为空间权重矩阵，$n$ 为样本数量，$x_i$ 和 $x_j$ 分别表示变量 $x$ 在位置 $i$ 和 $j$ 处的值，$\bar{x}$ 是变量 $x$ 的平均值。*Global Moran's I* 的值在 $-1$ 和 1 之间，*Global Moran's I*$>0$ 表示正空间相关性，值越大则空间相关性越强；*Global Moran's I*$<0$ 表示负空间相关性；若 *Global Moran's I* $=0$，

则表示变量的空间分布是随机的。

局部自相关分析（LISA）可用于计算所有省级行政区的 *Local Moran's I*，计算公式如下：

$$Local\ Moran's\ I = (x_i - \bar{x}) \sum_{j \neq 1}^{n} w_{ij} (x_j - \bar{x}) \quad (7-14)$$

式中指标解释与上文相同。局部空间关联通常分为四类：高-高类型、低-低类型、低-高类型和高-低类型（ANSELIN，1995）。前两类表明该省份变量的水平（高或低）与相邻省份一致，而后两类表明，该省份变量与相邻省份的水平（低或高）不同。

### 7.1.6 障碍诊断模型

为量化识别“水-土地-粮食”复合系统内部不同评价指标对该复合系统耦合协调发展水平的影响程度，引入障碍诊断模型。障碍诊断模型通过指标偏离度、因子贡献度和障碍度进行分析，其中，指标偏离度表示各评价指标实际值与最优值之间的差距，因子贡献度表示各评价指标对复合系统耦合协调发展水平评价的重要程度，障碍度则能够衡量各评价指标对复合系统耦合协调发展水平的影响程度。若某项指标的障碍度越小，表明复合系统耦合协调度发展水平受该项指标的阻碍作用越弱；障碍度越大，表明复合系统耦合协调发展水平受该项指标的阻碍作用越强（张茵等，2023）。具体计算公式如下：

$$R_j = 1 - r_{tij} \quad (7-15)$$

$$G_j = a_j w_j \quad (7-16)$$

$$Z_j = \frac{R_j G_j}{\sum_{j=1}^{n} R_j G_j} \times 100\% \quad (7-17)$$

式中，$R_j$ 为指标偏离度，$r_{tij}$ 为单项指标经标准化后的值，$G_j$ 为因子贡献度，$a_j$ 为指标 $j$ 所属的系统层的权重且取值为 1/3，$w_j$ 为指标 $j$ 的组合权重，$Z_j$ 为障碍度。

### 7.1.7 地理探测器模型

考虑到影响“水-土地-粮食”复合系统的耦合协调发展水平的诸多因素存在自相关性，为量化识别该复合系统耦合协调发展水平的外部驱动因子，引入地理探测器模型探究经济发展水平、产业集聚、技术进步和农林支持等多重因素对该复合系统共同作用的结果。经济发展水平由人均GDP表示，产业集聚由产业集聚度表示，技术进步由专利授权数表示，农林支持由农林财政支出表示。地理探测器模型因其具有分析混合分类变量和数值变量、探测自变量间的交互作用与影响等优点，被广泛使用。考虑到地理探测器模型擅长分析类型量，在ArcGIS中运用自然断裂点法对四个驱动因子进行分级。其中，因子探测用于分析各驱动因子的影响水平，计算公式如下：

$$q = 1 - \frac{\sum_{h-1}^{L} Nh\delta_h^2}{N\delta^2} = 1 - \frac{SSW}{SST} \tag{7-18}$$

式中，$q$表示各驱动因子对复合系统耦合协调发展水平的解释程度，$q \in [0, 1]$；$h$为自变量的分层序号；$Nh$和$N$为层$h$和区域内的单元数；$\delta_h^2$和$\delta^2$分别表示层$h$和区域内$Y$值的方差；$SSW$表示层内方差之和；$SST$表示全区总方差。

交互探测用于研究多因子交互作用对复合系统耦合协调发展水平的影响。分别计算任意两个因子$X_1$与$X_2$叠加后的$q$值$[q(X_1 \cap X_2)]$，判断各因子交互作用程度，如表7-3所示。

**表7-3 因子交互探测作用判断**

| 交互作用 | 判断关系式 |
| --- | --- |
| 非线性减弱 | $q(X_1 \cap X_2) < \text{Min}[q(X_1), q(X_2)]$ |
| 单因子非线性减弱 | $\text{Min}[q(X_1), q(X_2)] < q(X_1 \cap X_2) < \text{Max}[q(X_1), q(X_2)]$ |
| 双因子增强 | $q(X_1 \cap X_2) > \text{Max}[q(X_1), q(X_2)]$ |
| 独立 | $q(X_1 \cap X_2) = \text{Max}[q(X_1), q(X_2)]$ |
| 非线性增强 | $q(X_1 \cap X_2) > q(X_1) + q(X_2)$ |

# 7.2 “水-土地-粮食”复合系统发展水平分析

## 7.2.1 各子系统的发展水平

（1）水资源子系统的综合发展指数

2005—2020年中国31个省份水资源子系统的综合发展指数的测算结果如表7-4所示。不同地区水资源子系统的综合发展指数的均值水平为0.245～0.632，地区间差异较大。其中，海南、浙江、福建、重庆和广东等地区水资源子系统的综合发展指数较高，这主要与当地水资源丰富、水利基础设施完善、水生态环境良好有关；而宁夏、天津、河北、内蒙古和山西等水资源子系统的综合发展指数较低，受限于其有待完善的资源和地理气候条件以及有待提高的技术与信息化水平，且伴随着地下水过度开采现象，不利于这些地区水资源的可持续利用。在时间变化上，西藏水资源子系统的综合发展指数呈减少趋势，但变化不大。其他地区水资源子系统的综合发展指数均呈不同程度的增长，其中，宁夏水资源子系统的综合发展指数由2005年的0.164增长至2020年的0.292，增长幅度约达78.05%，这与其水权转换的实践、水生态保护等政策的实施密切相关（李秀花等，2022）；天津、河北和北京水资源子系统的综合发展指数上升幅度也超过了50%，随着“以水定城、以水定地、以水定人、以水定产”治水思路和发展理念的贯彻落实，农业节水、生态补水以及严格管控超采的行为和高耗水产业结构的优化等措施和行为对这些地区改善用水结构和提高用水效率具有重要影响。

（2）土地资源子系统的综合发展指数

2005—2020年中国31个省份土地资源子系统的综合发展指数的测算结果如表7-5所示。不同地区土地资源子系统的综合发展指数的均值水平为0.203～0.418，具有较大的提升空间。其中，内蒙古、黑龙江、云南、江苏和天津等地区土地资源子系统的综合发展指数较高，这主要与当

**表 7-4　2005—2020 年中国 31 个省份水资源子系统的综合发展指数**

| 省份 | 2005 年 | 2006 年 | 2007 年 | 2008 年 | 2009 年 | 2010 年 | 2011 年 | 2012 年 | 2013 年 | 2014 年 | 2015 年 | 2016 年 | 2017 年 | 2018 年 | 2019 年 | 2020 年 |
|---|---|---|---|---|---|---|---|---|---|---|---|---|---|---|---|---|
| 北京 | 0.405 | 0.404 | 0.412 | 0.466 | 0.421 | 0.443 | 0.477 | 0.559 | 0.470 | 0.454 | 0.512 | 0.547 | 0.556 | 0.613 | 0.590 | 0.609 |
| 天津 | 0.292 | 0.292 | 0.309 | 0.376 | 0.369 | 0.333 | 0.386 | 0.474 | 0.384 | 0.357 | 0.406 | 0.448 | 0.411 | 0.457 | 0.381 | 0.463 |
| 河北 | 0.318 | 0.285 | 0.315 | 0.370 | 0.355 | 0.354 | 0.380 | 0.435 | 0.421 | 0.351 | 0.403 | 0.449 | 0.427 | 0.454 | 0.436 | 0.488 |
| 山西 | 0.377 | 0.380 | 0.391 | 0.390 | 0.404 | 0.406 | 0.428 | 0.418 | 0.432 | 0.433 | 0.422 | 0.440 | 0.434 | 0.446 | 0.436 | 0.461 |
| 内蒙古 | 0.373 | 0.374 | 0.373 | 0.394 | 0.387 | 0.396 | 0.404 | 0.432 | 0.434 | 0.427 | 0.431 | 0.436 | 0.430 | 0.447 | 0.451 | 0.456 |
| 辽宁 | 0.413 | 0.380 | 0.386 | 0.406 | 0.378 | 0.461 | 0.431 | 0.498 | 0.486 | 0.427 | 0.442 | 0.486 | 0.449 | 0.457 | 0.481 | 0.502 |
| 吉林 | 0.421 | 0.399 | 0.394 | 0.405 | 0.399 | 0.444 | 0.412 | 0.453 | 0.468 | 0.431 | 0.445 | 0.462 | 0.442 | 0.460 | 0.472 | 0.490 |
| 黑龙江 | 0.420 | 0.418 | 0.393 | 0.400 | 0.429 | 0.421 | 0.408 | 0.426 | 0.432 | 0.407 | 0.408 | 0.408 | 0.406 | 0.434 | 0.463 | 0.458 |
| 上海 | 0.401 | 0.422 | 0.461 | 0.470 0 | 0.49 | 0.473 | 0.391 | 0.484 | 0.457 | 0.537 | 0.581 | 0.570 | 0.491 | 0.508 | 0.542 | 0.581 |
| 江苏 | 0.474 | 0.461 | 0.487 | 0.467 | 0.472 | 0.474 | 0.497 | 0.487 | 0.469 | 0.498 | 0.538 | 0.562 | 0.509 | 0.509 | 0.467 | 0.547 |
| 浙江 | 0.586 | 0.573 | 0.581 | 0.581 | 0.595 | 0.659 | 0.588 | 0.685 | 0.623 | 0.650 | 0.686 | 0.677 | 0.628 | 0.630 | 0.695 | 0.66 |
| 安徽 | 0.478 | 0.459 | 0.484 | 0.477 | 0.476 | 0.500 | 0.472 | 0.485 | 0.474 | 0.504 | 0.512 | 0.544 | 0.509 | 0.515 | 0.492 | 0.572 |
| 福建 | 0.592 | 0.619 | 0.569 | 0.572 | 0.549 | 0.642 | 0.558 | 0.643 | 0.613 | 0.624 | 0.635 | 0.729 | 0.62 | 0.601 | 0.668 | 0.600 |
| 江西 | 0.515 | 0.523 | 0.489 | 0.511 | 0.498 | 0.579 | 0.497 | 0.59 | 0.536 | 0.555 | 0.585 | 0.604 | 0.566 | 0.532 | 0.597 | 0.572 |
| 山东 | 0.447 | 0.398 | 0.452 | 0.452 | 0.453 | 0.469 | 0.49 | 0.332 | 0.500 | 0.46 | 0.483 | 0.502 | 0.510 | 0.537 | 0.496 | 0.553 |

（续）

| 省份 | 2005年 | 2006年 | 2007年 | 2008年 | 2009年 | 2010年 | 2011年 | 2012年 | 2013年 | 2014年 | 2015年 | 2016年 | 2017年 | 2018年 | 2019年 | 2020年 |
|---|---|---|---|---|---|---|---|---|---|---|---|---|---|---|---|---|
| 河南 | 0.454 | 0.411 | 0.451 | 0.435 | 0.428 | 0.475 | 0.458 | 0.273 | 0.420 | 0.471 | 0.47 | 0.484 | 0.502 | 0.493 | 0.445 | 0.522 |
| 湖北 | 0.476 | 0.454 | 0.494 | 0.500 | 0.485 | 0.522 | 0.493 | 0.493 | 0.502 | 0.511 | 0.519 | 0.566 | 0.549 | 0.520 | 0.508 | 0.599 |
| 湖南 | 0.495 | 0.506 | 0.492 | 0.509 | 0.498 | 0.533 | 0.491 | 0.555 | 0.532 | 0.543 | 0.557 | 0.578 | 0.555 | 0.524 | 0.575 | 0.590 |
| 广东 | 0.526 | 0.565 | 0.526 | 0.575 | 0.536 | 0.566 | 0.536 | 0.580 | 0.604 | 0.570 | 0.587 | 0.628 | 0.584 | 0.598 | 0.613 | 0.588 |
| 广西 | 0.504 | 0.519 | 0.499 | 0.553 | 0.515 | 0.538 | 0.520 | 0.566 | 0.568 | 0.566 | 0.599 | 0.596 | 0.610 | 0.584 | 0.602 | 0.609 |
| 海南 | 0.568 | 0.546 | 0.577 | 0.633 | 0.662 | 0.666 | 0.681 | 0.641 | 0.683 | 0.642 | 0.575 | 0.686 | 0.654 | 0.667 | 0.609 | 0.625 |
| 重庆 | 0.539 | 0.513 | 0.570 | 0.566 | 0.551 | 0.557 | 0.568 | 0.582 | 0.597 | 0.634 | 0.610 | 0.650 | 0.659 | 0.648 | 0.666 | 0.721 |
| 四川 | 0.508 | 0.482 | 0.508 | 0.525 | 0.519 | 0.528 | 0.533 | 0.558 | 0.562 | 0.561 | 0.555 | 0.565 | 0.571 | 0.591 | 0.595 | 0.619 |
| 贵州 | 0.481 | 0.478 | 0.505 | 0.514 | 0.494 | 0.496 | 0.478 | 0.525 | 0.518 | 0.558 | 0.567 | 0.566 | 0.571 | 0.567 | 0.583 | 0.635 |
| 云南 | 0.469 | 0.470 | 0.494 | 0.506 | 0.485 | 0.498 | 0.496 | 0.514 | 0.525 | 0.529 | 0.538 | 0.552 | 0.564 | 0.570 | 0.563 | 0.584 |
| 西藏 | 0.462 | 0.461 | 0.463 | 0.474 | 0.455 | 0.453 | 0.468 | 0.453 | 0.453 | 0.455 | 0.435 | 0.439 | 0.444 | 0.444 | 0.445 | 0.455 |
| 陕西 | 0.455 | 0.436 | 0.457 | 0.453 | 0.470 | 0.49 | 0.508 | 0.507 | 0.503 | 0.509 | 0.510 | 0.511 | 0.533 | 0.537 | 0.555 | 0.565 |
| 甘肃 | 0.404 | 0.393 | 0.398 | 0.393 | 0.402 | 0.409 | 0.415 | 0.429 | 0.425 | 0.419 | 0.420 | 0.427 | 0.441 | 0.459 | 0.464 | 0.474 |
| 青海 | 0.397 | 0.390 | 0.403 | 0.409 | 0.419 | 0.429 | 0.429 | 0.455 | 0.456 | 0.472 | 0.478 | 0.476 | 0.484 | 0.499 | 0.508 | 0.513 |
| 宁夏 | 0.164 | 0.211 | 0.226 | 0.203 | 0.197 | 0.224 | 0.222 | 0.267 | 0.247 | 0.249 | 0.242 | 0.262 | 0.283 | 0.324 | 0.301 | 0.292 |
| 新疆 | 0.412 | 0.415 | 0.415 | 0.415 | 0.417 | 0.436 | 0.434 | 0.429 | 0.426 | 0.415 | 0.431 | 0.441 | 0.444 | 0.443 | 0.445 | 0.445 |

表 7-5 2005—2020 年中国 31 个省份土地资源子系统的综合发展指数

| 省份 | 2005 年 | 2006 年 | 2007 年 | 2008 年 | 2009 年 | 2010 年 | 2011 年 | 2012 年 | 2013 年 | 2014 年 | 2015 年 | 2016 年 | 2017 年 | 2018 年 | 2019 年 | 2020 年 |
|---|---|---|---|---|---|---|---|---|---|---|---|---|---|---|---|---|
| 北京 | 0.308 | 0.310 | 0.308 | 0.307 | 0.312 | 0.318 | 0.316 | 0.309 | 0.297 | 0.294 | 0.297 | 0.287 | 0.288 | 0.291 | 0.327 | 0.339 |
| 天津 | 0.335 | 0.335 | 0.327 | 0.326 | 0.327 | 0.328 | 0.336 | 0.337 | 0.374 | 0.383 | 0.386 | 0.379 | 0.384 | 0.369 | 0.389 | 0.397 |
| 河北 | 0.348 | 0.352 | 0.354 | 0.358 | 0.360 | 0.363 | 0.366 | 0.367 | 0.359 | 0.361 | 0.365 | 0.328 | 0.331 | 0.337 | 0.347 | 0.352 |
| 山西 | 0.304 | 0.306 | 0.305 | 0.304 | 0.305 | 0.306 | 0.307 | 0.307 | 0.309 | 0.312 | 0.314 | 0.288 | 0.284 | 0.287 | 0.290 | 0.294 |
| 内蒙古 | 0.402 | 0.405 | 0.408 | 0.411 | 0.410 | 0.409 | 0.411 | 0.410 | 0.410 | 0.413 | 0.416 | 0.417 | 0.424 | 0.429 | 0.408 | 0.411 |
| 辽宁 | 0.301 | 0.301 | 0.298 | 0.299 | 0.302 | 0.299 | 0.306 | 0.309 | 0.296 | 0.299 | 0.301 | 0.294 | 0.297 | 0.300 | 0.306 | 0.312 |
| 吉林 | 0.339 | 0.338 | 0.337 | 0.337 | 0.338 | 0.339 | 0.340 | 0.341 | 0.332 | 0.334 | 0.337 | 0.340 | 0.347 | 0.353 | 0.364 | 0.370 |
| 黑龙江 | 0.386 | 0.388 | 0.391 | 0.394 | 0.396 | 0.396 | 0.400 | 0.404 | 0.404 | 0.407 | 0.413 | 0.418 | 0.429 | 0.436 | 0.456 | 0.464 |
| 上海 | 0.260 | 0.262 | 0.266 | 0.264 | 0.282 | 0.290 | 0.299 | 0.311 | 0.310 | 0.319 | 0.319 | 0.318 | 0.321 | 0.316 | 0.329 | 0.339 |
| 江苏 | 0.325 | 0.332 | 0.338 | 0.348 | 0.354 | 0.359 | 0.369 | 0.380 | 0.342 | 0.360 | 0.363 | 0.367 | 0.370 | 0.375 | 0.386 | 0.392 |
| 浙江 | 0.320 | 0.327 | 0.323 | 0.323 | 0.326 | 0.329 | 0.331 | 0.331 | 0.361 | 0.363 | 0.364 | 0.364 | 0.360 | 0.361 | 0.388 | 0.397 |
| 安徽 | 0.321 | 0.323 | 0.322 | 0.323 | 0.327 | 0.330 | 0.332 | 0.335 | 0.326 | 0.330 | 0.336 | 0.343 | 0.339 | 0.345 | 0.354 | 0.361 |
| 福建 | 0.238 | 0.241 | 0.237 | 0.240 | 0.244 | 0.246 | 0.249 | 0.251 | 0.296 | 0.301 | 0.303 | 0.302 | 0.284 | 0.295 | 0.303 | 0.321 |
| 江西 | 0.302 | 0.311 | 0.311 | 0.318 | 0.329 | 0.335 | 0.349 | 0.360 | 0.308 | 0.315 | 0.320 | 0.321 | 0.330 | 0.340 | 0.360 | 0.376 |
| 山东 | 0.322 | 0.320 | 0.324 | 0.333 | 0.342 | 0.348 | 0.353 | 0.356 | 0.349 | 0.354 | 0.359 | 0.330 | 0.338 | 0.346 | 0.365 | 0.373 |

（续）

| 省份 | 2005 年 | 2006 年 | 2007 年 | 2008 年 | 2009 年 | 2010 年 | 2011 年 | 2012 年 | 2013 年 | 2014 年 | 2015 年 | 2016 年 | 2017 年 | 2018 年 | 2019 年 | 2020 年 |
|---|---|---|---|---|---|---|---|---|---|---|---|---|---|---|---|---|
| 河南 | 0.341 | 0.343 | 0.343 | 0.347 | 0.348 | 0.349 | 0.349 | 0.353 | 0.341 | 0.345 | 0.348 | 0.333 | 0.339 | 0.344 | 0.355 | 0.360 |
| 湖北 | 0.271 | 0.267 | 0.266 | 0.266 | 0.272 | 0.280 | 0.284 | 0.288 | 0.300 | 0.305 | 0.311 | 0.309 | 0.317 | 0.324 | 0.333 | 0.341 |
| 湖南 | 0.298 | 0.303 | 0.300 | 0.305 | 0.314 | 0.318 | 0.323 | 0.326 | 0.332 | 0.338 | 0.343 | 0.350 | 0.350 | 0.351 | 0.373 | 0.383 |
| 广东 | 0.240 | 0.235 | 0.221 | 0.225 | 0.224 | 0.228 | 0.223 | 0.225 | 0.230 | 0.229 | 0.230 | 0.222 | 0.215 | 0.238 | 0.251 | 0.262 |
| 广西 | 0.279 | 0.278 | 0.268 | 0.272 | 0.275 | 0.280 | 0.284 | 0.287 | 0.288 | 0.288 | 0.293 | 0.285 | 0.291 | 0.296 | 0.308 | 0.314 |
| 海南 | 0.228 | 0.223 | 0.210 | 0.195 | 0.162 | 0.168 | 0.166 | 0.190 | 0.183 | 0.192 | 0.191 | 0.207 | 0.206 | 0.235 | 0.234 | 0.251 |
| 重庆 | 0.297 | 0.299 | 0.293 | 0.295 | 0.298 | 0.303 | 0.305 | 0.308 | 0.311 | 0.315 | 0.319 | 0.322 | 0.320 | 0.325 | 0.339 | 0.343 |
| 四川 | 0.290 | 0.292 | 0.291 | 0.293 | 0.295 | 0.298 | 0.301 | 0.305 | 0.310 | 0.313 | 0.316 | 0.316 | 0.319 | 0.324 | 0.343 | 0.350 |
| 贵州 | 0.305 | 0.308 | 0.308 | 0.312 | 0.315 | 0.319 | 0.319 | 0.324 | 0.339 | 0.343 | 0.345 | 0.339 | 0.343 | 0.347 | 0.364 | 0.369 |
| 云南 | 0.380 | 0.384 | 0.386 | 0.391 | 0.402 | 0.409 | 0.418 | 0.426 | 0.456 | 0.463 | 0.471 | 0.482 | 0.491 | 0.497 | 0.314 | 0.319 |
| 西藏 | 0.294 | 0.300 | 0.305 | 0.307 | 0.310 | 0.313 | 0.321 | 0.326 | 0.335 | 0.343 | 0.348 | 0.349 | 0.331 | 0.337 | 0.340 | 0.344 |
| 陕西 | 0.315 | 0.316 | 0.314 | 0.316 | 0.315 | 0.315 | 0.317 | 0.315 | 0.307 | 0.311 | 0.314 | 0.306 | 0.305 | 0.308 | 0.320 | 0.323 |
| 甘肃 | 0.301 | 0.301 | 0.297 | 0.299 | 0.298 | 0.297 | 0.290 | 0.288 | 0.286 | 0.288 | 0.290 | 0.284 | 0.289 | 0.295 | 0.296 | 0.300 |
| 青海 | 0.287 | 0.287 | 0.290 | 0.290 | 0.294 | 0.298 | 0.300 | 0.301 | 0.297 | 0.301 | 0.302 | 0.304 | 0.304 | 0.306 | 0.313 | 0.317 |
| 宁夏 | 0.337 | 0.339 | 0.341 | 0.343 | 0.345 | 0.343 | 0.343 | 0.340 | 0.338 | 0.341 | 0.342 | 0.330 | 0.326 | 0.331 | 0.331 | 0.334 |
| 新疆 | 0.289 | 0.287 | 0.288 | 0.288 | 0.288 | 0.287 | 0.286 | 0.286 | 0.286 | 0.282 | 0.284 | 0.284 | 0.283 | 0.286 | 0.300 | 0.302 |

地耕地资源丰富，土地集约化利用以及水土流失治理取得了一定成效有关；而广东、福建、海南、广西和新疆等地区土地资源子系统的综合发展指数较低，受限于其耕地细碎化分布，土地产出效率低，且伴随着农药和化肥的大规模施用，造成这些地区的土地资源环境被污染，给土地资源生态环境带来压力。在时间变化上，甘肃、宁夏和陕西土地资源子系统的综合发展指数呈减少趋势，这些地区的土地资源的可持续利用受多种因素限制，黄土高原地区应加大实施退耕还林还草工程力度，综合考虑土地资源的生态环境效应和社会经济效应。其他地区土地资源子系统的综合发展指数均呈不同程度的增长，其中，福建土地资源子系统的综合发展指数由2005年的0.238增长至2020年的0.321，增长幅度均为34.87%，这与其落实最严格的节约用地制度密切相关；上海、湖南和湖北土地资源子系统的综合发展指数上升幅均超过25%，立足于南方地区土地细碎化、分散化以及水多土少的现状，这些地区充分利用有限的土地资源，而且切实提高土地资源利用效率是推进土地资源高质量发展的必然选择。

（3）粮食生产子系统的综合发展指数

2005—2020年中国31个省份粮食生产子系统的综合发展指数的测算结果如表7-6所示。不同地区粮食生产子系统的综合发展指数的均值水平为0.339～0.597，具有长期快速发展的趋势，且地区间差异较小。其中，黑龙江、吉林、上海、天津和浙江等地区粮食生产子系统的综合发展指数较高，东北地区作为保护国家粮食安全的“压舱石”，为保障国家粮食安全发挥重要作用，而发达省份粮食生产的综合发展水平与当地的农业技术水平和财政收入有关，这些省份可以实现其粮食生产的供需平衡。河南、山东、云南、湖北和河北等地区粮食生产子系统的综合发展指数较低，部分产粮大省的粮食生产效率存在一定亏损，这些地区对农业经济增长的不合理追求导致化肥、农药施用量大，以及面源污染排放和碳排放突出（伍国永等，2019；杨骞等，2017）。在时间变化上，所有省份粮食生产子系统的综合发展指数均呈不同程度的增长，其中，北京粮食生产子系统的综

**表 7-6　2005—2020 年中国 31 个省份粮食生产子系统的综合发展指数**

| 省份 | 2005 年 | 2006 年 | 2007 年 | 2008 年 | 2009 年 | 2010 年 | 2011 年 | 2012 年 | 2013 年 | 2014 年 | 2015 年 | 2016 年 | 2017 年 | 2018 年 | 2019 年 | 2020 年 |
|---|---|---|---|---|---|---|---|---|---|---|---|---|---|---|---|---|
| 北京 | 0.363 | 0.434 | 0.435 | 0.461 | 0.442 | 0.451 | 0.399 | 0.404 | 0.510 | 0.551 | 0.611 | 0.601 | 0.568 | 0.569 | 0.584 | 0.681 |
| 天津 | 0.449 | 0.459 | 0.468 | 0.486 | 0.488 | 0.497 | 0.502 | 0.484 | 0.575 | 0.576 | 0.591 | 0.627 | 0.635 | 0.663 | 0.672 | 0.680 |
| 河北 | 0.359 | 0.364 | 0.361 | 0.374 | 0.367 | 0.369 | 0.386 | 0.396 | 0.435 | 0.451 | 0.449 | 0.466 | 0.471 | 0.523 | 0.537 | 0.549 |
| 山西 | 0.412 | 0.398 | 0.399 | 0.398 | 0.349 | 0.407 | 0.425 | 0.419 | 0.449 | 0.471 | 0.492 | 0.518 | 0.524 | 0.538 | 0.526 | 0.553 |
| 内蒙古 | 0.421 | 0.438 | 0.434 | 0.424 | 0.404 | 0.432 | 0.465 | 0.475 | 0.530 | 0.537 | 0.533 | 0.507 | 0.574 | 0.592 | 0.622 | 0.650 |
| 辽宁 | 0.432 | 0.446 | 0.422 | 0.452 | 0.371 | 0.423 | 0.451 | 0.462 | 0.503 | 0.445 | 0.515 | 0.552 | 0.551 | 0.564 | 0.584 | 0.608 |
| 吉林 | 0.489 | 0.490 | 0.444 | 0.515 | 0.411 | 0.489 | 0.526 | 0.532 | 0.592 | 0.612 | 0.621 | 0.643 | 0.631 | 0.630 | 0.679 | 0.664 |
| 黑龙江 | 0.431 | 0.425 | 0.387 | 0.464 | 0.437 | 0.466 | 0.467 | 0.486 | 0.563 | 0.593 | 0.613 | 0.567 | 0.639 | 0.667 | 0.696 | 0.697 |
| 上海 | 0.465 | 0.508 | 0.504 | 0.538 | 0.512 | 0.532 | 0.518 | 0.520 | 0.611 | 0.632 | 0.645 | 0.663 | 0.696 | 0.737 | 0.741 | 0.738 |
| 江苏 | 0.370 | 0.398 | 0.395 | 0.405 | 0.405 | 0.413 | 0.425 | 0.438 | 0.497 | 0.509 | 0.521 | 0.529 | 0.561 | 0.580 | 0.601 | 0.613 |
| 浙江 | 0.432 | 0.438 | 0.414 | 0.451 | 0.475 | 0.480 | 0.472 | 0.478 | 0.553 | 0.565 | 0.567 | 0.574 | 0.589 | 0.634 | 0.658 | 0.702 |
| 安徽 | 0.370 | 0.372 | 0.380 | 0.385 | 0.390 | 0.390 | 0.386 | 0.411 | 0.440 | 0.464 | 0.480 | 0.461 | 0.493 | 0.517 | 0.541 | 0.557 |
| 福建 | 0.425 | 0.424 | 0.401 | 0.427 | 0.448 | 0.438 | 0.437 | 0.446 | 0.488 | 0.488 | 0.489 | 0.493 | 0.505 | 0.539 | 0.561 | 0.592 |
| 江西 | 0.421 | 0.443 | 0.450 | 0.442 | 0.451 | 0.445 | 0.456 | 0.468 | 0.511 | 0.524 | 0.537 | 0.550 | 0.558 | 0.580 | 0.578 | 0.586 |
| 山东 | 0.329 | 0.322 | 0.323 | 0.344 | 0.350 | 0.350 | 0.361 | 0.371 | 0.413 | 0.428 | 0.442 | 0.446 | 0.465 | 0.495 | 0.523 | 0.541 |

（续）

| 省份 | 2005年 | 2006年 | 2007年 | 2008年 | 2009年 | 2010年 | 2011年 | 2012年 | 2013年 | 2014年 | 2015年 | 2016年 | 2017年 | 2018年 | 2019年 | 2020年 |
|---|---|---|---|---|---|---|---|---|---|---|---|---|---|---|---|---|
| 河南 | 0.284 | 0.298 | 0.286 | 0.288 | 0.287 | 0.290 | 0.291 | 0.294 | 0.336 | 0.338 | 0.369 | 0.360 | 0.390 | 0.415 | 0.445 | 0.462 |
| 湖北 | 0.370 | 0.372 | 0.365 | 0.357 | 0.377 | 0.363 | 0.371 | 0.385 | 0.442 | 0.458 | 0.463 | 0.462 | 0.478 | 0.509 | 0.531 | 0.526 |
| 湖南 | 0.411 | 0.413 | 0.408 | 0.416 | 0.421 | 0.424 | 0.419 | 0.427 | 0.474 | 0.487 | 0.502 | 0.507 | 0.517 | 0.539 | 0.545 | 0.559 |
| 广东 | 0.407 | 0.404 | 0.395 | 0.375 | 0.414 | 0.419 | 0.420 | 0.418 | 0.469 | 0.465 | 0.469 | 0.477 | 0.490 | 0.504 | 0.544 | 0.563 |
| 广西 | 0.407 | 0.409 | 0.391 | 0.382 | 0.410 | 0.395 | 0.399 | 0.407 | 0.440 | 0.439 | 0.449 | 0.457 | 0.471 | 0.486 | 0.484 | 0.508 |
| 海南 | 0.332 | 0.451 | 0.428 | 0.437 | 0.436 | 0.437 | 0.412 | 0.407 | 0.467 | 0.477 | 0.498 | 0.498 | 0.486 | 0.529 | 0.541 | 0.557 |
| 重庆 | 0.432 | 0.351 | 0.449 | 0.447 | 0.453 | 0.449 | 0.458 | 0.462 | 0.499 | 0.509 | 0.516 | 0.520 | 0.545 | 0.556 | 0.567 | 0.579 |
| 四川 | 0.370 | 0.352 | 0.369 | 0.388 | 0.390 | 0.391 | 0.393 | 0.403 | 0.442 | 0.459 | 0.465 | 0.476 | 0.494 | 0.508 | 0.521 | 0.538 |
| 贵州 | 0.424 | 0.430 | 0.433 | 0.413 | 0.418 | 0.422 | 0.313 | 0.427 | 0.431 | 0.464 | 0.459 | 0.460 | 0.453 | 0.494 | 0.504 | 0.515 |
| 云南 | 0.386 | 0.393 | 0.375 | 0.380 | 0.390 | 0.351 | 0.389 | 0.385 | 0.419 | 0.424 | 0.433 | 0.443 | 0.466 | 0.477 | 0.481 | 0.493 |
| 西藏 | 0.471 | 0.484 | 0.482 | 0.480 | 0.470 | 0.469 | 0.479 | 0.487 | 0.529 | 0.542 | 0.551 | 0.554 | 0.553 | 0.574 | 0.592 | 0.598 |
| 陕西 | 0.383 | 0.401 | 0.383 | 0.405 | 0.404 | 0.397 | 0.400 | 0.390 | 0.434 | 0.457 | 0.460 | 0.471 | 0.464 | 0.484 | 0.495 | 0.517 |
| 甘肃 | 0.415 | 0.386 | 0.374 | 0.408 | 0.401 | 0.417 | 0.417 | 0.401 | 0.428 | 0.436 | 0.454 | 0.479 | 0.477 | 0.497 | 0.507 | 0.519 |
| 青海 | 0.432 | 0.386 | 0.411 | 0.437 | 0.438 | 0.445 | 0.436 | 0.457 | 0.489 | 0.491 | 0.499 | 0.510 | 0.501 | 0.523 | 0.541 | 0.548 |
| 宁夏 | 0.441 | 0.450 | 0.459 | 0.462 | 0.480 | 0.474 | 0.471 | 0.477 | 0.523 | 0.532 | 0.555 | 0.554 | 0.563 | 0.580 | 0.583 | 0.591 |
| 新疆 | 0.451 | 0.434 | 0.388 | 0.372 | 0.408 | 0.415 | 0.419 | 0.418 | 0.461 | 0.452 | 0.448 | 0.471 | 0.495 | 0.494 | 0.498 | 0.514 |

合发展指数由 2005 年的 0.363 增长至 2020 年的 0.681，增长幅度约达 87.6%，几乎增长了一倍，这受益于其粮食生产的规模化经营、种植业绿色高质量的发展以及农业科技和装备的支撑；海南、江苏、山东、河南、浙江、黑龙江、上海、内蒙古、河北、天津和安徽粮食生产子系统的综合发展指数上升幅度也超过了 50%。党的十八大以来，国家明确提出要构建新形势下国家粮食安全战略，各地区也认真落实新形势下国家粮食安全战略的总体部署和实施“藏粮于地、藏粮于技”战略的要求，其粮食生产能力不断提升。

### 7.2.2 复合系统的发展水平

2005—2020 年中国 31 个省份“水-土地-粮食”复合系统的综合发展指数的测算结果如表 7-7 所示。我国省际“水-土地-粮食”各子系统及复合系统的综合发展指数水平均不高，全国三个子系统的综合发展指数均值分别为 0.488、0.322 和 0.472，土地资源子系统综合发展水平滞后于水资源子系统综合发展水平和粮食生产子系统综合发展水平，而全国“水-土地-粮食”复合系统的综合发展指数均值仅为 0.427。不同地区的复合系统的综合发展指数均值为 0.365～0.503，南北地区间存在差异。浙江、重庆、上海、江西和黑龙江等南方地区该复合系统的综合发展指数较高，这些地区水资源、土地资源和粮食生产资源都相对丰富，各子系统的发展也相对较为均衡；宁夏、河南、甘肃、新疆和河北等北方地区该复合系统的综合发展指数较低，水资源子系统和土地资源子系统的发展限制该地区复合系统的综合发展。在时间变化上，所有省份该复合系统的综合发展指数均呈不同程度的增长，其中，北京、上海和天津该复合系统的综合发展水平提升幅度较大，均在 40%以上，这些地区经济社会的整体发达为该复合系统综合发展水平的提升带来了便利；西藏、云南和新疆该复合系统的综合发展水平提升幅度较小，均在 15%以下，这些地区资源相对贫瘠，农业技术经济水平欠发达等现象的存在减少了其综合发展水平的提升空间。

表 7-7　2005—2020 年中国 31 个省份“水-土地-粮食”复合系统的综合发展指数

| 省份 | 2005 年 | 2006 年 | 2007 年 | 2008 年 | 2009 年 | 2010 年 | 2011 年 | 2012 年 | 2013 年 | 2014 年 | 2015 年 | 2016 年 | 2017 年 | 2018 年 | 2019 年 | 2020 年 |
|---|---|---|---|---|---|---|---|---|---|---|---|---|---|---|---|---|
| 北京 | 0.359 | 0.382 | 0.385 | 0.411 | 0.392 | 0.404 | 0.397 | 0.424 | 0.426 | 0.433 | 0.473 | 0.478 | 0.470 | 0.491 | 0.500 | 0.543 |
| 天津 | 0.358 | 0.362 | 0.368 | 0.396 | 0.395 | 0.386 | 0.408 | 0.432 | 0.444 | 0.438 | 0.461 | 0.485 | 0.477 | 0.496 | 0.481 | 0.513 |
| 河北 | 0.342 | 0.334 | 0.343 | 0.367 | 0.361 | 0.362 | 0.377 | 0.399 | 0.405 | 0.388 | 0.406 | 0.415 | 0.410 | 0.438 | 0.440 | 0.463 |
| 山西 | 0.364 | 0.361 | 0.365 | 0.364 | 0.353 | 0.373 | 0.387 | 0.382 | 0.396 | 0.405 | 0.409 | 0.416 | 0.414 | 0.424 | 0.417 | 0.436 |
| 内蒙古 | 0.399 | 0.406 | 0.405 | 0.410 | 0.400 | 0.413 | 0.427 | 0.439 | 0.458 | 0.459 | 0.460 | 0.453 | 0.476 | 0.489 | 0.493 | 0.506 |
| 辽宁 | 0.382 | 0.375 | 0.369 | 0.385 | 0.350 | 0.394 | 0.396 | 0.423 | 0.429 | 0.390 | 0.419 | 0.444 | 0.432 | 0.440 | 0.457 | 0.474 |
| 吉林 | 0.416 | 0.409 | 0.392 | 0.419 | 0.382 | 0.424 | 0.426 | 0.442 | 0.464 | 0.459 | 0.468 | 0.482 | 0.473 | 0.481 | 0.505 | 0.508 |
| 黑龙江 | 0.412 | 0.410 | 0.390 | 0.419 | 0.421 | 0.428 | 0.425 | 0.439 | 0.466 | 0.469 | 0.478 | 0.464 | 0.491 | 0.512 | 0.538 | 0.540 |
| 上海 | 0.375 | 0.397 | 0.410 | 0.424 | 0.428 | 0.432 | 0.403 | 0.438 | 0.460 | 0.496 | 0.515 | 0.517 | 0.502 | 0.520 | 0.537 | 0.553 |
| 江苏 | 0.390 | 0.397 | 0.407 | 0.407 | 0.410 | 0.415 | 0.430 | 0.435 | 0.436 | 0.456 | 0.474 | 0.486 | 0.480 | 0.488 | 0.484 | 0.517 |
| 浙江 | 0.446 | 0.446 | 0.439 | 0.452 | 0.465 | 0.489 | 0.464 | 0.498 | 0.512 | 0.526 | 0.539 | 0.538 | 0.525 | 0.541 | 0.580 | 0.586 |
| 安徽 | 0.390 | 0.385 | 0.395 | 0.395 | 0.398 | 0.407 | 0.397 | 0.410 | 0.413 | 0.433 | 0.443 | 0.449 | 0.447 | 0.459 | 0.462 | 0.496 |
| 福建 | 0.418 | 0.428 | 0.402 | 0.413 | 0.413 | 0.442 | 0.415 | 0.447 | 0.466 | 0.471 | 0.476 | 0.508 | 0.470 | 0.478 | 0.511 | 0.504 |
| 江西 | 0.412 | 0.426 | 0.416 | 0.424 | 0.426 | 0.453 | 0.434 | 0.472 | 0.452 | 0.465 | 0.481 | 0.492 | 0.485 | 0.484 | 0.512 | 0.511 |
| 山东 | 0.366 | 0.347 | 0.367 | 0.376 | 0.381 | 0.389 | 0.401 | 0.353 | 0.421 | 0.414 | 0.428 | 0.426 | 0.438 | 0.460 | 0.461 | 0.489 |

（续）

| 省份 | 2005 年 | 2006 年 | 2007 年 | 2008 年 | 2009 年 | 2010 年 | 2011 年 | 2012 年 | 2013 年 | 2014 年 | 2015 年 | 2016 年 | 2017 年 | 2018 年 | 2019 年 | 2020 年 |
|---|---|---|---|---|---|---|---|---|---|---|---|---|---|---|---|---|
| 河南 | 0.360 | 0.351 | 0.360 | 0.356 | 0.354 | 0.372 | 0.366 | 0.307 | 0.366 | 0.384 | 0.396 | 0.392 | 0.410 | 0.417 | 0.415 | 0.448 |
| 湖北 | 0.372 | 0.364 | 0.375 | 0.375 | 0.378 | 0.388 | 0.383 | 0.389 | 0.415 | 0.424 | 0.431 | 0.446 | 0.448 | 0.451 | 0.457 | 0.488 |
| 湖南 | 0.401 | 0.407 | 0.400 | 0.410 | 0.411 | 0.425 | 0.411 | 0.436 | 0.446 | 0.456 | 0.467 | 0.478 | 0.474 | 0.471 | 0.498 | 0.511 |
| 广东 | 0.391 | 0.401 | 0.381 | 0.391 | 0.392 | 0.404 | 0.393 | 0.408 | 0.434 | 0.421 | 0.429 | 0.442 | 0.430 | 0.447 | 0.469 | 0.471 |
| 广西 | 0.397 | 0.402 | 0.386 | 0.402 | 0.400 | 0.404 | 0.401 | 0.420 | 0.432 | 0.431 | 0.447 | 0.446 | 0.457 | 0.455 | 0.465 | 0.477 |
| 海南 | 0.376 | 0.406 | 0.405 | 0.422 | 0.420 | 0.424 | 0.420 | 0.413 | 0.444 | 0.437 | 0.421 | 0.464 | 0.449 | 0.477 | 0.461 | 0.477 |
| 重庆 | 0.423 | 0.388 | 0.437 | 0.436 | 0.434 | 0.436 | 0.444 | 0.451 | 0.469 | 0.486 | 0.482 | 0.497 | 0.508 | 0.509 | 0.524 | 0.548 |
| 四川 | 0.389 | 0.376 | 0.389 | 0.402 | 0.401 | 0.406 | 0.409 | 0.422 | 0.438 | 0.444 | 0.445 | 0.452 | 0.461 | 0.474 | 0.487 | 0.502 |
| 贵州 | 0.403 | 0.406 | 0.415 | 0.413 | 0.409 | 0.412 | 0.370 | 0.425 | 0.429 | 0.455 | 0.457 | 0.455 | 0.456 | 0.470 | 0.484 | 0.506 |
| 云南 | 0.411 | 0.416 | 0.418 | 0.426 | 0.426 | 0.420 | 0.434 | 0.442 | 0.467 | 0.472 | 0.481 | 0.492 | 0.507 | 0.514 | 0.453 | 0.465 |
| 西藏 | 0.409 | 0.415 | 0.417 | 0.420 | 0.412 | 0.412 | 0.423 | 0.422 | 0.439 | 0.447 | 0.445 | 0.447 | 0.443 | 0.452 | 0.459 | 0.465 |
| 陕西 | 0.384 | 0.384 | 0.385 | 0.391 | 0.396 | 0.401 | 0.409 | 0.404 | 0.415 | 0.426 | 0.428 | 0.429 | 0.434 | 0.443 | 0.457 | 0.468 |
| 甘肃 | 0.373 | 0.360 | 0.357 | 0.367 | 0.367 | 0.374 | 0.374 | 0.372 | 0.379 | 0.381 | 0.388 | 0.397 | 0.402 | 0.417 | 0.422 | 0.431 |
| 青海 | 0.372 | 0.354 | 0.368 | 0.379 | 0.383 | 0.391 | 0.388 | 0.404 | 0.414 | 0.421 | 0.426 | 0.430 | 0.430 | 0.443 | 0.454 | 0.459 |
| 宁夏 | 0.314 | 0.333 | 0.342 | 0.336 | 0.341 | 0.347 | 0.346 | 0.361 | 0.369 | 0.374 | 0.380 | 0.382 | 0.391 | 0.412 | 0.405 | 0.406 |
| 新疆 | 0.384 | 0.379 | 0.364 | 0.358 | 0.371 | 0.379 | 0.380 | 0.378 | 0.391 | 0.383 | 0.388 | 0.398 | 0.408 | 0.408 | 0.414 | 0.420 |

采用中国31个省份“水-土地-粮食”复合系统的综合发展指数均值表征全国“水-土地-粮食”复合系统的综合发展水平，其变化趋势如图7-1所示。结果显示，2005—2020年中国“水-土地-粮食”复合系统的综合发展水平呈上升趋势，2005年中国“水-土地-粮食”复合系统的综合发展指数为0.387，2020年上升至0.490，增长了约26.7%。从增长率看，2009年、2011年和2017年其增长率为负数，分别为−0.61%、−0.54%和−0.03%；其余年份其增长率为正数，其中2013年中国“水-土地-粮食”复合系统的增长幅度最大，达3.95%。“水-土地-粮食”复合系统的综合发展指数呈“增长—下降—增长”的周期性规律，说明中国水资源、土地资源和粮食生产的综合发展尚不稳定，需注重各方面的协调。

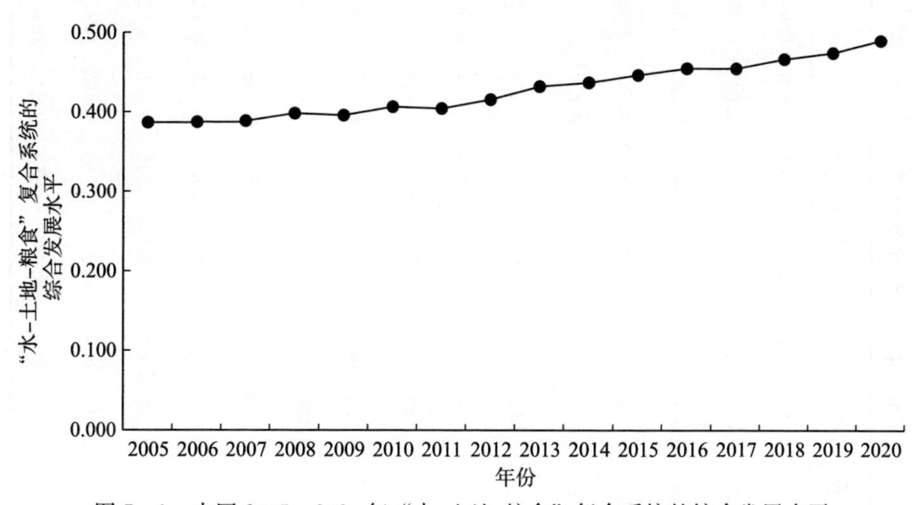


图7-1 中国2005—2020年“水-土地-粮食”复合系统的综合发展水平

## 7.3 “水-土地-粮食”复合系统的耦合协调评价

### 7.3.1 复合系统的耦合协调度指数

2005—2020年中国31个省份“水-土地-粮食”复合系统的耦合协调度的测算结果如表7-8所示。不同地区该复合系统的耦合协调度为0.538～

表 7-8　2005—2020 年中国 31 个省份"水-土地-粮食"复合系统的耦合协调度

| 省份 | 2005 年 | 2006 年 | 2007 年 | 2008 年 | 2009 年 | 2010 年 | 2011 年 | 2012 年 | 2013 年 | 2014 年 | 2015 年 | 2016 年 | 2017 年 | 2018 年 | 2019 年 | 2020 年 |
|---|---|---|---|---|---|---|---|---|---|---|---|---|---|---|---|---|
| 北京 | 0.597 | 0.615 | 0.617 | 0.636 | 0.622 | 0.632 | 0.626 | 0.641 | 0.644 | 0.647 | 0.673 | 0.675 | 0.670 | 0.683 | 0.695 | 0.721 |
| 天津 | 0.594 | 0.596 | 0.601 | 0.625 | 0.624 | 0.615 | 0.634 | 0.653 | 0.660 | 0.655 | 0.673 | 0.688 | 0.681 | 0.694 | 0.681 | 0.707 |
| 河北 | 0.584 | 0.576 | 0.585 | 0.606 | 0.601 | 0.602 | 0.614 | 0.631 | 0.635 | 0.621 | 0.636 | 0.640 | 0.637 | 0.657 | 0.658 | 0.675 |
| 山西 | 0.601 | 0.599 | 0.602 | 0.601 | 0.592 | 0.608 | 0.618 | 0.615 | 0.625 | 0.632 | 0.634 | 0.635 | 0.633 | 0.640 | 0.637 | 0.649 |
| 内蒙古 | 0.631 | 0.636 | 0.636 | 0.640 | 0.633 | 0.642 | 0.653 | 0.662 | 0.675 | 0.675 | 0.676 | 0.672 | 0.687 | 0.696 | 0.697 | 0.704 |
| 辽宁 | 0.614 | 0.609 | 0.604 | 0.616 | 0.590 | 0.623 | 0.625 | 0.644 | 0.646 | 0.620 | 0.640 | 0.655 | 0.647 | 0.653 | 0.664 | 0.676 |
| 吉林 | 0.641 | 0.636 | 0.624 | 0.642 | 0.617 | 0.647 | 0.648 | 0.660 | 0.672 | 0.667 | 0.673 | 0.682 | 0.678 | 0.684 | 0.699 | 0.703 |
| 黑龙江 | 0.642 | 0.640 | 0.625 | 0.647 | 0.648 | 0.653 | 0.651 | 0.661 | 0.679 | 0.679 | 0.685 | 0.677 | 0.694 | 0.708 | 0.726 | 0.728 |
| 上海 | 0.603 | 0.619 | 0.629 | 0.637 | 0.643 | 0.647 | 0.627 | 0.654 | 0.665 | 0.691 | 0.702 | 0.703 | 0.692 | 0.701 | 0.714 | 0.725 |
| 江苏 | 0.620 | 0.627 | 0.634 | 0.636 | 0.638 | 0.642 | 0.654 | 0.658 | 0.656 | 0.671 | 0.683 | 0.691 | 0.688 | 0.693 | 0.690 | 0.713 |
| 浙江 | 0.658 | 0.659 | 0.653 | 0.663 | 0.672 | 0.686 | 0.672 | 0.690 | 0.706 | 0.715 | 0.722 | 0.722 | 0.714 | 0.724 | 0.750 | 0.754 |
| 安徽 | 0.620 | 0.617 | 0.624 | 0.624 | 0.627 | 0.633 | 0.626 | 0.637 | 0.639 | 0.653 | 0.660 | 0.664 | 0.663 | 0.672 | 0.675 | 0.697 |
| 福建 | 0.626 | 0.631 | 0.615 | 0.623 | 0.626 | 0.641 | 0.627 | 0.645 | 0.668 | 0.672 | 0.674 | 0.691 | 0.668 | 0.676 | 0.696 | 0.696 |
| 江西 | 0.635 | 0.645 | 0.639 | 0.645 | 0.648 | 0.665 | 0.655 | 0.680 | 0.662 | 0.671 | 0.682 | 0.689 | 0.686 | 0.687 | 0.706 | 0.708 |
| 山东 | 0.601 | 0.587 | 0.602 | 0.611 | 0.615 | 0.620 | 0.630 | 0.594 | 0.645 | 0.642 | 0.652 | 0.648 | 0.657 | 0.672 | 0.675 | 0.694 |

（续）

| 省份 | 2005年 | 2006年 | 2007年 | 2008年 | 2009年 | 2010年 | 2011年 | 2012年 | 2013年 | 2014年 | 2015年 | 2016年 | 2017年 | 2018年 | 2019年 | 2020年 |
|---|---|---|---|---|---|---|---|---|---|---|---|---|---|---|---|---|
| 河南 | 0.594 | 0.590 | 0.594 | 0.593 | 0.591 | 0.603 | 0.600 | 0.552 | 0.603 | 0.616 | 0.626 | 0.622 | 0.636 | 0.643 | 0.642 | 0.666 |
| 湖北 | 0.602 | 0.596 | 0.603 | 0.602 | 0.606 | 0.613 | 0.611 | 0.616 | 0.637 | 0.644 | 0.649 | 0.657 | 0.661 | 0.664 | 0.669 | 0.689 |
| 湖南 | 0.627 | 0.631 | 0.626 | 0.633 | 0.635 | 0.645 | 0.636 | 0.653 | 0.661 | 0.669 | 0.677 | 0.684 | 0.682 | 0.680 | 0.699 | 0.709 |
| 广东 | 0.609 | 0.614 | 0.598 | 0.604 | 0.607 | 0.615 | 0.607 | 0.616 | 0.634 | 0.627 | 0.631 | 0.636 | 0.628 | 0.645 | 0.661 | 0.665 |
| 广西 | 0.621 | 0.624 | 0.611 | 0.621 | 0.623 | 0.625 | 0.624 | 0.636 | 0.645 | 0.644 | 0.655 | 0.653 | 0.661 | 0.662 | 0.669 | 0.678 |
| 海南 | 0.592 | 0.616 | 0.611 | 0.615 | 0.600 | 0.605 | 0.600 | 0.606 | 0.623 | 0.623 | 0.616 | 0.643 | 0.635 | 0.661 | 0.652 | 0.666 |
| 重庆 | 0.641 | 0.615 | 0.649 | 0.649 | 0.648 | 0.650 | 0.655 | 0.660 | 0.673 | 0.683 | 0.682 | 0.691 | 0.697 | 0.699 | 0.710 | 0.723 |
| 四川 | 0.616 | 0.606 | 0.615 | 0.625 | 0.625 | 0.628 | 0.631 | 0.640 | 0.652 | 0.657 | 0.659 | 0.663 | 0.669 | 0.678 | 0.689 | 0.699 |
| 贵州 | 0.629 | 0.631 | 0.638 | 0.636 | 0.634 | 0.637 | 0.603 | 0.646 | 0.650 | 0.668 | 0.669 | 0.667 | 0.668 | 0.678 | 0.689 | 0.703 |
| 云南 | 0.640 | 0.644 | 0.644 | 0.650 | 0.651 | 0.644 | 0.657 | 0.662 | 0.682 | 0.686 | 0.692 | 0.700 | 0.711 | 0.716 | 0.663 | 0.672 |
| 西藏 | 0.632 | 0.637 | 0.639 | 0.642 | 0.636 | 0.637 | 0.645 | 0.645 | 0.657 | 0.663 | 0.661 | 0.663 | 0.658 | 0.664 | 0.669 | 0.674 |
| 陕西 | 0.617 | 0.617 | 0.617 | 0.622 | 0.625 | 0.628 | 0.633 | 0.630 | 0.637 | 0.646 | 0.648 | 0.647 | 0.650 | 0.656 | 0.667 | 0.675 |
| 甘肃 | 0.608 | 0.598 | 0.595 | 0.603 | 0.603 | 0.608 | 0.607 | 0.606 | 0.611 | 0.612 | 0.617 | 0.622 | 0.627 | 0.638 | 0.642 | 0.648 |
| 青海 | 0.605 | 0.592 | 0.603 | 0.611 | 0.614 | 0.620 | 0.619 | 0.630 | 0.636 | 0.642 | 0.645 | 0.648 | 0.648 | 0.656 | 0.664 | 0.668 |
| 宁夏 | 0.538 | 0.564 | 0.573 | 0.564 | 0.565 | 0.575 | 0.574 | 0.593 | 0.593 | 0.596 | 0.599 | 0.602 | 0.611 | 0.629 | 0.622 | 0.622 |
| 新疆 | 0.614 | 0.610 | 0.599 | 0.595 | 0.605 | 0.611 | 0.611 | 0.610 | 0.619 | 0.612 | 0.616 | 0.624 | 0.630 | 0.630 | 0.636 | 0.640 |

0.754，各省份该复合系统耦合协调度均表现为波动上升，涉及的阶段和类型包括过渡调和阶段的勉强耦合协调类型和协调发展阶段的初级耦合协调类型和中级耦合协调类型。2005 年，北京、天津、河北、河南、海南和宁夏该复合系统的耦合协调发展阶段处于过渡调和阶段，处于该阶段的省份数量约占全部省份数量的 19.4%，其他地区该复合系统的耦合协调发展阶段均处于协调发展阶段；2006 年复合系统的耦合协调发展阶段处于过渡调和阶段的省份数量占全部省份数量比例达到最高，达 29.0%，其他地区复合系统的耦合协调发展阶段均处于协调发展阶段；2010—2015 年，除宁夏以外其余地区复合系统的耦合协调发展阶段均处于协调发展阶段；到 2016 年，全部地区该复合系统的耦合协调发展阶段均进入协调发展阶段，其中，上海和浙江该复合系统的耦合协调发展阶段率先位于中级耦合协调类型，之后，该复合系统的耦合协调发展阶段为中级耦合协调类型的省份数量连续增加；到 2020 年，北京、天津、吉林、黑龙江、上海、江苏、浙江、江西、湖南、重庆和贵州该复合系统的耦合协调发展阶段均位于中级耦合协调类型，该复合系统的耦合协调发展阶段位于该类型的省份数量约占全部省份数量的 35.5%。"水-土地-粮食"复合系统耦合协调度类型的演化过程与各地区的资源禀赋、资源利用结构和粮食生产效率等有关。研究阶段初期，云南和西藏等地的水资源和土地资源禀赋存在较大的优势，使这些地区该复合系统的耦合协调度较高，但随着经济社会快速发展，合理配置资源、绿色利用和集约化生产等重要性逐渐凸显，由于其存在资源利用产值强度低、粮食生产保障能力不足、农业产业发展方式相对粗放、基础设施条件改善缓慢等原因，所以该复合系统耦合协调度的增长缓慢。而上海和北京等地在研究阶段初期资源约束明显，该复合系统耦合协调度较低，但在产业结构升级、资源集约利用、农业技术进步以及严格贯彻落实控制污染排放政策的公共作用下，该复合系统的耦合协调度得到快速提升（张宁等，2022）。

采用中国 31 个省份"水-土地-粮食"复合系统的耦合协调度均值来

表征全国“水-土地-粮食”复合系统的耦合协调发展水平，其变化趋势如图7-2所示。结果显示，2005—2020年中国整体“水-土地-粮食”复合系统的耦合协调度水平较高，其耦合协调达到协调发展阶段的初级耦合协调类型，并且呈上升趋势；2005年该复合系统耦合协调度为0.615，2020年上升至0.689，增长了约12.0%。从增长率看，2009年和2011年该复合系统的耦合协调度的增长率为负数，分别为−0.25%和−0.14%，其余年份该复合系统的耦合协调度的增长率为正数，其中2013年其增长幅度最大，达1.86%。中国“水-土地-粮食”复合系统耦合协调发展水平变化情况与该复合系统综合发展水平变化情况相似，说明通过有序推进资源的利用和粮食生产综合发展水平的提升可以有效实现中国“水-土地-粮食”复合系统的耦合协调发展。

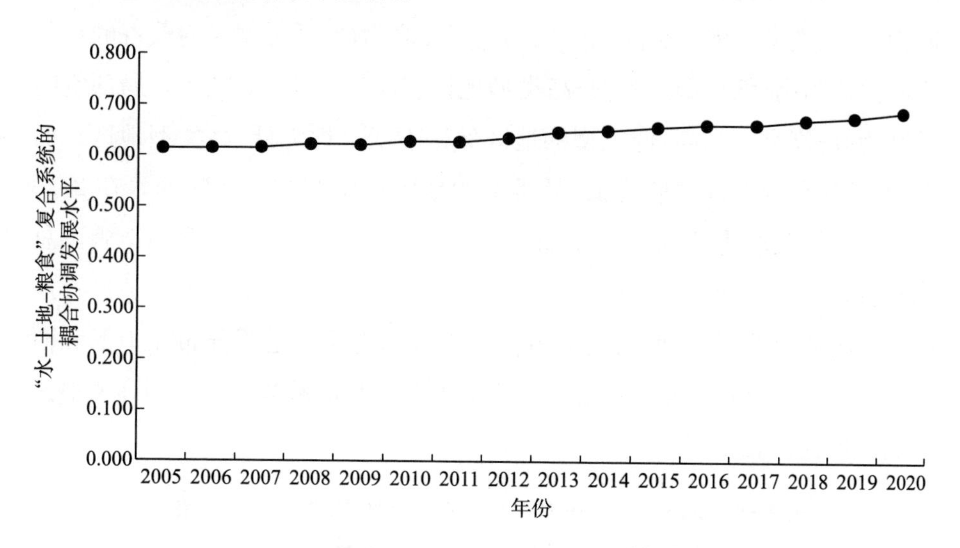


图7-2　中国2005—2020年“水-土地-粮食”复合系统的耦合协调发展水平

## 7.3.2 复合系统的耦合协调水平空间关联关系

为明确“水-土地-粮食”复合系统的耦合协调发展水平的空间关联关系特征，采用全局自相关分析和局部自相关分析对中国31个省份2005—2020年“水-土地-粮食”复合系统的耦合协调发展水平进行了测试，

2005年、2010年、2015年和2020年该复合系统的耦合协调度的空间关联关系如表7-9所示。2005—2020年，我国该复合系统的耦合协调度 *Global Moran's I* 指数均在0.280以上，$p$ 值均小于0.01，说明该复合系统的耦合协调度在0.01显著性水平下具有全局空间正相关和聚集特征，其中，2020年 *Global Moran's I* 指数最高，为0.388，并且这种空间正相关和聚集特征正逐步增强。2005年，福建、上海的局部空间关联为高-高类型，北京、天津、河北和河南的局部空间关联为低-低类型，这些地区该复合系统耦合协调水平具有较强的空间集聚性；陕西的局部空间关联为高-低类型，表明其自身该复合系统耦合协调发展水平高而相邻省份低；广东的局部空间关联为低-高类型，表明其自身该复合系统耦合协调发展水平低而相邻省份高。2010年，江苏、上海、浙江和福建的局部空间关联为高-高类型，河南和陕西的局部空间关联为低-低类型，内蒙古的局部空间关联为高-低类型，无低-高类型地区。2015年和2020年，局部空间关联为高-高类型和高-低类型的地区保持不变，均无低-高类型地区，而在2015年局部空间关联为低-低类型的地区集中在甘肃和陕西，在2020年局部空间关联为低-低类型的地区扩散至甘肃、青海、西藏和新疆。总体来看，局部空间关联为高-高类型的地区主要集中在东部沿海地区；局部空间关联为低-低类型的地区占据了更多的省份，主要分布在中部和西部地区，并且这种分布格局近年来有向西北迁移的趋势，孤立的高值地区或低值地区较难出现。

**表7-9 2005年、2010年、2015年和2020年"水-土地-粮食"复合系统耦合协调度的空间关联关系**

| | 不显著 | 高-高类型 | 高-低类型 | 低-高类型 | 低-低类型 |
|---|---|---|---|---|---|
| 2005年 | 山西、内蒙古、辽宁、吉林、黑龙江、江苏、浙江、安徽、江西、山东、湖北、湖南、广东、广西、海南、重庆、四川、贵州、云南、西藏、甘肃、青海、宁夏、新疆 | 福建、上海 | 陕西 | 广东 | 北京、天津、河北、河南 |

（续）

| | 不显著 | 高-高类型 | 高-低类型 | 低-高类型 | 低-低类型 |
|---|---|---|---|---|---|
| 2010年 | 北京、天津、河北、山西、辽宁、吉林、黑龙江、安徽、江西、山东、湖北、湖南、广东、广西、海南、重庆、四川、贵州、云南、西藏、甘肃、青海、宁夏、新疆 | 江苏、上海、浙江、福建 | 内蒙古 | 无 | 河南、陕西 |
| 2015年 | 北京、天津、河北、山西、辽宁、吉林、黑龙江、安徽、福建、江西、山东、河南、湖北、湖南、广东、广西、海南、重庆、四川、贵州、云南、西藏、青海、宁夏、新疆 | 江苏、上海、浙江 | 内蒙古 | 无 | 甘肃、陕西 |
| 2020年 | 北京、天津、河北、山西、辽宁、吉林、黑龙江、安徽、福建、江西、山东、河南、湖北、湖南、广东、广西、海南、重庆、四川、贵州、云南、陕西、宁夏 | 江苏、上海、浙江 | 内蒙古 | 无 | 甘肃、青海、西藏、新疆 |

## 7.4 “水-土地-粮食”复合系统的耦合协调发展水平的影响因素分析

### 7.4.1 基于不同地区的内部障碍因子分析

利用障碍诊断模型计算得到2005—2020年中国31个省份24项指标的障碍度，取16年的平均值，并列出在31个省份中障碍度排名前5位的障碍因子，如表7-10所示。第一障碍因子集中在人均粮食产量（$X_{17}$）和农村居民人均可支配收入（$X_{19}$），其中，第一障碍因子为农村居民人均可支配收入（$X_{19}$）的省份有25个，该数量约占全部省份数量的80.6%，第一障碍因子为人均粮食产量（$X_{17}$）的省份有6个。第二障碍因子、第三障碍因子、第四障碍因子和第五障碍因子主要集中在单位农业用水产值（$X_2$）、节水灌溉率（$X_4$）、产水模数（$X_5$）、平均耕地产值（$X_9$）、人均耕地面积（$X_{12}$）、水土流失治理率（$X_{14}$）、人均粮食产量（$X_{17}$）、农村居民人均可支配收入（$X_{19}$），其中，第二障碍因子为水土流失率（$X_{14}$）的省份有10个，第三障碍因子为人均粮食产量（$X_{17}$）的省份有10个，第四障碍因子为水土流失治理率（$X_{14}$）的省份有9个，第五障碍因子为平均耕地产值（$X_9$）的省份有13个。总体而言，各省份影响该复合系统耦合协调发展水平的第一障碍因子和第二障碍因子的障碍度均在10%以上，除河南以外，其余地区影响该复合系统耦合协调发展水平的障碍度排名前5位的障碍因子的障碍度贡献量的累积均超过50%。各地区的经济发展水平、粮食生产能力、资源效益转化效率、科学技术应用以及环境污染和治理等正成为阻碍“水-土地-粮食”复合系统耦合协调发展水平的关键因子。

**表7-10　影响中国31个省份“水-土地-粮食”复合系统耦合协调发展水平的主要内部障碍因子及其障碍度**

| 省份 | 第一障碍因子（障碍度%） | 第二障碍因子（障碍度%） | 第三障碍因子（障碍度%） | 第四障碍因子（障碍度%） | 第五障碍因子（障碍度%） |
|---|---|---|---|---|---|
| 北京 | $X_{17}$（13.2） | $X_{12}$（11.5） | $X_5$（11.4） | $X_{19}$（9.2） | $X_{14}$（8.7） |
| 天津 | $X_{17}$（12.4） | $X_5$（11.5） | $X_{12}$（10.8） | $X_{19}$（10.4） | $X_9$（9.1） |
| 河北 | $X_{19}$（12.2） | $X_5$（11.0） | $X_{17}$（10.0） | $X_{14}$（9.9） | $X_{12}$（9.0） |
| 山西 | $X_{19}$（12.7） | $X_5$（10.9） | $X_{17}$（10.4） | $X_{14}$（10.3） | $X_9$（9.2） |
| 内蒙古 | $X_{19}$（13.6） | $X_5$（12.2） | $X_9$（10.3） | $X_{14}$（10.2） | $X_{17}$（7.2） |
| 辽宁 | $X_{19}$（12.4） | $X_5$（10.4） | $X_{17}$（10.1） | $X_{14}$（9.9） | $X_9$（9.1） |
| 吉林 | $X_{19}$（13.6） | $X_{14}$（11.8） | $X_5$（10.9） | $X_9$（10.3） | $X_4$（6.9） |
| 黑龙江 | $X_{19}$（13.9） | $X_{14}$（12.1） | $X_5$（11.3） | $X_9$（10.5） | $X_2$（7.7） |
| 上海 | $X_{17}$（13.9） | $X_{12}$（12.2） | $X_9$（8.8） | $X_5$（8.4） | $X_{19}$（8.4） |
| 江苏 | $X_{19}$（11.5） | $X_{17}$（11.3） | $X_{12}$（10.7） | $X_5$（9.6） | $X_9$（7.9） |
| 浙江 | $X_{17}$（14.7） | $X_{12}$（12.8） | $X_{19}$（10.9） | $X_{14}$（8.6） | $X_9$（8.3） |
| 安徽 | $X_{19}$（13.0） | $X_{14}$（10.1） | $X_{17}$（9.9） | $X_{12}$（9.3） | $X_9$（9.1） |
| 福建 | X17（13.3） | X19（13.1） | X12（11.7） | X14（9.5） | X2（6.3） |
| 江西 | X19（13.8） | X17（11.2） | X12（10.6） | X14（10.2） | X9（9.3） |
| 山东 | X19（12.1） | X5（10.7） | X17（10.2） | X14（9.8） | X12（9.5） |
| 河南 | $X_{19}$（12.2） | $X_5$（10.0） | $X_{14}$（9.1） | $X_{17}$（9.0） | $X_{12}$（8.9） |
| 湖北 | $X_{19}$（12.6） | $X_{17}$（10.5） | $X_{14}$（10.0） | $X_{12}$（9.3） | $X_5$（8.3） |

（续）

| 省份 | 第一障碍因子（障碍度%） | 第二障碍因子（障碍度%） | 第三障碍因子（障碍度%） | 第四障碍因子（障碍度%） | 第五障碍因子（障碍度%） |
|---|---|---|---|---|---|
| 湖南 | $X_{19}$（13.6） | $X_{14}$（11.4） | $X_{17}$（11.1） | $X_{12}$（10.6） | $X_{9}$（8.1） |
| 广东 | $X_{17}$（12.6） | $X_{19}$（12.1） | $X_{14}$（11.5） | $X_{12}$（11.1） | $X_{4}$（7.4） |
| 广西 | $X_{19}$（13.7） | $X_{14}$（11.7） | $X_{17}$（11.4） | $X_{12}$（9.6） | $X_{9}$（8.3） |
| 海南 | $X_{19}$（13.8） | $X_{17}$（12.4） | $X_{14}$（12.3） | $X_{12}$（10.2） | $X_{5}$（6.6） |
| 重庆 | $X_{19}$（14.2） | $X_{17}$（12.0） | $X_{14}$（11.8） | $X_{12}$（10.6） | $X_{9}$（9.1） |
| 四川 | $X_{19}$（13.4） | $X_{14}$（11.6） | $X_{17}$（11.0） | $X_{12}$（9.9） | $X_{5}$（8.7） |
| 贵州 | $X_{19}$（14.5） | $X_{17}$（11.6） | $X_{14}$（11.1） | $X_{9}$（9.2） | $X_{12}$（9.0） |
| 云南 | $X_{19}$（14.7） | $X_{17}$（11.5） | $X_{9}$（9.7） | $X_{5}$（9.3） | $X_{12}$（9.0） |
| 西藏 | $X_{19}$（14.0） | $X_{14}$（12.3） | $X_{17}$（11.3） | $X_{9}$（9.9） | $X_{5}$（9.7） |
| 陕西 | $X_{19}$（13.6） | $X_{17}$（11.1） | $X_{5}$（10.7） | $X_{14}$（10.4） | $X_{12}$（9.1） |
| 甘肃 | $X_{19}$（13.4） | $X_{5}$（10.9） | $X_{14}$（10.8） | $X_{17}$（9.9） | $X_{9}$（9.1） |
| 青海 | $X_{19}$（13.6） | $X_{14}$（11.8） | $X_{17}$（11.6） | $X_{5}$（11.0） | $X_{9}$（9.2） |
| 宁夏 | $X_{19}$（13.0） | $X_{14}$（11.5） | $X_{5}$（11.0） | $X_{17}$（9.3） | $X_{9}$（8.6） |
| 新疆 | $X_{19}$（15.2） | $X_{14}$（11.3） | $X_{5}$（10.8） | $X_{19}$（15.1） | $X_{14}$（11.3） |

### 7.4.2 基于全国的内部障碍因子分析

采用中国31个省份指标障碍度的平均值来表征全国指标障碍水平，列出全国2005—2020年障碍度排名前5位的内部障碍因子，如表7-11所示。历年障碍度排名前5位的障碍因子，其障碍度贡献率的累计均超过50%。2005—2020年间，主要障碍因子包括产水模数（$X_5$）、平均耕地产值（$X_9$）、人均耕地面积（$X_{12}$）、水土流失治理率（$X_{14}$）、人均粮食产量（$X_{17}$）、农村居民人均可支配收入（$X_{19}$）。其中，在2005—2015年间，受规模化经营程度、农村劳动力流转等因素影响，农村居民人均可支配收入增速缓慢。耕地"非农化"和"非粮化"、农业老龄化、社会化服务体系不健全等现象和问题的长期存在不利于粮食综合生产能力的可持续发展，加之水土流失现象普遍且长期存在，均使农村居民人均可支配收入（$X_{19}$）、人均粮食产量（$X_{17}$）和水土流失治理率（$X_{14}$）稳居影响全国

"水-土地-粮食"复合系统耦合协调发展水平的主要障碍因子的前三位。在2016—2020年间，随着社会经济的快速发展和共同富裕的扎实推进，农民被赋予了更加充分的财产权益并实现稳步增收，而近年来粮食生产成本迅速提高、效益和比较利益下降问题加剧，影响粮食安全的风险和不确定因素增多，这使人均粮食产量（$X_{17}$）超越农村居民人均可支配收入（$X_{19}$）成为第一障碍因子。此外，人均耕地面积（$X_{12}$）和产水模数（$X_5$）的障碍度呈上升趋势，生态环境的负面影响逐步显现，因此，实现水土资源的合理配置和高效利用尤为重要。

**表7-11　影响全国"水-土地-粮食"复合系统耦合协调发展水平的主要内部障碍因子及其障碍度**

| 年份 | 第一障碍因子（障碍度%） | 第二障碍因子（障碍度%） | 第三障碍因子（障碍度%） | 第四障碍因子（障碍度%） | 第五障碍因子（障碍度%） |
|---|---|---|---|---|---|
| 2005 | $X_{19}$（14.8） | $X_{17}$（10.2） | $X_{14}$（9.8） | $X_9$（9.1） | $X_5$（8.5） |
| 2006 | $X_{19}$（14.8） | $X_{17}$（10.2） | $X_{14}$（9.8） | $X_9$（9.0） | $X_5$（8.8） |
| 2007 | $X_{19}$（14.7） | $X_{17}$（10.2） | $X_{14}$（9.7） | $X_9$（8.9） | $X_5$（8.8） |
| 2008 | $X_{19}$（14.9） | $X_{17}$（10.3） | $X_{14}$（9.8） | $X_9$（8.9） | $X_5$（8.7） |
| 2009 | $X_{19}$（14.7） | $X_{17}$（10.3） | $X_{14}$（9.7） | $X_5$（8.9） | $X_9$（8.8） |
| 2010 | $X_{19}$（14.8） | $X_{17}$（10.4） | $X_{14}$（9.9） | $X_9$（8.7） | $X_{12}$（8.6） |
| 2011 | $X_{19}$（14.5） | $X_{17}$（10.3） | $X_{14}$（9.8） | $X_5$（9.3） | $X_{12}$（8.6） |
| 2012 | $X_{19}$（14.6） | $X_{17}$（10.5） | $X_{14}$（10.0） | $X_{12}$（8.8） | $X_5$（8.7） |
| 2013 | $X_{19}$（12.1） | $X_{17}$（10.7） | $X_{14}$（10.2） | $X_5$（9.3） | $X_{12}$（9.1） |
| 2014 | $X_{19}$（11.7） | $X_{17}$（10.9） | $X_{14}$（10.2） | $X_5$（9.3） | $X_{12}$（9.2） |
| 2015 | $X_{19}$（11.4） | $X_{17}$（11.0） | $X_{14}$（10.3） | $X_{12}$（9.4） | $X_5$（9.3） |
| 2016 | $X_{17}$（11.2） | $X_{19}$（11.0） | $X_{14}$（10.3） | $X_{12}$（9.6） | $X_5$（8.7） |
| 2017 | $X_{17}$（11.0） | $X_{19}$（10.5） | $X_{14}$（10.2） | $X_5$（9.6） | $X_{12}$（9.5） |
| 2018 | $X_{17}$（11.3） | $X_{14}$（10.4） | $X_{19}$（10.1） | $X_5$（10.1） | $X_{12}$（9.7） |
| 2019 | $X_{17}$（11.6） | $X_{14}$（11.1） | $X_{12}$（10.1） | $X_5$（10.0） | $X_{19}$（9.6） |
| 2020 | $X_{17}$（12.0） | $X_{14}$（11.3） | $X_{12}$（10.5） | $X_5$（10.1） | $X_{19}$（9.3） |

### 7.4.3 外部驱动因子分析

基于中国31个省份"水-土地-粮食"复合系统耦合协调度的时空变化特征，分别对2005—2020年该复合系统耦合协调发展水平的外部核心驱动因子及其强度进行诊断，结果如表7-12所示。在$P<0.05$水平的显著性检验下，研究期内该复合系统耦合协调度的外部驱动力因子按解释力大小依次排序，结果为产业集聚度>专利授权数>人均GDP>农林财政支出。随着时间的推移，人均GDP、农林财政支出、专利授权数和产业集聚度的解释力均有所提高，表明经济发展水平、人口、产业集聚和技术进步能为各省份发展提供人力、财力和物力的支持，持续为"水-土地-粮食"复合系统的耦合协调发展提供动力的能力不断增强。其中，2005—2020年，人均GDP的解释力从0.121增加至0.424，良好的经济活力能够加速粮食生产间的水土要素流动，从而提升各子系统间的协同一致性水平。财政支农可以促进农业农村基础设施建设，加快推进农业农村现代化步伐，其解释力保持在0.200左右。专利授权数的解释力稳步提升，由2005年的0.144增加至2020年的0.322，提高科技创新能力对提升"水-土地-粮食"复合系统耦合协调发展水平具有积极意义。农业产业集聚度对"水-土地-粮食"复合系统耦合协调发展水平的驱动作用相对较高。现代农业推动下的产业结构绿色转型能够对资源有效配置产生深远影响，重视并引导地区内农业集聚且与区位资源禀赋优势相结合，不断强化农业政策实施的连续性和稳定性，以产业兴旺为基础推动乡村全面振兴将成为"水-土地-粮食"复合系统耦合协调发展的重点和方向。

**表7-12 探测"水-土地-粮食"复合系统耦合协调发展水平的外部驱动因子的结果**

| 外部驱动因子 | $q$值 | | | |
|---|---|---|---|---|
| | 人均GDP | 农林财政支出 | 专利授权数 | 产业集聚度 |
| 2005 | 0.121 | 0.214 | 0.144 | 0.156 |
| 2010 | 0.147 | 0.187 | 0.179 | 0.287 |
| 2015 | 0.176 | 0.142 | 0.223 | 0.217 |
| 2020 | 0.424 | 0.239 | 0.322 | 0.345 |
| 平均水平 | 0.223 | 0.206 | 0.224 | 0.272 |

注：各因子均在5%的显著水平下显著。

### 7.4.4 外部驱动因子交互作用分析

借助交互探测模块识别各外部驱动因子在“水-土地-粮食”复合系统耦合协调度的空间格局演化中的交互作用，结果如表 7-13 所示。各外部驱动因子两两之间的交互关系只存在双因子增强和非线性增强关系，不存在其他关系，这印证了人均 GDP、农林财政支出、专利授权数和产业集聚度等为该复合系统耦合协调发展水平的主要外部驱动因素，且中国 31 个省份“水-土地-粮食”复合系统耦合协调度的空间分异是经济发展水平、产业集聚、技术进步和农林支持等多种因素叠加作用的结果。2005—2020 年，农林财政支出与人均 GDP、农林财政支出与产业集聚度均表现为非线性增强，且交互影响均逐年提高；农林财政支出与人均 GDP 的交互影响由 2005 年的 0.332 提升至 2020 年的 0.748；农林财政支出与产业集聚度的交互影响由 2005 年的 0.745 提升至 2020 年的 0.892。产业集聚度与人均 GDP、产业集聚度与专利授权数的交互作用均由非线性增强关系转化为双因子增强关系，这表明，近年来中国在推进农业现代化和产业集聚的同时，离不开经济与科技水平发展的支持，其交互作用对水土资源利用与粮食安全均产生显著影响。专利授权数与人均 GDP 的交互作用除个别年份外均表现为双因子增强，而专利授权数与农林财政支出的交互作用逐渐由双因子增强关系转化为非线性增强关系，这表明随着农业农村发展，财政输血式扶持对提升粮食生产与资源要素的共生效果的影响逐渐减弱，“水-土地-粮食”复合系统的协同治理逐渐向内生式发展转变。

**表 7-13 “水-土地-粮食”复合系统耦合协调发展水平的外部驱动因子的交互作用分析结果**

| 因子 | 年份 | 人均 GDP | 农林财政支出 | 专利授权数 | 产业集聚度 |
|---|---|---|---|---|---|
| 人均 GDP | 2005 | 0.121 | | | |
| | 2010 | 0.147 | | | |
| | 2015 | 0.176 | | | |
| | 2020 | 0.424 | | | |

（续）

| 因子 | 年份 | 人均 GDP | 农林财政支出 | 专利授权数 | 产业集聚度 |
|---|---|---|---|---|---|
| 农林财政支出 | 2005 | 0.332* | 0.214 | | |
| | 2010 | 0.741* | 0.187 | | |
| | 2015 | 0.541* | 0.142 | | |
| | 2020 | 0.748* | 0.239 | | |
| 专利授权数 | 2005 | 0.343** | 0.421** | 0.144 | |
| | 2010 | 0.488* | 0.713* | 0.179 | |
| | 2015 | 0.457** | 0.527* | 0.223 | |
| | 2020 | 0.624** | 0.813* | 0.322 | |
| 产业集聚度 | 2005 | 0.320* | 0.745* | 0.678* | 0.156 |
| | 2010 | 0.458* | 0.752* | 0.692* | 0.287 |
| | 2015 | 0.514* | 0.539* | 0.518* | 0.217 |
| | 2020 | 0.716** | 0.892* | 0.562** | 0.345 |

注：** 表示双因子增强，* 表示非线性增强。

## 7.5 本章小结

本章通过构建"水-土地-粮食"复合系统的耦合协调评价模型、空间分析模型、障碍度模型和地理探测器模型，对 2005—2020 年中国 31 个省份各子系统和复合系统综合发展指数、系统耦合协调发展水平及其主要障碍因子和外部驱动因子进行全面分析，主要结果表明：

2005—2020 年中国 31 个省份水资源子系统综合发展指数的均值为 0.245～0.632，地区间差异较大；土地资源子系统综合发展指数的均值为 0.203～0.418，具有较大的提升空间；粮食生产子系统综合发展指数的均值为 0.339～0.597，具有长期快速发展的趋势且地区间差异较小。综合来看，土地资源子系统综合发展水平滞后于水资源子系统综合发展水平和粮食生产子系统综合发展水平，中国"水-土地-粮食"复合系统的综合发展水平呈上升趋势，在水资源、土地资源和粮食生产资源都相对丰富的地区"水-土地-粮食"复合系统的综合发展水平较高，在水土资源相对薄弱的地区该复合系统综合发展水平较低。

2005—2020年中国31个省份“水-土地-粮食”复合系统的耦合协调水平为0.538～0.754，涉及的阶段和类型包括过渡调和阶段的勉强耦合协调类型和协调发展阶段的初级耦合协调类型和中级耦合协调类型，各地区该复合系统的耦合协调度均表现为波动上升。中国“水-土地-粮食”复合系统耦合协调发展水平变化情况与复合系统综合发展水平变化情况相似，通过有序推进资源的利用和粮食生产综合发展水平的提升可以有效实现中国“水-土地-粮食”复合系统的耦合协调发展。复合系统的耦合协调水平具有显著的空间正相关关系，且呈递增趋势。局部空间关联为高-高类型的地区主要集中在东部沿海地区，为低-低类型的地区主要分布在中部和西部地区。影响中国“水-土地-粮食”复合系统耦合协调发展水平的主要内部障碍因子为农村居民人均可支配收入、人均粮食产量和水土流失治理率，但在2015年以后，人均粮食产量超越农村居民人均可支配收入成为第一障碍因子，生态环境的负面影响也逐步显现。各地区的经济发展水平、粮食生产能力、资源效益转化效率、科学技术应用以及环境污染和治理等正成为阻碍“水-土地-粮食”复合系统耦合协调发展的关键因子。人均GDP、农林财政支出、专利授权数和产业集聚度作为中国“水-土地-粮食”复合系统耦合协调发展水平的主要外部驱动因子，随着时间的推移其解释力均有所提高，各外部驱动因子两两之间的交互作用关系主要表现为双因子增强和非线性增强。

# “水-土地-粮食”关联的发展机制与路径选择

本章考虑“水-土地-粮食”的复杂关系，在上文理论架构和实证结果的基础上，剖析在提升“水-土地-粮食”复合系统效能时面临的多重挑战，树立复合系统更加协同的自然资源观，构筑可持续的粮食未来。运用系统认知能力，探讨推动“水-土地-粮食”复合系统协同治理的实现机制，讨论如何结合实际问题，搭建实施水土资源优化调控和粮食安全保障行为的桥梁和纽带。

## 8.1 面临的挑战

### 8.1.1 “水-土地-粮食”复合系统中各要素空间不匹配

我国水资源和土地资源在地理空间分布上呈不匹配的状态，在水资源丰富的广东、四川、云南、广西、江西、福建等地区，其土地资源短缺，而黑龙江、内蒙古、河南、吉林、安徽、河北等土地资源较丰富的地区，水资源却匮乏。这一现象也客观上加重了水资源负荷以及土地资源和粮食生产的压力，导致我国在农业发展、农业产业定位中存在明显的区域性，而人口分布和经济发展的差异进一步加大了这种不平衡，不同资源开发利用的矛盾逐渐凸显。从区域视角来看，粮食安全离不开可支撑的地理空间，粮食生产的持续北移已成事实，既有的状况会加剧水土资源空间配置错位的问题。大规模的“北粮南运”暗藏着虚拟的“北水南调”，这在一定程度上是以开发北方边际土地甚至牺牲生态环境为代价的，增大了北方地区的用水安全和生态安全的风险（陈秧分等，2021）。不同省份间的粮食流通在一定程度上可以缓解区域资源不匹配的问题，但部分省份间不合理的粮食流通却会造成我国水土资源利用效率的降低。因此，合理的粮食流通、资源利用效率的提高、适宜地区耕地撂荒的减少等对我国更好地实现粮食安全与资源可持续利用具有重要的意义（杨婷婷等，2022）。此外，如何保障资源匮乏地区的粮食安全和生态安全之间的关系也是未来需要解决的问题。在西北等地区，水资源相当贫乏却仍存在较大的水资源输出，这对当地的生态安全造成了严重的威胁。部分省份还存在土地撂荒问题，这不仅对我国粮食安全产生威胁，还会对我国的资源可持续利用产生影响，如何更好地解决这一问题，将有利于保障我国粮食安全和资源合理利用。

### 8.1.2 “水-土地-粮食”各子系统间综合发展水平不协同

土地资源是粮食生产的命根子，是保障国家粮食安全的基础。新发展格局下土地资源的科学布局和合理利用变得更加迫切。根据第 7 章对中国 31 个省份水资源子系统、土地资源子系统和粮食生产子系统的综合发展指数的测算和变化趋势分析，可知土地资源子系统的综合发展水平明显滞后于水资源子系统的综合发展水平和粮食生产子系统的综合发展水平。当前土地资源安全面临数量减少、质量退化、生态环境风险加剧、细碎化、“非农化”和“非粮化”、粮食增产空间十分有限等问题，而且这些问题的加剧也会影响土地资源综合发展能力的稳步提升（吴郁玲，2021）。在水资源、土地资源和粮食资源都相对丰富的地区，如黑龙江、福建、浙江等地区，“水-土地-粮食”复合系统的综合发展水平较高；而在水土资源相对薄弱的地区，如宁夏、甘肃、河南等地区，“水-土地-粮食”复合系统的综合发展水平较低，可见综合要素的投入可以在一定程度上改善资源之间的不协同关系。与此同时，通过实施工程措施等可以改善区域间“水-土地-粮食”复合系统配置不协同的问题，这为我国粮食安全作出了重要贡献，如目前我国进行的“南水北调”东线和中线工程，其主要为了解决华北城市缺水的问题，可在一定程度上缓解华北城市工业和农业用水的竞争，使部分水资源可以用于农业生产和改善生态环境；可以协同水土资源高效利用和粮食安全，对进一步实现华北粮仓重新崛起将发挥促进作用。西北地区可以通过建设水土涵养工程、建设水利工程、发展旱地农业来扩大粮食生产基地，实现粮食稳定自给。

### 8.1.3 综合投入产出效率与技术进步水平待提升

我国粮食生产面临耕地面积缩减、耕地质量不高、水资源分布不均且总体匮乏、农业劳动力流失严重且整体技术水平偏低等问题，以上问题的加剧影响了“水-土地-粮食”复合系统的投入产出效率以及粮食生产能力的进一步提高。技术进步是随着先进物质要素的投入、管理手段的创新，使要素质量提高、功能增强，推动要素结构调整、优化产业布局、促进经济增长和可持续发展产业的过程。就农业生产而言，农业技术进步是为实现农业新目标而突破原有生产束缚的进化与变革过程（罗慧，2021）。根据第 6 章对中国 31 个省份水土资源利用效率和粮食生产效率的测算和变化趋势分析，大部分地区的水土资源利用开发效率总是高于经济效益转化效率，粮食生产的平均纯技术效率总是低于平均规模效率，这表明中国“水-土地-粮食”复合系统的综合投入产出效率的提高主要得益于水土资源要素的大量投入以及生产规模的扩大，但技术进步水平的提升还存在较大空间。在确保粮食安全的前提下，更快的农业技术进步意味着对土地、劳动力等生产要素产生更少的需求。因此，农业技术进步水平可直接影响我国投入制造业和服务业生产经营的生产要素数量，进而影响我国整体经济发展的转型和升级（龚斌磊等，2020）。多年来，国家深入实施“藏粮于地、藏粮于技”战略，如不断加强建设高标准农田，推进农业机械化，加快农业科技创新成果转化等。截至 2020 年，全国新建成高标准农田 559.4 万 $hm^2$，农业机械总动力达 10.56 亿 kW，农作物耕种收机械化率达 71%，其中，小麦耕种收综合机械化率稳定在 95%以上，水稻、玉米耕种收综合机械化率分别超过85%、90%。与此同时，我国农业科技进步贡献率提高到60.7%，技术进步极大地提升了农业生产力。科技进步在我国农业发展和经济增长中发挥的作用越来越显著。虽然近年来我国农业技术取得了巨大进步，但与发达国家相比仍存在较大差距，主要表现在现代种业创新、农机技术装备、农业集成技术创新与转化应用、智慧农业和数字农业等方面。在我国农业供给侧结构性改革的背景下，追求农业技术进步的同时还需追求农业纯技术效率的提升，优化农业发展方式，从粗放、自由、分散向集约化、专业化、规模化模式转变，在既定的农业资源投入条件下追求产出能力及效率的最大化发展。

### 8.1.4 相关管理部门屏障待突破

我国各级行政区域管理水资源、土地资源与粮食生产的部门相对独立且分工具有明显的区域性差异。管理部门之间的合作相对不集中、不高效，导致其对水资源、土地资源和粮食生产在资源管理或放权、使用或保护、调配或留存等工作安排方面存在矛盾与相互之间的掣肘，例如在实施农业灌溉用电的补贴政策时，虽然可以保证粮食生产用水，但有可能会因提水灌溉成本降低从而导致水资源可持续利用性减弱，进一步造成相关管理部门之间管理的不协同。同时，在项目验收过程中“重数量而轻质量”、在项目建设过程中“重建设而轻管护”等现象较为普遍，这导致出现一系列问题，例如有些地方的耕地非农化情况比较严重、土地开发整理复垦效果相对不佳。部分地区与自然资源相关的管理部门和与农业相关的管理部门之间不共享信息平台和数据资料、其基础数据的分类与统计口径也不一致，易造成管理方面协作困难，也不利于当地公众查询与信息共享。在现阶段管理体制中存在权责不明、职责不清的情况，各级管理部门之间存在信息不畅通、协调效率低下的问题，导致管理部门执行政策时容易出现偏差。与此同时，农业管理体制中的管理模式和制度需要不断优化，以期能够适应当前农业发展的需要。这些制度的优化和完善能够提高农业生产、流通、营销等环节的效率，更好地满足市场需求。个别农村地区的基层组织可能仍存在缺乏效能的问题，使政策无法有效地落实到基层。特别是对于"水-土地-粮食"复合系统中的各个子系统综合发展能力较弱的区域，其管理部门屏障更需要加速打破，以此提高协同资源管理工作的效率。

### 8.1.5 生产政策扶持待加强

经过多年的发展，我国已经逐步构建起覆盖全产业链的粮食安全保障体系。党中央高度重视消除饥饿与贫困问题，从根本上解决居民吃饭问题，积极参与国际粮食安全治理，为维护全球粮食安全作出中国贡献。但在当前国内外环境均发生重大变化的背景下，我国粮食安全仍然面临一些新的挑战，即①粮食单产提升速度缓慢，总产量提升空间较小；②国内粮食产业发展相对落后，种粮收益偏低容易影响农民的生产积极性；③水土资源利用效率和生态环境会对粮食生产产生影响；④粮食进口来源高度集中；⑤粮食安全的外部风险逐渐上升等（郭志一，2023）。针对在粮食生产中存在的粮食产量偏低、生产成本较高、市场竞争能力不足、产品品质不一，以及对外部种子的过度依赖等问题，表明我国需要深入实施"藏粮于地、藏粮于技"战略，需要依靠科技研发和创新来提升粮食的综合生产能力，需要通过确保粮食持续稳产增产来保障粮食安全。为了持续保障粮食安全，我国在制定粮食生产支持政策时应当明确增产与增收之间是相互促进、循环发展的关系，应当确保在粮食稳产增产的同时要保障种粮收益，实现增产与增收之间内在逻辑的统一。政策制定者需要处理好小型农户与大规模经营户、主要产区与次要产区之间的利益关系，完善在价格、补助、收购和保险等领域的粮食生产支持政策，构建稳固的农民种粮收益保障体系。在发展粮食生产的过程中，国家必须重视农业资源与生态环境的保护，并完善相关法律政策体系。以水土资源为例，我国应建立有机肥料施用机制以全方位地提高土壤质量，应建立耕地轮作制度，通过现代技术手段实时监控，防止耕地质量进一步恶化；相关管理部门应当在地方先行试点，然后在全国范围内推广，还应当在种植与养殖产业中推广可持续发展的农业生产方式，并对农产品实施标准化管理，确保从种植、加工到销售的所有环节都符合环境保护标准。我国耕地和淡水资源有限，为了突破我国在粮食生产资源禀赋上的限制，确保粮食供应的稳定性，必须寻求拓展外部粮食来源，适度进口粮食，把握好粮食进口率与国内自给率的平衡点，以增强国内粮食产业供应链的稳定性与安全性。我国也应更加积极地参与全球粮食产业链与供应链的合作与治理，构建多元化的粮食合作机制，实现全面扩充粮食进口来源，以增强我国在面对全球粮食市场波动与全球粮食危机时的应对能力。由于全球气候的显著变化，极端天气事件频繁出现，这严重影响了我国的粮食生产，对粮食安全造成威胁，所以，我国应当加强针对耕地等有限的农业生产资源以及自然灾害的风险监测和预警体系建设，结合现代遥感监测技术和大数据分析，对各种生态和气象条件进行实时监控，从而降低自然灾害风险对粮食生产的冲击。同时，政府应调动粮食风险基金的管理部门、国家粮食储备的相关管理部门和骨干粮食企业共同协作，确保市场稳定，防范重大粮食安全风险。

### 8.1.6 保障工程措施待巩固

由于资源禀赋、农业生产以及农业产业结构间存在明显的区域功能性差异，所以针对与水资源、土地资源和粮食生产相关部门的工程保障设施与措施可能存在待提升巩固、配置不均衡或未考虑三者整体需求的问题。以黄土高原水土流失治理工程与措施为例，经过长期的生态建设，黄土高原人工生态林面积已具有较大规模，但部分人工生态林由于营建不合理，出现了林分结构单一、植株密度过大、生物多样性低、土壤环境干旱化和大面积衰退等问题。现有的水土保持工程是多批次水土保持建设工程的累积，存在经营维护能力不足的现象。当下对黄土高原的需求已从过去减少水土流失转为提高粮食供给能力、改善生态环境、增加经济收入、促进城乡社会经济繁荣等。传统水土流失治理目标过于单一，存在与社会需求脱节的现象，亟待加强水土保持工程的经营维护与功能提升（李宗善等，2019)。在“南水北调”中段工程中，提升了河北省等水资源投入系统对粮食安全生产的保障能力，但其他缺水区域仍缺乏工程设施的支撑。近年来，我国农业规模化经营水平不断提升，但大国小农、家庭经营仍是我国农业的基本经营方式，全国 60%的耕地仍由 2 亿多农户经营（李福君，2019）。要想支持小农户和现代农业发展的有机衔接就离不开农业社会化服务体系的建立，就离不开多元化生产性服务业的发展。国家粮食和物资储备局持续推进实施优质粮食工程，开展"中国好粮油"行动，建设粮食产后服务体系，不断完善粮食质量安全检测体系，发挥粮食流通对生产、消费的引导作用，不断满足消费者"吃得营养、吃得健康"的要求。2024 年，我国将围绕加快建设现代农业大基地、大企业、大产业，实施粮食绿色仓储、品种品质品牌、质量追溯、机械装备、应急保障能力、节约减损健康消费六大提升行动，不断延伸产业链、提升价值链、打造供应链，深入推进优质粮食工程。优质粮食工程涉及粮食"产购储加销"各环节和政府、企业、农户、消费者各主体，必须用系统思维、供应链管理的思路来组织实施。在推进农业供给侧结构性改革中，不仅要不断提高农业的质量效益和竞争力，实现粮食安全和现代高效农业的相统一，也要对优质粮食工程提出更高的要求。

## 8.2 "水-土地-粮食"多元关联的发展机制

水资源、土地资源、粮食作为实现区域可持续发展的关键资源，具有共生共存又相互影响的复杂关联关系。水资源的数量和利用情况直接影响土地资源的生产能力，土地资源的开垦程度也会制约水资源的开发利用，水土资源利用对保障粮食生产具有至关重要的作用。同时粮食生产的种植结构调整也对土地资源和水资源提出新的需求，以水安全和耕地安全为基础和刚性约束去推动"水-土地-粮食"复合系统的协同发展，这也是解决多资源供需冲突的底线逻辑，是推动我国粮食生产发展水平向更高阶段迈进的必经途径。"水-土地-粮食"作为一个复合系统，任意一个环节的失衡都可能导致复合系统协同发展关系的崩溃。而在新时代"五位一体"的总体布局要求下，仅考虑水资源、土地资源、粮食生产三者的相互作用与协同关系并不能充分反映资源要素与社会经济发展的关系，同时，随着人类活动的增加，对水资源、土地资源和粮食生产需求的大幅提升会加剧生态系统的脆弱性，会降低自然环境的自我调节和修复能力而增加其环境压力。由此产生的资源管理的环境外部性，会反过来阻碍水资源、土地资源和粮食生产的安全（蔡运龙，2020）。

"水-土地-粮食"多元关联的可持续性发展从本质上讲，需要处理好"压力-状态-响应"之间的关系（童芳等，2017）。因此，在分析"水-土地-粮食"多元关联的发展机制时可以将可持续发展指标体系中的"压力-状态-响应"概念框架纳入其中，首先从造成水土资源供需与粮食生产间不平衡、分配不合理问题的"压力"入手，然后通过建立复合系统的动态模拟模型，分析区域"水-土地-粮食"复合系统所处的"状态"和整个经济社会生态大系统中"水-土地-粮食"复合系统的演变规律，最后给出"水-土地-粮食"复合系统优化配置的方案（即"响应"）。根据上述分析建立"水-土地-粮食"多元关联的发展机制及优化配置模型结构关系，如图 8-1 所示。"水-土地-粮食"多元关联的发展机制的结构关系包括水资源子系统、土地资源子系统和粮食生产子系统，并与社会、经济和环境系

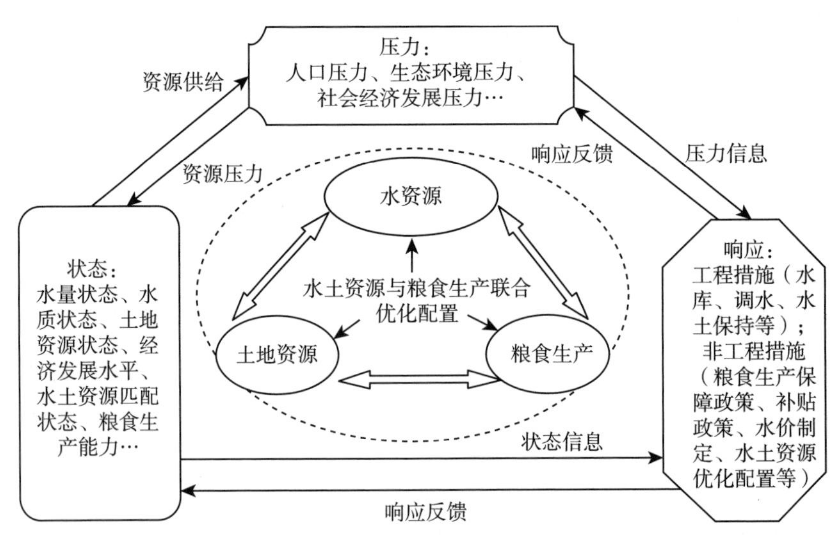


图 8-1 "水-土地-粮食"多元关联的发展机制及优化配置模型结构关系

统相互影响和制约，构成一个复杂的大系统。一方面，区域社会、经济和环境的发展会加大对供水需求、用地需求、口粮需求和生态环境的压力，会加剧区域"水-土地-粮食"复合系统协同的矛盾，对区域水土资源可持续利用和粮食安全保障提出了新的要求，必须通过合理的水土资源与粮食生产联合优化配置措施与路径来解决区域面临的一系列资源开发利用问题；另一方面，区域"水-土地-粮食"复合系统的可持续利用和发展若得到了保证，就可促进区域社会、经济和环境的可持续发展。

## 8.3 中国"水-土地-粮食"复合系统协同发展的路径选择

### 8.3.1 加强绿色发展理念的引导

党的十八大以来，党中央国务院高度重视绿色发展。党的十八大将生态文明建设纳入中国特色社会主义事业"五位一体"的总体布局。党的十八届三中、四中全会进一步将生态文明建设提升到制度层面；党的十八届五中全会提出新发展理念，把生态文明建设放在了更加突出的位置。党的十九大报告再次强调，建设生态文明是中华民族永续发展的千年大计。农业是国民经济的基础，是生态文明建设的重要组成部分。习近平总书记多次强调，绿水青山就是金山银山。推进农业绿色发展是农业发展观的一场深刻革命，也是农业供给侧结构性改革的主攻方向。要不断推动形成同环境资源承载力相匹配、生产生活生态相协调的农业发展格局。然而，改革开放 40 多年来，我国农业农村经济发展取得巨大成就的同时，也付出了巨大的代价。资源约束不断趋紧，人均耕地 0.1$hm^2$，且耕地平均质量等级为 5.09，土壤污染点位超标率高达 19.4%（刘治彦，2018）。水资源时空分布严重不均，占全国耕地 62%的淮河流域及以北地区水资源总量不足 20%，河北省已成为世界上面积最大的地下水漏斗区（南锡康，2018；吴乐，2017）。农业面源污染日趋严重、农药等投入品过量施用、畜禽养殖粪污处置不当、农用地膜和农药包装物回收不足等问题突出。根据第二次全国污染普查公报显示，2017 年全国农业源的化学需氧量、总氮、总磷排放量分别达到约 1 067 万 t、141 万 t 和 21 万 t，约占全国排放总量的 49.7%、46.4%和 67.7%。面对资源条件与生态环境的双重压力，转变农业农村发展方式、推进农业绿色发展是十分迫切的。

在农业生产领域，人民日益增长的美好生活需要和不平衡不充分发展之间的矛盾突出表现为人民对优质安全农产品日益增加的需求与农业生产供应不足之间的矛盾。因此，在新时代下中国农业的发展应将为国人提供优质安全的农产品作为其最根本的出发点与目标。要实现这个目标，其核心就是要保护水土资源的数量，提升水土资源的质量，破解实现农产品质量安全所需优质水土资源不足的桎梏，实现农业的绿色发展（于法稳，2018）。全社会必须强化对实现农业绿色发展重大战略意义的认识，坚持绿色发展理念，确保中央各项政策的落实。一是完善环保制度，严格环保执法，减少工业企业对水土资源的污染。二是采取有效措施，确保耕地数量稳定与质量提升，具体包括①通过建立最严格的耕地保护制度来实现耕地资源数量的稳定；②建立中央耕地督察机制，解决耕地资源保护中的违规问题；③在保护优质耕地资源的同时，提高耕地土壤的质量。三是，在加强水资源生态建设的同时，要实现水资源的高效利用，具体包括①强化水资源的生态治理，提升水资源的保障能力；②通过最严格的水资源保护制度来确保水资源可持续利用；③创新农业用水机制，实现农业节水目的。四是，根据实现农业绿色发展的要求，在水土资源要素层面、产业层面、农业废弃物资源化利用层面等逐步建立与完善生态补偿机制，以增加有利于农业绿色发展的制度供给，为农业绿色发展提供良好的制度环境。

### 8.3.2 提高科学技术创新的驱动力量

新中国成立以来特别是改革开放 40 余年来发展粮食生产取得了巨大成就。与此同时，我国粮食生产中存在的问题也不可忽视，主要表现在

①粮食总产量波动明显；②品质优良的粮食品种仍难以满足居民生活与加工的需求；③粮食质量安全的隐患仍比较严重；④粮食生产比较效益持续偏低；⑤农民种粮积极性不断下降；⑥粮食生产投入不足，生产要素持续流出；⑦粮食产业链利益分配失衡，农民种粮收入偏低；⑧粮食市场调控体系不健全等方面（翟虎渠，2011）。我国既是粮食生产大国，更是粮食消费大国。我国粮食需求与供给的发展历史表明，粮食需求表现为刚性增长趋势，而供给能力却受到多重因素的制约。从粮食需求的角度看，我国庞大的人口基数和新增人口将会使口粮消费维持在较高的水平，同时，大量农村劳动力进城务工所带来的人口结构变化也推动农产品需求的增加，而随着消费结构的升级与加工用粮的增加，将导致饲料和工业用粮的需求快速扩大。因此，粮食需求刚性增长的趋势不可逆转。从粮食供给方面看，首先，人均耕地面积的减少、耕地质量的总体下降、农业水资源的不足将严重影响粮食生产能力的提升，气候变化频繁、自然灾害频繁则严重影响粮食生产的稳定，而农业环境保护与可持续发展的压力增大又会使粮食增产面临两难的境地。其次，国民经济发展布局的变化、区域发展战略的实施，既为农业发展注入更多的资金支持又能拉动粮食主产区的消费，但也可能在新一轮的经济增长中出现更加轻视农业、恶化农业环境的现象。而经济发展方式的变革则要求粮食生产由粗放型向集约型转变，由主要依靠物质消耗向依靠科技进步、劳动者素质提高和管理创新方向转变，同时，低碳与农业循环经济的发展也对粮食生产提出了更高的要求。再次，粮食主产区的经济社会协调发展与农民增收对粮食安全产生影响。粮食生产比较效益低，粮食主产区的经济社会发展水平相对滞后，经济社会发展的协调性差，地方政府与农民均缺乏发展粮食生产的积极性，粮食生产面临发展经济与增加收入的巨大压力。又次，在我国农业资源匮乏且利用率低、农业环境保护和可持续发展压力增加、传统增产方式对粮食增产能力的影响减弱的情况下，要想保障持续的粮食生产能力、满足消费需求，就要不断提高科技创新的支撑能力。最后，非传统因素对我国粮食安全的影响已经凸显。生物质能源的发展面临着

与人争粮、与粮争地的问题，进而对粮食安全产生严重冲击。而新冠疫情以来，全球粮食市场异动进一步升级的风险较大，一旦升级将会严重冲击国内市场，危及国家粮食安全。此外，在粮食国际贸易中，我国存在着明显的"大国效应"。根据联合国粮食及农业组织（FAO）统计数据，我国若进口国内粮食产量的1%，就相当于粮食国际贸易量的2%。因此，利用国际市场解决国内粮食安全问题的空间非常有限，要想实现粮食安全目标就不能依赖国际粮食市场，只有做到立足国内实现粮食基本自给才有可能从容应对复杂多变的国际局势（陈秧分等，2021）。在粮食需求刚性增长、粮食增长面临资源环境制约等情况下，实施粮食安全战略必须以科技为根本手段，以水土资源保护和耕地质量提升为可靠基础，依靠优势区域增产提升保障能力，以国家政策支持来提高粮食综合生产能力、确保粮食的有效供给。

针对目前我国粮食生产存在的主要制约因素，未来需要倚重粮食丰产科技战略来挖掘粮食增产潜力，围绕发展现代粮食产业和保障国家粮食安全的重大战略需求，全面实施科教兴农战略和人才强农战略，为实现国家粮食安全提供强有力的科技支撑，提升粮食丰产战略的科技力量。坚持走内涵式粮食发展道路，强化粮食科技支撑，加强对粮食增产主要环节的自主创新能力的建设，加快推广良种、先进适用的节水灌溉技术、高产栽培技术，改善农田基础设施及装备条件，提升粮食生产的规模化、机械化和标准化水平，提高水资源、耕地、肥料等利用率，充分挖掘粮食增产潜力，切实提高单位面积产量，稳步提升粮食综合生产能力。推进粮食储运、加工技术研发创新与成果应用，全面提升粮食储运、加工技术水平和效率效益，可以针对小麦、水稻、玉米、马铃薯、大豆等重点粮食品种进行科技创新能力建设布局，提升主要品种的科技丰产能力。围绕重点区域科技需求，有针对性地对科技丰产能力建设进行部署，统筹安排科技丰产能力建设，既考虑制约我国粮食增产的品种、土肥、节水和机械装备等要素，也考虑粮食储运、流通、加工等重点环节。

### 8.3.3 加强区域协同战略的建设

我国粮食生产布局与水土资源禀赋不匹配，当前产粮大的地区日益向东北、西北等北方核心区集中，但这些区域水土资源并不占优势，粮食安全存在潜在的隐患。根据第7章中“水-土地-粮食”复合系统和各子系统的发展水平以及系统间耦合协调发展指数测算结果，结合自然断点法，设计符合区域协同的战略势在必行。在依靠单产水平提升、实现总产增长的目标下，考虑各个区域“水-土地-粮食”多元关联性的类型区域特征与技术潜力，制定总体的协同战略方案，结果如表8-1所示。根据区域划分的结果，结合相关管理部门与政策的耦合方案，对各区域制定适合的协同战略方案。①在均衡类型协调发展区，实行适度性粮食增产方案，维持“水-土地-粮食”复合系统的各要素投入的状态，强化惠农助农政策，提升粮食单产水平、实现总产增长；②在水资源投入不足类型协调发展区，实行部分稳定性粮食保障方案，以平衡水资源要素投入为前提，落实农业水价综合改革以及农业用水精准补贴等政策，推进节水农业发展；③在土地资源投入不足类型协调发展区，实行部分稳定性粮食保障方案，以平衡土地资源要素投入为前提，全面执行最严格的耕地保护制度，坚持“以补定占”，强化耕地总量动态平衡，扎实推进占补平衡制度，落实耕地保护补贴政策、轮作休耕政策等，全力提升耕地质量，着力夯实粮食安全根基；④在粮食生产投入不足类型协调发展区，实行部分稳定性粮食保障方案，以平衡粮食生产要素投入为前提，建立粮食主产区利益补偿机制，充分落实种粮的各类奖补和补贴，调动农民种粮和地方抓粮的积极性，重点从价格、补贴、保险等方面强化政策举措，坚持科技引领，提高技术水平的聚集度，以此助推粮食产能提质增效；⑤在水资源投入不足类型过渡调和区，实行部分恢复性粮食保障方案，以强化水资源要素投入为前提，聚焦水资源缺乏、水粮矛盾突出问题，大力推进农业节水工作，严格落实“四水四定（以水定域、以水定地、以水定人、以水定产）”政策，科学确定与水资源相适应的粮食生产发展模式。

**表 8-1　基于类型的区域协同战略方案**

| 类型 | 名称 | 区域协同战略 | 政策耦合方案 |
|---|---|---|---|
| 均衡类型协调发展区 | 北京、山西、内蒙古、辽宁、吉林、黑龙江、上海、江苏、浙江、安徽、江西、山东、湖南、重庆、四川、贵州、西藏、陕西、宁夏 | 适度性粮食增产方案 | 强农惠农政策 |
| 水资源投入不足类型协调发展区 | 天津、河北 | 部分稳定性粮食保障方案 | 农业用水补贴政策 |
| 土地资源投入不足类型协调发展区 | 福建、湖北、广东、广西、海南、甘肃、青海、新疆 | 部分稳定性粮食保障方案 | 耕地政策 |
| 粮食生产投入不足类型协调发展区 | 河南、云南 | 部分稳定性粮食保障方案 | 粮食政策 |
| 水资源投入不足类型过渡调和区 | 宁夏 | 部分恢复性粮食保障方案 | 农业用水补贴政策 |

分区分类保障农业水土资源可持续利用与国家粮食安全。①建立粮食生产生态环境效应预警体系，优化北方地区农业水土资源利用。在北方严重缺水的地区，必须控制高强度高耗水的粮食种植，对于产量较低、缺少设施的耕地，逐步实施退耕还草、退耕还牧工程，有效缓解北方地区的水资源压力。在光温水土条件较优的地区，优化水土资源配置和发展节水灌溉技术，保证北方优质粮食产量的持续增长。根据北方地区水资源承载能力，科学划定粮食适宜生产区、核心生产区、后备潜力区，合理确定粮食生产适度规模。②必须从实际出发，加大基本农田保护力度，应像保护大熊猫一样保护日益稀缺的优质耕地资源。尤其是对长江三角洲、珠江三角洲、华北平原、江汉平原、四川盆地等原有的优质稻米、小麦主产地，切实采取最严格的耕地保护措施，划定城市发展边界、保护永久性基本农田。③注重耕地资源的保护与利用并重，加大对污染、压损、撂荒耕地的综合治理力度，依法管控与用途管制并举，建好、保好和用好宝贵的耕地资源，稳步提升耕地生产力，提高优质小麦、优质稻米的播种面积，高质量保障粮食安全。④适时调整区域性耕地保护与利用策略，限制将边际土地开发为耕地。针对新开垦耕地质量

等级低、生态风险高、产量不稳定等问题，适时调整耕地占补平衡制度。自 1997 年我国实施耕地占补平衡政策以来，土地开发整治取得了显著成效，基本实现了耕地面积不减少的目标。但不容乐观的是，我国耕地质量水平总体偏低，宜耕后备土地资源开发殆尽。相较而言，在快速城镇化进程中逐渐出现了人地分离和农村空心化等现象，而我国空心村空废闲置土地、农村工矿废弃地等低效建设用地的潜力较大。据测算，在今后 15～20 年内，东北地区仍有潜力发展灌溉的面积为 300 万 $hm^2$，其可相应地增加粮食生产能力（彭祥，2008）。同时还可在长江中下游沿岸地区以及四川盆地，利用周边山区丰富的水资源进一步发展灌溉，以提高南方粮食自给能力；在黄淮海平原可通过大中型灌区续建配套和节水改造来逐步改善当地农业生产的条件，使我国粮食产量得到进一步提高。

### 8.3.4 促进农业产业的融合发展

现代农业产业发展除具有产品供给、市场要素、创造财富等传统功能外，还需要具有生态保护、观光休闲、文化传承、能源代替、社会保障等多种功能。对农业功能的拓展和对农业内涵的再认识成为现代农业发展中的一个突出现象。农业一、二、三产业融合以农业为基本依托，通过产业联动、产业集聚、技术渗透、体制创新等方式，将资本、技术以及资源要素进行跨界集约化配置，使农业生产、农产品加工及农产品市场服务业有机地整合在一起，创新生产方式、经营方式和资源利用方式，最终实现农业产业链延伸、产业范围扩展和农民收入增加。通过产业融合等方式能够使传统产业转型升级、产业链延长、产品提质增值、消费群体与劳动力吸引力提升，达到产业振兴与乡村振兴的目的，同时农业产业在生产、消费、循环过程中应实现“水-土地-粮食”复合系统中各要素的协同与生态环境友好。

借助农业的多功能性可以促进多种模式的农业产业融合发展。将传统的农业生产与旅游、文化结合，从而减少农业用水污染，培育优质绿色农产品，改善乡村居住环境，提炼文化底蕴。在保障水资源、土地资源和粮食生产的安全时，要不断推进休闲农业与乡村旅游理念升级、业态升级、硬件升级、文化升级、服务升级、标准升级、规模升级，最终实现加大美丽乡村建设、促进农民就业增收、传承中华优秀传统文化、满足居民休闲消费、提升区域粮食安全的保障能力的目标。

循环型产业融合模式以农业部门为核心，通过控制水资源使用效率与循环水使用情况、实施耕地休耕轮作制度来保障农田可持续发展，从而打造出"种＋养＋加工与节水＋节能＋提粮效"的循环型产业融合模式。立足区域农业资源优势，培育符合区域水资源、耕地资源配置水平的可循环农业产业，坚持"生态化、减量化、资源化、高值化"原则，实现农业废弃物的资源化的高效综合利用、水土资源的合理保障、生物灾害绿色的防控建设。要想打造现代生态循环农业新技术和新模式，强化区域生态循环农业建设，就要通过推广先进的清洁化生产和绿色防控等农业生产技术来引领农业产业的节本增效和绿色低碳发展。

智慧农业是传统农业向现代农业升级过程中的重要实现手段。其以保障粮食安全与提升农产品市场竞争力为核心。一是深入实施"互联网＋现代农业"行动。①通过跨部门之间的合作将物联网、大数据、云计算、移动互联网等现代信息技术应用于农业生产、经营管理、农产品流通、农业服务等领域；②通过水资源、土地资源和粮食生产的相关管理部门在大数据应用中的具体合作来确保在大田种植、设施园艺、畜禽养殖、水产养殖等领域实现水资源合理化利用、耕地保护利用、可控制化投入与农产品高质高效产出，并实现追责模式，确保区域粮食安全的新型产业融合模式。二是，大力发展农业新型业态。①充分利用当地光温水土资源优势，发展农村新型创意业态，包括休闲观光、体验农业、养生养老、创意农业等旅游业态；优质林果、设施蔬菜、草食畜牧、中药材种植等特色业态；农村电商、农产品定制等"互联网＋"新业态。②通过农产品精深加工、冷链物流体系建设、优势产区批发市场建设等方式，实现农业与市场流通、存储的有机衔接，构建第一、二产业与第三产业间的联系纽带，促进"加工业＋服务业”、“农业+加工业+服务业”融合，实现农业一、二、三产业融合发展。

### 8.3.5 明确利益相关者的责任

利益相关者（Stakeholder）是指组织在外部环境中受组织决策和行动影响的任何相关者。水资源和土地资源具有准公共物品的属性，在开发利用过程中会产生外部性，这就会导致各利益相关者之间的博弈，必须通过政府的干预，才能达到利益均衡和生态平衡。在“水-土地-粮食”复合系统中各要素使用和生产的过程中，利益相关者主要涉及中央政府、地方政府和公众，而充分考虑利益主体的需求、协调三者之间的关系，是实现“水-土地-粮食”复合系统有序性演化的有效路径之一。《中华人民共和国水法》规定，“水资源属于国家所有”“县级以上人民政府应当加强水利基础设施建设，并将其纳入本级国民经济和社会发展计划”“县级以上地方人民政府水行政主管部门按照规定的权限，负责本行政区域内水资源的统一管理和监督工作”。《中华人民共和国土地管理法》规定，“中华人民共和国实行土地的社会主义公有制，即全民所有制和劳动群众集体所有制”“各级人民政府应当采取措施，全面规划，严格管理，保护、开发土地资源，制止非法占用土地的行为”“国务院授权的机构对省、自治区、直辖市人民政府以及国务院确定的城市人民政府土地利用和土地管理情况进行督察”。《中华人民共和国粮食安全保障法》规定，“国家建立粮食安全责任制，实行粮食安全党政同责。县级以上地方人民政府应当承担保障本行政区域粮食安全的具体责任”。可见，政府部门向公众提供水资源、土地资源等公共产品，包括建设用于防洪、灌溉、耕种、安全饮水等的基础设施，统筹安排生态、农业、城镇等功能空间，满足用地合理需求，保障国家粮食安全，并在水土保持、水污染防治、耕地保护和水土生态环境保护等方面采取措施，给社会公众提供和谐的生活生产环境。公众是间接受益人或直接履行者。

农业生态补偿作为一种保护农业生态环境和资源合理利用的政策手段，类似于世界贸易组织（WTO）农业补贴政策的“绿箱”政策，是依靠政府机构推动的，运用行政、法律、经济手段和技术及市场措施，对保护农业生态环境和改善农业生态系统而牺牲自身利益的个人或组织进行补偿的一种制度安排。其在指导农业生产中遵循“谁保护、谁受益”的原则。农业实践或其他工业活动可能会对农业水土资源状态和功能造成不同程度的影响。产生负外部性的主体没有明确的动机来保护环境，以直接补贴或间接支持的手段，激励相关主体改进其生产实践的行为，相当于一种为鼓励农业可持续发展而购买理想环境产品和服务的机制。在“水-土地-粮食”复合系统的协同发展推进过程中，需要政府和公众之间形成共享共建机制，各级经济主体在不同利益之间进行选择并相互博弈，明确利益相关者的责任，综合考虑诉求，共同参与治理。例如，流域生态补偿机制有助于调整流域内各相关利益主体的环境及经济行为、激励流域范围内的生态环境保护和建设，有效缓解流域生态服务供给和需求之间的矛盾，促进流域上下游协调可持续发展。由于下游地区对上游来水的水质、水量要求较高，上游地区维护流域水质安全的压力变大，如果严格执行资源节约和环保准入门槛则需要放弃诸多发展机会，而下游地区在享受了资源供给利益的同时却没有承担起相应的责任。因此，迫切需要建立起一个切实有效调整利益相关方关系的机制体制，从而实现上下游区域联动、共同发展的格局（王军锋等，2013）。

耕地资源承担着重要职能，是国家粮食安全和生态安全的重要保障。由于耕地资源属于公共产品，具有特殊性，必须依靠政府中介进行协商，通过相关制度的安排，才能调整相关者直接的经济利益关系，激励供给者供给、限制过度使用和解决拥挤和搭便车现象，从而实现生态效益与经济效益的“双赢”目标。那么要想解决资源的供给不足问题，就需要依据耕地资源保护相关利益主体之间博弈协商的过程，就要依托政府中介的耕地资源生态补偿（马爱慧等，2012）。

粮食主产区作为保障国家粮食安全的主要区域，发挥了稳定全国粮食大局的主力作用、保证粮食供给的主体作用和做大做强粮食产业的主导作用。党的二十大强调，要健全种粮农民收益保障机制和主产区利益补偿机制，并强调要建立生态产品价值实现机制，完善生态保护补偿制度。要想综合破解粮食主产区面临的农业资源约束和环境压力困境，就需要加强粮食主产区农业生态补偿，从根本上打破区位锁定和产业低端锁定效应，解决利益流失、分配失衡的“分工障碍”和“逆向调节”等问题。这有利于破解农业生产生态功能的内在悖论、政府市场的双重失灵，激发农业资源保护和生态建设的“生态自觉”，促进粮食安全保障与资源利用相互协调。通过农业资源环境的可持续利用来实现对国家粮食安全的可持续保障（陈明星等，2023）。

### 8.3.6 建立综合管理体制的保障体系

管理制度、管理体制的实施对提高农业资源配置效率具有重要作用。我国农业资源管理机构相对分散、管理法规相对薄弱、管理手段相对乏力，这均会制约农业资源的高效利用和有效保护。水土资源的广泛分布性和流动性会导致资源可控性差、管理成本较高，这也是造成农业资源浪费严重的主要原因之一。根据市场经济和水土资源特点，建立与之相适应的农业资源管理体制和运行机制，加强国家宏观调控，强化资源综合管理和综合立法，均对提高水土资源承载力和保障人口的食物安全具有重大意义。因此，需要争取在不损害重要生态系统可持续性的条件下，以公平的方式促进水资源、土地资源及相关资源的协调开发和管理，以使经济和社会福利最大化（蒲朝勇，2023）。

我国要不断坚持问题导向、目标导向和效用导向，构建更加成熟、定型的“水-土地-粮食”复合系统的协同发展政策体系，加强新时代水土资源利用和粮食安全保障的有效管理体制。①产权管理。一般而言，在私有产权制度下，自然资源市场容易形成。在没有政府的干预下，自然资源可以得到有效的配置。而在公有产权制度下，如果没有政府的干预，资源是不可能得到有效利用的，因为资源市场难以形成，即使形成也难有效地运行（罗其友等，2001）。各种产权的形成有一个演变的过程，并同各种自然资源所具有的特殊性相关，产权形式对资源利用效率影响很大。要想理顺水土资源的权属关系就必须避免资源产权主体缺位。在自然资源资产全民所有的基础上，根据自然资源资产的具体类型、公共品的属性健全产权制度的设计，这能够有效抑制在资源配置上的短期行为和低效。②价格管理。资源价格是资源配置市场化的基础和前提，是农业资源高效持续利用管理和粮食安全保障的有效经济杠杆，是进行资源核算及将其纳入国民经济核算体系的关键。通过资源资产价值的核算、资产债表的编制和应用，可以量化自然资源资产，通过存量、消耗、结余（正或负）可以衡量自然资源资产的变化。建立合理的资源价格体系，可以促进水资源、土地资源和粮食资源的高效利用，可以在经济与环境决策中提供科学依据和促进转变经济发展方式，这对推动资源节约型和环境友好型社会的建设，以及推进国家治理体系的现代化等具有重要意义（谢花林等，2017）。③综合管理。资源综合管理的实现以及其利用效率的提高有赖于相应法律法规体系的建立与完善。因此，我国还应加强相关水土资源和粮食安全政策和综合管理法规的建设，应确立合理开发利用、节约和保护资源的基本国策，应坚持走持续高效利用农业资源的道路，应不断强化农业资源综合管理和加强农业资源综合立法。

## 8.4 本章小节

根据前期的研究成果，本章总结了"水-土地-粮食"多元关联所面临的挑战以及其发展机制，理顺各因素之间的复杂关系，并在此基础之上结合宏观角度与中微观角度讨论"水-土地-粮食"复合系统协同发展的路径选择。

"水-土地-粮食"复合系统中各要素空间不匹配、"水-土地-粮食"复合系统的各子系统间综合发展水平不协同、综合投入产出效率与技术进步水平待提升、相关管理部门屏障待突破、生产政策扶持待加强以及保障工程措施待巩固是当前"水-土地-粮食"多元关联所面临的主要挑战。将可持续发展指标体系中的"压力-状态-响应"概念框架纳入其中，首先从造成水土资源供需与粮食生产间不平衡、分配不合理问题的“压力”入手，然后通过建立复合系统的动态模拟模型，分析区域“水-土地-粮食”复合系统所处的“状态”和整个经济社会生态大系统中“水-土地-粮食”复合系统的演变规律，最后给出“水-土地-粮食”复合系统优化配置的方案（即“响应”），建立“水-土地-粮食”多元关联的发展机制及优化配置模型结构关系。在此基础上，提出中国“水-土地-粮食”复合系统协同发展的路径选择：加强绿色发展理念的引导和塑造，以绿色发展意识为导向；提高科学技术创新的驱动力量，推进资源循环发展；加强区域协同战略的建设，分区分类推进农业水土资源可持续利用政策实施与保障国家粮食安全；实现各要素的协同与生态环境友好，多措并举促进农业产业融合，赋能乡村全面振兴；明确利益相关者的责任，综合考虑其诉求，实施共同参与管理策略；完善农业资源管理制度，建立综合管理体制保障体系。

# 结　　论

本研究基于资源配置理论、区域经济学理论、可持续发展理论、系统性理论、耦合协调理论，结合水资源数据、耕地资源数据、粮食生产数据、社会经济数据、生态环境数据和遥感监测数据等，综合运用 RS/GIS 技术、DEA 模型、LMDI 模型、耦合协调模型、空间分析模型、障碍诊断模型、地理探测器等方法，以“水-土地-粮食”多元关联性视角，剖析水资源、土地资源和粮食生产三个单一对象的相关要素的演变和分布特征，分析水土资源利用效率和粮食生产效率，从水资源利用分解因素视角和耕地利用分解因素视角对粮食总产量变化量的影响效应进行分解，对“水-土地-粮食”复合系统的耦合协调发展水平进行测度和评价，并识别其主要内部障碍因子和外部驱动因子，为促进资源协同发展和保障国家粮食安全提供支撑和参考。

## 9.1 主要结论

（1）阐明了水资源、土地资源和粮食生产三个单一对象的相关要素的演变特征

水资源总量呈波动上升趋势，用水结构逐渐合理，耕地数量呈缓慢下降的趋势，主粮地位日益受到重视。水资源和土地资源不均衡分布的空间格局依然延续，在干旱和半干旱区，粮食生产依赖于灌溉；不同省份间水资源利用、土地资源利用与粮食生产存在空间错位现象。栅格尺度下，农

田生态系统中水资源的利用效率有待提高，2005—2020 年水田改旱地面积、旱地改水田面积、新增耕地面积和减少耕地面积均大规模增加，一系列种植技术的改变、可持续发展模式的应用等整体上对粮食潜在生产力产生积极的影响。

（2）测度了水土资源利用效率和粮食生产效率

各地区水土资源利用效率波动较大，水土资源利用整体效率年均变化率为－0.031 5～0.014 4，水土资源利用开发效率年均变化率为－0.015 6～0.032 7，经济效益转化效率年均变化率为－0.052 6～0.016 4，近半数省份的水土资源利用属于高开发—低经济效益转化类型，主要分布在西南和西北地区，提高经济效益转化效率正成为促进中国水土资源利用效率提高的关键环节。2005—2020 年中国粮食生产综合效率为 DEA 有效的地区数量呈上升态势，平均纯技术效率总是低于平均规模效率。研究期内，除 2008—2009 年和 2013—2014 年两个时间段外，其他时间段中国粮食生产的全要素生产率变化指数均处于上升状态。从不同地区的粮食生产的全要素生产率变化指数及其内部构成来看，技术效率变化指数的空间差异明显，技术进步变化指数整体有所提升，大部分地区全要素生产率变化指数的皆有所提升。一半以上地区的粮食生产效率演变类型的综合提升类型，粮食生产效率演变类型是技术进步提升类型的地区主要分布于东部沿海地区，粮食生产效率演变类型为下降型的地区主要分布于西南地区。

（3）解析了水资源利用分解因素和耕地资源利用分解因素对粮食总产量变化量的影响效应

在水资源利用分解因素的视角下，灌溉产值效应是影响中国粮食总产量变化量的主导因素，贡献率的累积达 64.57％，人口规模效应也起到一定程度的正向作用，而用水结构效应和人均用水效应则为负向作用。发展农业高效节水灌溉技术、优化田间作物管理措施、提高单位耗水产粮量是实现粮食增产的主要路径。在耕地资源利用分解因素的视角下，耕地面积效应对中国粮食总产量变化量起负向作用，粮食单产效应、粮作比例效应和复种指数效应均为正向作用，其贡献率的累积分别为 46.12％、6.69％

和 32.05%。在保障耕地面积的同时，若想提高粮食总产量则中国未来需要进一步提升粮食生产效率。从粮食作物的分类来看，单产效应和种植结构效应对粮食作物产量变化量的贡献量在中国各类粮食作物间存在较大差异，而粮作比例效应、复种指数效应和耕地面积效应对粮食作物产量变化量的贡献量的变化规律在中国各类粮食作物间基本相似。不同分类粮食作物的总效应在近年来均表现为正值，说明随着中国生产效率和科学技术水平的提高，不同粮食作物均表现出增产。

（4）构建了“水-土地-粮食”复合系统的耦合协调发展综合评价指标体系

基于可持续发展理论和系统性理论，从经济、社会和生态各方面对“水-土地-粮食”复合系统中的重要因素及其反馈关系进行梳理，提炼出能表征“水-土地-粮食”复合系统的综合发展水平及其耦合协调关系的 24 项指标，搭建复合系统的耦合协调发展综合评价指标体系，提出子系统综合发展水平、复合系统综合发展水平的测算方法和复合系统的耦合协调发展水平的测算方法。综合来看，2005—2020 年中国 31 个省份水资源子系统的综合发展指数年均值为 0.245～0.632，土地资源子系统的综合发展指数年均值为 0.203～0.418，粮食生产子系统的综合发展指数年均值为 0.339～0.597。土地资源子系统的综合发展水平滞后于水资源子系统的综合发展水平和粮食生产子系统的综合发展水平，中国“水-土地-粮食”复合系统的综合发展水平呈上升趋势。水资源、土地资源和粮食资源都相对丰富的地区其“水-土地-粮食”复合系统的综合发展水平较高，水土资源相对薄弱的地区该复合系统的综合发展水平较低。

（5）揭示了复合系统耦合协调发展水平的时空特征并识别了其主要障碍因子

2005—2020 年中国 31 个省份“水-土地-粮食”复合系统的耦合协调水平为 0.538～0.754，涉及的阶段和类型包括过渡调和阶段的勉强耦合协调类型和协调发展阶段的初级耦合协调类型和中级耦合协调类型，各地区该复合系统的耦合协调度均表现为波动上升。通过有序推进资源的利用和粮食生产综合发展水平的提升可以有效实现中国“水-土地-粮食”复合系统的耦合协调发展。复合系统的耦合协调水平具有显著的空间正相关关系，且呈递增趋势。局部空间关联为高-高类型的地区主要集中在东部沿海地区，为低-低类型的地区主要分布在中部和西部地区。影响中国“水-土地-粮食”复合系统耦合协调发展水平的主要障碍因子包括农村居民人均可支配收入、人均粮食产量和水土流失治理率。近年来生态环境的负面影响也逐步显现。人均GDP、农林财政支出、专利授权数和产业集聚度作为中国“水-土地-粮食”复合系统耦合协调发展水平的主要外部驱动因子，随着时间的推移其解释力均有所提高，各外部驱动因子两两之间的交互作用关系主要表现为双因子增强和非线性增强。

（6）提出了“水-土地-粮食”复合系统协同发展的实现机制

基于“水-土地-粮食”多元关联的核心内涵和影响因素研究，阐述了“水-土地-粮食”多元关联的发展机制与路径选择。当前“水-土地-粮食”多元关联可能面临六个方面的挑战，包括“水-土地-粮食”复合系统中各要素空间不匹配、“水-土地-粮食”复合的各子系统间综合发展水平不协同、综合投入产出效率与技术进步水平待提升、相关管理部门屏障待突破、生产政策扶持待加强以及保障工程措施待巩固。从“压力-状态-响应”概念框架入手，分析“水-土地-粮食”多元关联的机制，并在此基础上，提出中国“水-土地-粮食”复合系统协同发展的六类路径，包括加强绿色发展理念的引导、提高科学技术创新的驱动力量、加强区域协同战略的建设、促进农业产业的融合发展、明确利益相关者的责任和建立综合管理体制的保障体系。

## 9.2 研究展望

在粮食生产过程中主要会消耗土地资源和水资源。我国人多地少水缺，水土资源的地域配置又很不均匀，从资源高效利用的角度出发，结合不同地区禀赋条件，调整现有的发展模式就显得尤为重要。严守保障粮食安全的农业用水红线和耕地红线，进一步加强省际合作，实现区域间的资源共享和优势互补，既可以促进区域比较优势的发挥，又能够引导区域农业经济空间发展的合理化。有关“水-土地-粮食”多元关联性的综合研究是一项复杂的科学工作，涉及相互交叉的多学科领域，同时又涵盖多研究尺度以及时间和空间上的分离与结合。本研究通过构建理论框架，运用多源数据和多种模型方法，在水资源、土地资源和粮食生产三个单一对象的相关要素的演变特征、水土资源利用效率与粮食生产效率的分析、水资源利用分解因素和耕地资源利用分解因素对粮食总产量产生的影响效应、“水-土地-粮食”复合系统的耦合协调发展评价及其内部障碍因子和外部驱动因子的诊断等方面虽然取得了一定的研究进展，但受限于作者自身能力以及客观条件，仍然存在一些方面的不足，在此对本研究进行展望。

水资源、土地资源和粮食生产相互依存、相互制约和相互影响，存在复杂的因果联系和作用机理。目前本书对三者关系的依存程度、协同程度、风险程度、压力系数等内容的分析还有所欠缺，而水安全、土地安全和粮食安全同样具有重要的研究意义，今后研究需要切换角度，深入剖析其理论和实践价值。

由于“水-土地-粮食”复合系统的耦合协调发展综合评价指标体系在构建时，考虑的是在宏观、中观尺度下评价的要素和重点，以及指标数据的可获取性和易量化性，所以对评估框架的适用性有待进一步验证。由于无法运用调研数据，所以对在微观尺度下的复合系统耦合协调发展的评估有待进一步深入研究。另外，随着机器学习方法的快速发展，运用神经网络等方法对“水-土地-粮食”复合系统耦合协调发展的未来情景进行模拟预测也是今后的研究方向。

虽然尝试结合宏观区域性政策从“水-土地-粮食”多元关联的层面构建发展机制和路径选择，但其仍具有拓展性，未来可以尝试结合在各类时代背景下的粮食安全需求、国际粮食竞争力、技术水平差异、土地资源利用效率、节水灌溉技术等对其进行详尽的讨论，给出具体、深入的任务性政策方案与执行办法等，加强分析深度，不断丰富研究内容。

# 参 考 文 献


白玮，邱爱军，张秋平，郝晋珉，2010. 黄淮海地区水土资源粮食安全价值核算［J］. 中国人口·资源与环境，20（1）：66－70.

蔡运龙，2020. 生态问题的社会经济检视［J］. 地球科学进展，35（7）：742－749.

常远，夏朋，王建平，2016. 水-能源-粮食纽带关系概述及对我国的启示［J］. 水利发展研究，16（5）：67－70.

陈百明，2002. 区域土地可持续利用指标体系框架的构建与评价［J］. 地理科学进展，21（3）：204－215.

陈浩，2019. 江西省能源利用现状与能源效率影响因素研究［D］. 南昌：南昌大学.

陈红，史云扬，柯新利，郝晋珉，陈爱琪，2019. 生态与经济协调目标下的郑州市土地利用空间优化配置［J］. 资源科学，41（4）：717－728.

陈慧，冯利华，董建博，2010. 非洲水资源承载力及其可持续利用［J］. 水资源与水工程学报，21（2）：49－52.

陈婧，史培军，2005. 土地利用功能分类探讨［J］. 北京师范大学学报（自然科学版），41（5）：536－540.

陈凯华，官建成，2011. 共享投入型关联两阶段生产系统的网络 DEA 效率测度与分解［J］. 系统工程理论与实践，31（7）：1211－1221.

陈明星，张淞杰，2023. 粮食主产区农业生态补偿困境及破解路径［J］. 区域经济评论（3）：111－117.

陈琼，秦静，孙国兴，李瑾，2016. 天津农业资源可持续利用综合评价分析［J］. 湖北农业科学，55（6）：1623－1628.

陈秧分，王介勇，2021. 对外开放背景下中国粮食安全形势研判与战略选择［J］. 自然资源学报，36（6）：1616－1630.

陈秧分，王介勇，张凤荣，刘彦随，成升魁，朱晶，司伟，樊胜根，顾善松，胡冰川，李先德，于晓华，2021. 全球化与粮食安全新格局［J］. 自然资源学报，36（6）：

1362-1380.
陈逸，陈志刚，周艳，黄贤金，2017. 江苏省地级市建设用地利用效率的区域差异与优化配置 [J]. 经济地理，37 (6)：171-176，205.
陈茵茵，2008. 土地资源配置中政府干预与市场机制研究 [J]. 中国土地科学，120 (3)：20-27.
陈印军，向雁，金轲，2019. 论耕地质量红线 [J]. 中国农业资源与区划，40 (3)：6-9.
陈印军，易小燕，方琳娜，杨瑞珍，2016. 中国耕地资源与粮食增产潜力分析 [J]. 中国农业科学，49 (6)：1117-1131.
成琨，2015. 基于复杂适应系统理论的区域水土资源优化配置与粮食安全风险分析 [D]. 哈尔滨：东北农业大学.
程叶青，2004. 农业资源可持续利用综合评价模型 [J]. 辽宁农业科学，2：7-9.
崔和瑞，2004. 基于循环经济理论的区域农业可持续发展模式研究 [J]. 农业现代化研究，25 (2)：94-98.
邓鹏，陈菁，陈丹，施红怡，毕博，刘志，尹越，操信春，2017. 区域水-能源-粮食耦合协调演化特征研究：以江苏省为例 [J]. 水资源与水工程学报，28 (6)：232-238.
邓时琴，1986. 关于修改和补充我国土壤质地分类系统的建议 [J]. 土壤，18 (6)：26-33.
杜捷，2020. 农业水土资源利用评价与均衡优化调控研究 [D]. 北京：北京林业大学.
段妍磊，2016. 河北省农业可持续发展指标体系分析 [J]. 中国农业资源与区划，37 (6)：169-173，183.
樊慧丽，付文阁，2020. 水足迹视角下我国农业水土资源匹配及农业经济增长：以长江经济带为例 [J]. 中国农业资源与区划，41 (10)：198-208.
樊杰，2009. 国家汶川地震灾后重建规划资源环境承载能力评价 [M]. 北京：科学出版社.
冯保清，2013. 我国不同尺度灌溉用水效率评价与管理研究 [D]. 北京：中国水利水电科学研究院.
付湘，陆帆，胡铁松，2016. 利益相关者的水资源配置博弈 [J]. 水利学报，47 (1)：38-43.
高芸，齐学斌，李平，梁志杰，张彦，2021. 黄河流域农业水土资源时空匹配特征分析 [J]. 灌溉排水学报，40 (6)：113-118.

耿庆玲，2014. 西北旱区农业水土资源利用分区及其匹配特征研究［D］. 北京：中国科学院研究生院.

龚斌磊，张书睿，王硕，袁菱苒，2020. 新中国成立 70 年农业技术进步研究综述［J］. 农业经济问题（6）：11 - 29.

郭冬艳，2022. 京津冀土地生态安全与经济高质量发展耦合协调研究［D］. 长春：吉林大学.

郭艳，2016. 面向生态系统服务的水土资源优化配置研究［D］. 郑州：郑州大学.

郭志一，2023. 新时代中国共产党保障粮食安全研究（2012—2022）［D］. 长春：吉林大学.

韩长赋，2014. 全面实施新形势下国家粮食安全战略［J］. 求是，632（19）：27 - 30.

何可，宋洪远，2021. 资源环境约束下的中国粮食安全：内涵、挑战与政策取向［J］. 南京农业大学学报（社会科学版），21（3）：45 - 57.

何理，王喻宣，尹方平，管延龙，2020. 全球气候变化影响下中亚水土资源与农业发展多元匹配特征研究［J］. 中国科学：地球科学，50（9）：1268 - 1279.

侯佳，赵静，刘亚，2020. 基于乡村振兴的河北省农业资源可持续利用评价［J］. 中国农业资源与区划，41（3）：243 - 251.

黄峰，李保国，2009. 中国广义农业水资源和水土资源匹配［C］//中国水利学会水资源专业委员会学术年会论文集，334 - 339.

黄克威，袁鹏，刘刚，2015. 基于 DEA 的四川省水土资源匹配研究［J］. 中国农村水利水电，10：58 - 61，65.

贾绍凤，吕爱锋，韩雁，2014. 中国水资源安全报告［M］. 北京：科学出版社.

姜秋香，付强，王子龙，2011a. 基于粒子群优化投影寻踪模型的区域土地资源承载力综合评价［J］. 农业工程学报，27（11）：319 - 324.

姜秋香，付强，王子龙，姜宁，2011b. 三江平原水土资源空间匹配格局［J］. 自然资源学报，26（2）：270 - 277.

姜秋香，赵蚰竹，王子龙，付强，王天，董玉洁，2018. 基于两阶段模型的水土资源利用效率评价［J］. 水利水电技术，49（12）：36 - 42.

姜文来，雷波，唐曲，2005. 水资源管理学及其研究进展［J］. 资源科学，27（1）：153 - 157.

姜文来，罗其友，2000. 区域农业资源可持续利用系统评价模型［J］. 经济地理，3：78 - 81.

金涛，2014. 中国粮食生产时空变化及其耕地利用效应［J］. 自然资源学报，29（6）：911-919.
康绍忠，1896. 计算与预报农田蒸散量的数学模型研究［J］. 西北农林科技大学学报（自然科学版），14（1）：90-101.
康绍忠，2014. 水安全与粮食安全［J］. 中国生态农业学报，22（8）：880-885.
孔巍，王秀清，李晶宜，刘新录，2012. 高产创建项目技术效率分析［J］. 中国农业资源与区划，33（2）：34-39.
赖斯芸，杜鹏飞，陈吉宁，2004. 基于单元分析的非点源污染调查评估方法［J］. 清华大学学报（自然科学版）（9）：1184-1187.
蓝希，2020. 基于资源价值核算的武汉市土地可持续利用研究［D］. 武汉：中国地质大学.
李波，张俊飚，李海鹏，2011. 中国农业碳排放时空特征及影响因素分解［J］. 中国人口·资源与环境，21（8）：80-86.
李长松，周霞，周玉玺，2022. 黄河下游水土匹配系数与粮食生产协调发展测度及影响因素［J］. 经济地理，42（10）：177-185.
李桂君，李玉龙，贾晓菁，杜磊，黄道涵，2016. 北京市水-能源-粮食可持续发展系统动力学模型构建与仿真［J］. 管理评论，2016，28（10）：11-26.
李辉，王良健，2015. 土地资源配置的效率损失与优化途径［J］. 中国土地科学，29（7）：63-72.
李良，毕军，周元春，刘苗苗，2018. 基于粮食-能源-水关联关系的风险管控研究进展［J］. 中国人口·资源与环境，28（7）：85-92.
李团胜，张艳，闫颖，吴浩浩，康欢欢，赵宏志，史小惠，2012. 基于农用地分等成果的陕西周至县耕地粮食生产能力测算［J］. 农业工程学报，28（15）：193-198.
李晓燕，郝晋珉，陈爱琪，2020. 山东省农业水土资源时空匹配格局及评价研究［J］. 中国农业大学学报，25（11）：1-11.
李秀花，吴纯渊，2022. 中国西北五省区水资源利用的协调性分析［J］. 干旱区地理，45（1）：9-16.
李秀霞，徐龙，江恩赐，2013. 基于系统动力学的土地利用结构多目标优化［J］. 农业工程学报，29（16）：247-254，294.
李雪萍，2002. 国内外水资源配置研究概述［J］. 海河水利，5：13-15.
李宗善，杨磊，王国梁，候建，信忠保，刘国华，傅伯杰，2019. 黄土高原水土流失治理现状、问题及对策［J］. 生态学报，39（20）：7398-7409.

刘欢，张荣群，郝晋民，艾东，2012. 基于半方差函数的银川平原土地利用强度图谱分析 [J]. 农业工程学报，28 (23)：225 - 231.

刘军，2012. 湖南省农业资源利用综合评价研究 [J]. 中国人口·资源与环境，22 (6)：96 - 102.

刘俊，但文红，程东亚，王蓉，2020. 云南省农业可持续发展评价及其子系统耦合协调性关系研究 [J]. 生态经济，36 (4)：107 - 115.

刘洛，徐新良，刘纪远，陈曦，宁佳，2014. 1990—2010 年中国耕地变化对粮食生产潜力的影响 [J]. 地理学报，69 (12)：1767 - 1778.

刘宁，2010. 我国不同类型地区现代林业的差别性政策研究 [D]. 北京：中国林业科学研究院.

刘启航，黄昌，2020. 西北内陆区水量平衡要素时空分析 [J]. 资源科学，42 (6)：1175 - 1187.

刘彦随，1999. 区域土地利用优化配置 [M]. 北京：北京学苑出版社.

刘彦随，陈百明，2002. 中国可持续发展问题与土地利用/覆被变化研究 [J]. 地理研究，21 (3)：324 - 330.

刘彦随，甘红，张富刚，2006. 中国东北地区农业水土资源匹配格局 [J]. 地理学报，8：847 - 854.

刘彦随，王介勇，郭丽英，2009. 中国粮食生产与耕地变化的时空动态 [J]. 中国农业科学，42 (12)：4269 - 4274.

刘玉，高秉博，潘瑜春，任旭红，2013. 基于 LMDI 模型的黄淮海地区县域粮食生产影响因素分解 [J]. 农业工程学报，29 (21)：1 - 10.

刘治彦，2018. 新时代中国可持续发展战略论纲 [J]. 改革 (8)：25 - 34.

卢新海，柯楠，匡兵，2020. 中国粮食生产能力的区域差异和影响因素 [J]. 中国土地科学，34 (8)：53 - 62.

罗慧，2022. 中国粮食生产技术进步路径研究 [D]. 北京：中国农业科学院.

罗其友，唐华俊，姜文来，2001. 农业水土资源高效持续配置战略 [J]. 资源科学 (2)：42 - 45，57.

罗其友，唐曲，刘洋，高明杰，马力阳，2017. 中国农业可持续发展评价指标体系构建及研究 [J]. 中国农学通报，33 (27)：158 - 164.

罗翔，曾菊新，朱媛媛，张路，2016. 谁来养活中国：耕地压力在粮食安全中的作用及解释 [J]. 地理研究，35 (12)：2216 - 2226.

马爱慧，蔡银莺，张安录，2012. 耕地生态补偿相关利益群体博弈分析与解决路径［J］. 中国人口·资源与环境，22（7）：114-119.

马慧敏，武鹏林，2014. 基于基尼系数的山西省水资源空间匹配度分析［J］. 人民黄河. 36（11）：58-61.

马世发，何建华，俞艳，2010. 基于粒子群算法的城镇土地利用空间优化模型［J］. 农业工程学报，26（9）：321-326.

马文杰，2006. 我国粮食综合生产能力研究［D］. 武汉：华中农业大学.

南锡康，赵华甫，吴克宁，曹琳，2018. 基于遥感蒸散数据的农田灌溉水平评价和设施建设分区研究［J］. 中国农业资源与区划，39（7）：29-37.

潘宜，佀小伟，金苗，杨柳，2010. 城市化进程中水土资源系统耦合配置研究［J］. 水土保持通报，30（5）：216-220.

彭少明，郑小康，王煜，蒋桂芹，2017. 黄河流域水资源-能源-粮食的协同优化［J］. 水科学进展，28（5）：681-690.

彭祥，2008. 我国宏观与区域发展战略对水资源配置的影响研究［J］. 中国水利，（13）：23-26.

彭玉玲，徐学娴，隗剑秋，刘斐旸，秦文杰，夏钰，2021. 老挝凯山丰威汉市土地资源的空间优化配置［J］. 水土保持通报，41（5）：160-165，373.

蒲朝勇，2023. 以体制机制政策创新为抓手推进新阶段水土保持高质量发展的思考［J］. 中国水利，（10）：4-8.

齐学斌，黄仲冬，乔冬梅，张现超，李平，Andersen M N，2015. 灌区水资源合理配置研究进展［J］. 水科学进展，26（2）：287-295.

钱文荣，2001. 中国城市土地资源配置中的市场失灵、政府缺陷与用地规模过度扩张［J］. 经济地理，4：456-460.

乔家君，李小建，2005. 近50年来中国经济重心移动路径分析［J］. 地域研究与开发，24（1）：12-16.

邱化蛟，常欣，程序，朱万斌，2005. 农业可持续性评价指标体系的现状分析与构建［J］. 中国农业科学，4：736-745.

曲福田，2011. 土地经济学［M］. 北京：中国农业出版社.

阮芳丽，2022. 中国中心城市"经济-社会-资源-环境"系统的耦合协调研究［D］. 武汉：中国地质大学.

邵绘春，厉伟，诸培新，2009. 可持续发展观下的土地资源配置理论分析［J］. 生态经济，207（2）：112-115，130.

石培礼，耿守保，2018. 山地水土要素耦合效应及土地利用的优化配置［J］. 自然杂志，40（1）：25-32.

石晓平，曲福田，2003. 土地资源配置方式改革与公共政策转变［J］. 中国土地科学，17（6）：18-22.

侍翰生，程吉林，方红远，陆小伟，2013. 基于动态规划与模拟退火算法的河-湖-梯级泵站系统水资源优化配置研究［J］. 水利学报，44（1）：91-96.

宋松柏，蔡焕杰，徐良芳，2003. 水资源可持续利用指标体系及评价方法研究［J］. 水科学进展，14（5）：647-652.

宋小青，麻战洪，曾毅，刘冬荣，2007. 基于综合集成赋权法的建设用地集约利用时空评价［J］. 国土资源科技管理，24（3）：55-59.

宋耀辉，马惠兰，戴泉，2013. 塔吉克斯坦农业资源利用综合评价研［J］. 科技和产业，13（7）：13-17.

孙才志，阎晓东，2018. 中国水资源-能源-粮食耦合系统安全评价及空间关联分析［J］. 水资源保护，34（5）：1-8.

孙通，封志明，杨艳昭，2017. 2003—2013年中国县域单元粮食增产格局及贡献因素研究［J］. 自然资源学报，32（2）：177-185.

孙艳玲，黎明，2009. 基于数据包络分析的四川农业可持续发展研究［J］. 科技进步与对策，26（2）：34-37.

唐华俊，罗其友，毕于运，陈印军，姜文来，王东阳，1999. 我国农业水土资源可持续利用战略［J］. 中国农业资源与区划，20（1）：5-10.

田云，林子娟，2022. 中国省域农业碳排放效率与经济增长的耦合协调［J］. 中国人口·资源与环境，32（4）：13-22，29.

童芳，赵静，金菊良，董增川，2017. 区域水土资源联合优化配置理论框架体系探讨［J］. 人民黄河，39（7）：92-95.

万炜，邓静，王佳莹，刘忠，韩已文，郑曼迪，2020. 基于潜力衰减模型的东北-华北平原旱作区耕地生产力评价［J］. 农业工程学报，36（5）：270-280，336.

王博，2016. 论《国富论》对我国市场经济改革的启示［J］. 商场现代化，812（5）：242-243.

王凤娇，杨延征，上官周平，2015. 近30年西北地区耕地生产力动态演变及能力评价［J］. 干旱地区农业研究，33（3）：217-223.

王浩，2003. 黄淮海流域水资源合理配置［M］. 北京：科学出版社.

王浩，刘家宏，2016a. 国家水资源与经济社会系统协同配置探讨［J］. 中国水利，17：7-9.

王浩，游进军，2016b. 中国水资源配置30年［J］. 水利学报，47（3）：265-271，282.

王军锋，侯超波，2013. 中国流域生态补偿机制实施框架与补偿模式研究：基于补偿资金来源的视角［J］. 中国人口·资源与环境，23（2）：23-29.

王倩，栾福超，2020. 增产格局视角下粮食生产与水土资源配置的耦合协调关系分析：以三江平原为例［J］. 天津农业科学，26（5）：36-44.

王万茂，1996. 市场经济条件下土地资源配置的目标、原则和评价标准［J］. 资源科学，1：24-28.

王兴华，齐皓天，韩啸，徐雪高，2017. “一带一路”沿线国家粮食生产潜力研究：基于FAO—GAEZ模型［J］. 西北工业大学学报（社会科学版），37（3）：51-56.

文琦，刘彦随，2008. 北方干旱化对水土资源与粮食安全的影响及适应：以陕北地区为例［J］. 干旱区资源与环境，7：7-11.

吴殿廷，2015. 区域经济学［M］. 北京：科学出版社.

吴乐，孔德帅，李颖，靳乐山，2017. 地下水超采区农业生态补偿政策节水效果分析［J］. 干旱区资源与环境，31（3）：38-44.

吴全，2008. 内蒙古粮食生产能力与农业水土资源可持续利用评价研究［D］. 呼和浩特：内蒙古农业大学.

吴宇哲，鲍海君，2003. 区域基尼系数及其在区域水土资源匹配分析中的应用［J］. 水土保持学报.5：123-125.

吴郁玲，张佩，于亿亿，谢锐莹，2021. 粮食安全视角下中国耕地“非粮化”研究进展与展望［J］. 中国土地科学，35（9）：116-124.

伍国勇，张启楠，张凡凡，2019. 中国粮食生产效率测度及其空间溢出效应［J］. 经济地理，39（9）：207-212.

相慧，孔祥斌，武兆坤，史婧然，张青璞，2012. 中国粮食主产区耕地生产能力空间分布特征［J］. 农业工程学报，28（24）：235-244.

向雁，2020. 东北地区水—耕地—粮食关联研究［D］. 北京：中国农业科学院.

谢花林，舒成，2017. 自然资源资产管理体制研究现状与展望［J］. 环境保护，45（17）：12-17.

辛翔飞，王秀东，王济民，2021. 新时代下的中国粮食安全：意义、挑战和对策［J］. 中国农业资源与区划，42（3）：76－84.

徐建华，岳文泽，2001. 近20年来中国人口重心与经济重心的演变及其对比分析［J］. 地理科学，21（5）：385－389.

徐娜，张军，张仁陟，田丰，2020. 基于DEA的农业水土资源匹配特征研究：以甘肃省5流域为例［J］. 中国农业资源与区划，41（6）：277－285.

许长新，林剑婷，宋敏，2016. 水土匹配、空间效应及区域农业经济增长：基于中国2003—2013的经验分析［J］. 中国人口·资源与环境，26（7）：153－158.

许信旺，2005. 安徽省农业可持续发展能力评价与对策研究［J］. 农业经济问题，2：58－61.

闫慧敏，刘纪远，曹明奎，2007. 中国农田生产力变化的空间格局及地形控制作用［J］. 地理学报，62（2）：171－180.

杨灿，朱玉林，李明杰，2014. 洞庭湖平原区农业生态系统的能值分析与可持续发展［J］. 经济地理，34（12）：161－166.

杨贵羽，汪林，王浩，2010. 基于水土资源状况的中国粮食安全思考［J］. 农业工程学报，26（12）：1－5.

杨骞，王弘儒，秦文晋，2017. 中国农业面源污染的地区差异及分布动态：2001—2015［J］. 山东财经大学学报，29（5）：1－13.

杨婷婷，张雪妮，高翔，胡起源，王琦涵，伦飞，陈晓琳，2022. 中国粮食省份间流通及对虚拟水土资源的影响［J］. 草业科学，39（8）：1686－1697.

杨学利，2010. 基于可持续发展视角的中国粮食安全评价研究［D］. 长春：吉林大学.

杨洋，王颖，何春阳，黄庆旭，2020. 21世纪以来城市蔓延国际研究进展与趋势：基于CiteSpace的知识图谱分析［J］. 世界地理研究，29（4）：750－761.

杨宗辉，李金锴，韩晨雪，刘合光，2019. 我国粮食生产重心变迁及其影响因素研究［J］. 农业现代化研究，40（1）：36－43.

姚成胜，李政通，易行，2016. 中国粮食产量变化的驱动效应及其空间分异研究［J］. 中国人口·资源与环境，26（9）：72－81.

尹昌斌，2015. 生态文明型的农业可持续发展路径选择［J］. 中国农业资源与区划.36（1）：15－21.

尤祥瑜，谢新民，孙仕军，王浩，2004. 我国水资源配置模型研究现状与展望［J］. 中国水利水电科学研究院学报，2：131－140.

于伯华，吕昌河，2004. 基于DPSIR概念模型的农业可持续发展宏观分析［J］. 中国人口·资源与环境，5：70-74.
于法稳，2018. 新时代农业绿色发展动因、核心及对策研究［J］. 中国农村经济（5）：19-34.
于雯静，2011. 基于粮食安全的山东省水土资源可持续利用研究［J］. 安徽农业科学，39（33）：20583-20585.
袁久和，祁春节，2013. 基于熵值法的湖南省农业可持续发展能力动态评价［J］. 长江流域资源与环境，22（2）：152-157.
苑韶峰，吕军，2003. 人工神经网络在我国水科学中的应用与展望［J］. 农机化研究，4：5-8.
翟虎渠，2011. 关于中国粮食安全战略的思考［J］. 农业经济问题，32（9）：4-7，110.
战金艳，余瑞，石庆玲，2013. 基于农业生态地带模型的中国粮食产能动态评估［J］. 中国人口·资源与环境，23（10）：102-109.
张春琴，张国春，陈爱霞，2019. 水-土-作物系统的模糊随机优化配置研究［J］. 湖北农业科学，58（4）：82-87.
张丁轩，付梅臣，陶金，胡利哲，杨晓丽，2013. 基于CLUE-S模型的矿业城市土地利用变化情景模拟［J］. 农业工程学报，29（12）：246-256，294.
张洪芬，2019. 我国水、能源和粮食系统综合评价及耦合协调性分析［D］. 兰州：兰州大学.
张蛟龙，2021. 新冠疫情下的全球粮食安全：影响路径与应对战略［J］. 世界农业，4：4-12，111.
张立新，2018. 基于资源配置理论的城市土地合理利用研究［D］. 北京：中国农业大学.
张宁，杨肖，陈彤，2022. 中国西部地区水-能源-粮食系统耦合协调度的时空特征［J］. 中国环境科学，42（9）：4444-4456.
张青峰，张翔，田龙，2019. 区域农业水土资源利用分区指标体系建设方案：以西北旱区为例［J］. 中国农业资源与区划，37（9）：117-124.
张少杰，杨学利，2010. 基于可持续发展的中国粮食安全评价体系构建［J］. 理论与改革，172（2）：82-84.
张晓青，李玉江，2006. 山东省水土资源承载力空间结构研究［J］. 资源科学，28（2）：13-21.
张心竹，王鹤松，延昊，艾金龙，2021. 2001—2018年中国总初级生产力时空变化的遥感研究［J］. 生态学报，41（16）：6351-6362.

张茵，王婷，游进军，任政，2023. 全国水-社会经济耦合协调时空演变及其障碍因子分析［J］. 水利水电技术（中英文），54（1）：64－74.

张莹，2019. 挠力河流域耕地利用水土资源优化配置研究［D］. 沈阳：东北大学.

赵丹丹，刘春明，鲍丙飞，许波，2018. 农业可持续发展能力评价与子系统协调度分析——以我国粮食主产区为例［J］. 经济地理，38（4）：157－163.

赵自阳，李王成，张宇正，王霞，2017. 基于DPSIR模型的宁夏农业水土资源安全评价［J］. 浙江农业学报，29（8）：1336－1346.

郑久瑜，赵西宁，操信春，孙世坤，张丽丽，2015. 河套灌区农业水土资源时空匹配格局研究［J］. 水土保持研究，22（3）：132－136.

郑人瑞，唐金荣，金玺，2018. 水-能源-粮食纽带关系：地球科学的认知与解决方案［J］. 中国矿业，27（10）：39－44.

中国科学院地理研究所，1959. 中国地貌区划［M］. 北京：科学出版社.

周小萍，陈百明，周常萍，2004. 区域农业资源可持续利用模式及其评价研究［J］. 经济地理，1：85－90.

周兴河，2000. 中国农业可持续发展：目标、问题与对策［D］. 成都：西南财经大学.

朱传民，黄雅丹，双文元，2015. 耕地质量与粮食生产水平相关性分析：以江西省为例［J］. 中国农学通报，31（34）：253－256.

朱立志，2005. 中国农用水资源配置效率及承载力可持续性研究［J］. 农业经济问题，S1：106－114.

朱薇，周宏飞，李兰海，闫英杰，2020. 哈萨克斯坦农业水土资源承载力评价及其影响因素识别［J］. 干旱区研究，37（1）：254－263.

ADRIAANSE A，1993. Environmental policy performance indicators：A study on the development of indicators for environmental policy in the Netherlands［C］. Uitgeverij，The Hague.

ALLEN H，1995. Environmental Indicators：A Systematic Approach to Measuning and Reporting on Environmental Policy Performance in the Context of Sustainable Development［R］. World Resource Institute.

ANG B W，2004. Decomposition analysis for policymaking in energy：which is the preferred method?［J］. Energy Policy，32（9）：1131－1139.

ANG B，2005. The LMDI approach to decomposition analysis：A practical guide［J］. Energy Policy，33（7）：867－871.

ANSELIN L, 1995. Local indicators of spatial association—LISA [J]. Geographical Analysis, 27: 93-115.

BREN C, REITSMA F, BAIOCCH G, GUNERALP B, ERB K L, HABERL H, CREUTZIG F, SETO K C, 2017. Future urban land expansion and implications for global croplands [J]. Proceedings of the National Academy of Sciences of the United States of America, 114 (34): 8939-8944.

BROWN L R, 1995. Who will feed China?: wake-up call for a small planet [M]. London England Earthscan Publication.

CHARNES A, COOPER W W, 1962. Programming with linear fractional functional [J]. Naval Research Logistics Quarterly, 9 (3): 181-185.

CHEN X, NARESH D, UPMANU L, HAO Z, DONG L, JU Q, WANG J, WANG S, 2014. China's Water Sustainability in the 21st Century: A Climate-informed Water Risk Assessment Covering Multi-sector Water Demands [J]. Hydrology and Earth System Sciences, 18 (5): 1653-1662.

CHIU Y, NISHIKAWA T, YEH W W G, 2010. Optimal Pump and Recharge Management Model for Nitrate Removal in the Warren Groundwater Basin, California [J]. Journal of Water Resources Planning and Management, 136 (3): 299-308.

DIEPEN C A, WOLF J, KEULEN H, RAPPOLDT C, 2010. WOFOST: A Simulation Model of Crop Production [J]. Soil Use & Management, 5 (1): 16-24.

DOORENBOS J, KASSAM A H, BENTVELSEN C, UITTENBOGAARD G, 1986. Yield Response to Water [J]. irrigation & agricultural development, 33 (6): 257-280.

EMILIO C, 2007. Integration of linear programming and GIS for land-use modeling [J]. International Journal of Geographical Information Science, 7 (1), 71-83.

ENEKO G, PETR M, IBON T, INAKI A, Ane Z, 2012. Assessing the effect of alternative land uses in the provision of water resources: Evidence and policy implications from southern Europe [J]. Land Use Policy, 29 (4): 761-770.

EVERS A J M, ELLIOTT R L, STEVENS E W, 1998. Integrated decision making for reservoir, irrigation, and crop management [J]. Agricultural Systems, 58 (4): 529-554.

FAO, 2013. Sustainability Assessment of Food and Agriculture Systems (SAFA):

Guidelines, Version 3.0 [R].

GERRARD C L, SMITH L G, PEARCE B, PADEL S, HITCHINGS R, MEASURES M, 2012. Public Goods and Farming [M]. Springer Netherlands.

GINI C, 1921. Measurement of Inequality of Income [J]. Journal of Economic Theory & Econometrics, 31 (121): 124 - 126.

HAN H, ZHANG X, 2020. Static and dynamic cultivated land use efficiency in China: A minimum distance to strong efficient frontier approach [J]. Journal of Cleaner Production, 246 (Feb. 10): 119002.1 - 119002.15.

HANI F, BRAGA F, STAMPFLI A, KELLER T, FISCHER M, PORSCHE H, 2003. RISE, a Tool for Holistic Sustainability Assessment at the Farm Level [J]. International Food & Agribusiness Management Review, 6 (4): 78 - 90.

HANINK D M, CROMLEY R G, 1998. Land - Use Allocation in the Absence of Complete Market Values [J]. Journal of Regional Science, 38 (3): 465 - 480.

HARRIS J M, KENNEDY S, 1999. Carrying capacity in agriculture: global and regional issues [J]. Ecological Economics, 29 (3): 443 - 461.

HOFF H, 2011. Background Paper for the Bonn 2011 Conference: The Water, Energy and Food Security Nexus [R].

HOPPER D W, 1965. Allocation Efficiency in a Traditional Indian Agriculture [J]. Journal of Farm Economics, 47 (3): 611 - 624.

HOU J, MI W, SUN J, 2014. Optimal spatial allocation of water resources based on Pareto ant colony algorithm [J]. Taylor & Francis, Inc. 213 - 233.

HUANG J, YANG G, 2017. Understanding recent challenges and new food policy in China [J]. Global Food Security, 12: 119 - 126.

HUANG Z, DU X, CASTILLO C S Z, 2019. How does urbanization affect farmland protection? Evidence from China. Resources [J]. Conservation & Recycling. 45: 139 - 147.

INAS E, DEFNE A, 2021. Expanding the Dynamic Modeling of Water-Food-Energy Nexus to Include Environmental, Economic, and Social Aspects Based on Life Cycle Assessment Thinking [J]. Water Resources Management, 35: 4392 - 4362.

JIANG B, CHEN H, LI J, LIO W, 2021. The uncertain two-stage network DEA models [J]. Soft Computing, 25 (10): 421 - 429.

JONATHAN C D, FELICITAS D B, ELKE S, BENJAMIN L B, ARTHUR H W, FLORIAN H, ABHIJEET M, ALEXANDER P, DETLEF P V, LOTTE V, ISABELLE W, WILLEM J Z, TOM K, 2022. Quantifying synergies and trade-offs in the global water-land-food-climate nexus using a multi-model scenario approach [J]. Environmental Research Letters, 17 (4): 045004.

KAO C, HWANG S, 2008. Efficiency decomposition in two-stage data envelopment analysis: An application to non-life insurance companies in Taiwan [J]. European Journal of Operational Research, 185 (1): 418-429.

KAYA Y, 1989. Impact of Carbon Dioxide Emission on GNP Growth: Interpretation of Proposed Scenarios [R]. Paris: Presentation to the Energy and Industry Subgroup, Response Strategies Working Group, IPCC.

KUCUKMEHMETOGLU M, 2012. An integrative case study approach between game theory and Pareto frontier concepts for the transboundary water resources allocations [J]. Journal of Hydrology, 450-451: 308-319.

KURIAN M, ARDAKANIAN R, 2015. The Water-Energy-Food Nexus: Enhancing Adaptive Capacity to Complex Global Challenges [J]. Springer International Publishing.

LI M, LI H, FU Q, LIU D, YU L, LI T, 2021. Approach for optimizing the water-land-food-energy nexus in agroforestry systems under climate change [J]. Agricultural Systems, 192: 103201.

LI X, XIONG S, LI Z, ZHOU M, LI H, 2019. Variation of global fossil-energy carbon footprints based on regional net primary productivity and the gravity model [J]. Journal of Cleaner Production, 213 (MAR. 10): 225-241.

LOOMIS R S, 1963. Williams W A. Maximum Crop Productivity: An Estimate [J]. Crop Science, 3 (1): 67-72.

LU Y, JENKINS A, FERRIER R C, BAILEY M, GORDON I J, SONG S, HUANG J, JIA S, ZHANG F, LIU X, FENG Z, ZHANG Z, 2015. Addressing China's grand challenge of achieving food security while ensuring environmental sustainability [J]. Science Advances, 1 (1): e1400039-e1400039.

MCCONNELL K E, 2009. The optimal quantity of land in agriculture [J]. Northeastern Journal of Agricultural & Resource Economics, 443 (2): 7-13.

MINSKER B S, PADERA B, SMALLEY J B, 2000. Efficient methods for including uncertainty and multiple objectives in water resources management models using genetic algorithms [J]. Alberta: International Conference on Computational Methods in Water Resources, Calgary, 25 - 29.

MORAN P, 1948. The interpretation of statistical maps [J]. Journal of the Royal Statistical Society, 10: 243 - 251.

MU Q, FAITH A H, ZHAO M, STEVENt W R, 2007. Development of a Global Evapotranspiration Algorithm Based on MODIS and Global Meteorology Data [J]. Remote Sensing of Environment 111 (4): 519 - 536.

PAUL S, PANDA S N, KUMAR D N, 2000. Optimal Irrigation Allocation: A Multilevel Approach [J]. Journal of Irrigation and Drainage Engineering, 126 (3): 149 - 156.

PROVENCHER B, BURT O, 1994. Approximating the optimal groundwater pumping policy in a multiaquifer stochastic conjunctive use setting [J]. Water Resources Research, 30 (3): 833 - 843.

REN F, 1997. A training model for GIS application in land resource allocation [J]. ISPRS Journal of Photogrammetry and Remote Sensing, 52 (6): 261 - 265.

ROSENBERG N J, 1982. The increasing CO2 - concentration in the atmosphere and its implication on agricultural productivity Ⅱ [J]. Effects through CO2 - induced climatic change. Climatic Change, 4 (3): 239 - 254.

SAHINAHIN O, STEWART R A, RICHARDS R G, 2014. Addressing the water-energy-climate nexus conundrum: A systems approach [C]. 7th Intl. Congress on Environmental Modelling and Software.

SAHOTA G S, 1968. Efficiency of Resource Allocation in Indian Agriculture [J]. American Journal of Agricultural Economics, 50 (3): 584 - 605.

SEN Z, 2009. Global warming threat on water resources and environment: a review [J]. Environmental Geology, 57 (2): 321 - 329.

SHARMA E, CHETTRI N, TSHERING K, SHRESTHA A B, FANG J, MOOL P, ERIKSSON M, 2009. Climate Change Impacts and Vulnerability in the Eastern Himalayas [R]. International Centre for Integrated Mountain Development.

SRIGIRI S R, BREUER A, SCHEUMANN W, 2021. Mechanisms for governing the water-land-food nexus in the lower Awash River Basin, Ethiopia: Ensuring policy coherence in the implementation of the 2030 Agenda [R]. Discussion Papers.

STANHILL G, 1986. Modelling of agricultural production: weather, soils and crops [J]. Agriculture Ecosystems & Environment, 30 (1-2): 142-143.

SUN S, WANG Y, LIU J, CAI H, WU P, GENG Q, XU L, 2016. Sustainability assessment of regional water resources under the DPSIR framework [J]. Journal of Hydrology, 532: 140-148.

TAN C, PENG Q, DING T, ZHOU Z, 2021. Regional Assessment of Land and Water Carrying Capacity and Utilization Efficiency in China [J]. Sustainability, 13 (16): 9183.

VAN C N, BIALA K, BIELDERS C L, BROUCKAERT V, PEETERS A, 2007. SAFE—A hierarchical framework for assessing the sustainability of agricultural systems [J]. Agriculture Ecosystems & Environment, 120 (2-4): 229-242.

VAN I, MARTIN K, FRANK E, THOMAS H, JACQUES W, JOHANNA A, ERLING A, IRINA B, FLOOR B, MARCELLO D, GUILLERMO F, LENNART O, ANDREA E, TAMME V, JAN E, JOOST W, 2008. Integrated Assessment of Agricultural Systems - A Component-based Framework for the European Union (SEAMLESS) [J]. Agricultural Systems, 96 (1): 150-165.

WALLACE J S, 2000. Increasing agricultural water use efficiency to meet future food Production [J]. Ecosystem and Environment, 82 (6): 105.

WANG J, SONG C, REAGER J T, YAO F, FAMIGLIETTI J S, SHENG Y, MACDONALD GM, BRUN F, SCHMIED H M, MARSTON R A, WADA Y, 2019. Publisher Correction: Recent global decline in endorheic basin water storages [J]. Nature Geoscience, 12 (3): 220.

WESTERN D, 2001. Human-modified ecosystems and future evolution [J]. Proceeding of the National Academy of Sciences of the United States of America, 98 (10): 5458-5465.

XING W, ZHAO Z, SHI P, WANG P, TAO F, 2019. Correction: Is Yield Increase Sufficient to Achieve Food Security in China? [J]. Plos One, 14 (8): e0222167.

ZAHM F, VIAUX P, VILANIN L, GIRARDIN P, MOUCHET C, 2010. Assessing farm sustainability with the IDEA method-from the concept of agriculture sustainability to case studies on farms [J]. Sustainable Development, 16 (4): 271-281.

ZHANG X, VESSELINOV V V, 2016. Integrated modeling approach for optimal management of water, energy and food security nexus [J]. Advances in Water Resources, 101: 1-10.

ZHENG Y, HONG J, XIAO C, LI Z, 2021. Unfolding the synergy and interaction of water-land-food nexus for sustainable resource management: A supernetwork analysis [J]. Science of The Total Environment, 784 (4): 147085.

# 附　　表

## 附表 1　2005—2020 年中国水资源总量

单位：亿 $m^3$

| 年份 | 水资源总量 | 地表水资源量 | 地下水资源量 |
|---|---|---|---|
| 2005 | 28 053.0 | 26 982.0 | 8 091.0 |
| 2006 | 25 330.0 | 24 358.0 | 7 643.0 |
| 2007 | 25 255.0 | 24 242.0 | 7 617.0 |
| 2008 | 27 434.0 | 26 377.0 | 8 122.0 |
| 2009 | 24 180.2 | 23 125.2 | 7 267.0 |
| 2010 | 30 906.4 | 29 797.6 | 8 417.0 |
| 2011 | 23 258.5 | 22 215.2 | 7 214.8 |
| 2012 | 29 526.9 | 28 371.4 | 8 416.1 |
| 2013 | 27 957.9 | 26 839.5 | 8 081.1 |
| 2014 | 27 266.9 | 26 263.9 | 7 745.0 |
| 2015 | 27 962.6 | 26 900.8 | 7 797.0 |
| 2016 | 32 466.4 | 31 273.9 | 8 854.8 |
| 2017 | 28 761.2 | 27 746.3 | 8 309.6 |
| 2018 | 27 462.5 | 26 323.2 | 8 246.5 |
| 2019 | 29 041.0 | 27 993.3 | 8 191.5 |
| 2020 | 31 605.2 | 30 407.0 | 8 553.3 |

## 附表 2　2005—2020 年中国主要用水量的时序变化

单位：亿 m³

| 年份 | 生活用水 | 工业用水 | 农业用水 | 生态用水 | 用水总量 | 农业灌溉用水 | 农业灌溉用水占农业用水比重（%） |
|---|---|---|---|---|---|---|---|
| 2005 | 676.0 | 1 284.3 | 3 582.6 | 90.1 | 5 633.0 | 3 224.8 | 90.0 |
| 2006 | 695.4 | 1 344.4 | 3 662.4 | 92.7 | 5 795.0 | 3 303.8 | 90.2 |
| 2007 | 709.9 | 1 402.4 | 3 602.0 | 104.7 | 5 819.0 | 3 248.9 | 90.2 |
| 2008 | 726.9 | 1 400.7 | 3 664.2 | 118.2 | 5 910.0 | 3 305.7 | 90.2 |
| 2009 | 751.6 | 1 389.9 | 3 722.3 | 101.4 | 5 965.2 | 3 349.5 | 90.0 |
| 2010 | 764.8 | 1 445.3 | 3 691.5 | 120.4 | 6 022.0 | 3 319.1 | 89.9 |
| 2011 | 789.9 | 1 461.8 | 3 743.6 | 111.9 | 6 107.2 | 3 362.3 | 89.8 |
| 2012 | 739.7 | 1 380.7 | 3 902.5 | 108.3 | 6 131.2 | 3 403.4 | 87.2 |
| 2013 | 750.1 | 1 406.4 | 3 921.5 | 105.4 | 6 183.4 | 3 436.1 | 87.6 |
| 2014 | 767.0 | 1 356.0 | 3 869.0 | 103.0 | 6 095.0 | 3 385.5 | 87.5 |
| 2015 | 793.5 | 1 334.8 | 3 852.2 | 122.7 | 6 103.2 | 3 376.5 | 87.7 |
| 2016 | 821.6 | 1 308.0 | 3 768.0 | 142.6 | 6 040.2 | 3 318.9 | 88.1 |
| 2017 | 838.1 | 1 277.0 | 3 766.4 | 161.9 | 6 043.4 | 3 319.3 | 88.1 |
| 2018 | 859.9 | 1 261.6 | 3 693.1 | 200.9 | 6 015.5 | 3 256.7 | 88.2 |
| 2019 | 871.7 | 1 217.6 | 3 682.3 | 249.6 | 6 021.2 | 3 244.3 | 88.1 |
| 2020 | 863.1 | 1 030.4 | 3 612.4 | 307.0 | 5 812.9 | 3 147.9 | 87.1 |

## 附表 3　订正后 2005—2020 年中国耕地面积

单位：万 hm²

| 年份 | 统计耕地面积 | 订正后耕地面积 |
|---|---|---|
| 2005 | 12 208.3 | 13 611.3 |
| 2006 | 12 180.0 | 13 575.2 |
| 2007 | 12 173.3 | 13 544.5 |
| 2008 | 12 171.6 | 13 540.4 |
| 2009 | 13 538.5 | 13 538.5 |
| 2010 | 13 526.8 | 13 526.8 |
| 2011 | 13 523.9 | 13 523.9 |

（续）

| 年份 | 统计耕地面积 | 订正后耕地面积 |
|---|---|---|
| 2012 | 13 515.9 | 13 515.9 |
| 2013 | 13 516.3 | 13 516.3 |
| 2014 | 13 505.7 | 13 505.7 |
| 2015 | 13 499.9 | 13 499.9 |
| 2016 | 13 492.1 | 13 492.1 |
| 2017 | 13 488.1 | 13 488.1 |
| 2018 | 13 482.8 | 13 482.8 |
| 2019 | 12 786.2 | 12 786.2 |
| 2020 | 12 786.2 | 12 786.2 |

**附表 4　2005—2020 年中国粮食单产、总产量及其构成**

| 年份 | 粮食单产（$kg/hm^2$） | 粮食总产（万 t） | 稻谷占比（%） | 小麦占比（%） | 玉米占比（%） | 豆类占比（%） | 薯类占比（%） | 其他占比（%） |
|---|---|---|---|---|---|---|---|---|
| 2005 | 4 641.6 | 48 402.2 | 37.3 | 20.1 | 28.8 | 4.5 | 7.2 | 2.1 |
| 2006 | 4 745.2 | 49 804.2 | 36.5 | 21.8 | 30.4 | 4.0 | 5.4 | 1.8 |
| 2007 | 4 756.1 | 50 413.9 | 37.0 | 21.7 | 30.8 | 3.4 | 5.4 | 1.7 |
| 2008 | 4 968.6 | 53 434.3 | 36.0 | 21.1 | 32.2 | 3.8 | 5.3 | 1.5 |
| 2009 | 4 892.4 | 53 940.9 | 36.4 | 21.5 | 32.1 | 3.5 | 5.2 | 1.3 |
| 2010 | 5 005.7 | 55 911.3 | 35.3 | 20.8 | 34.1 | 3.3 | 5.1 | 1.4 |
| 2011 | 5 208.8 | 58 849.3 | 34.5 | 20.1 | 35.9 | 3.2 | 5.0 | 1.3 |
| 2012 | 5 353.1 | 61 222.6 | 33.7 | 20.0 | 37.5 | 2.7 | 4.7 | 1.3 |
| 2013 | 5 439.5 | 63 048.2 | 32.7 | 19.6 | 39.4 | 2.4 | 4.5 | 1.3 |
| 2014 | 5 445.9 | 63 964.8 | 32.8 | 20.0 | 39.0 | 2.4 | 4.4 | 1.3 |
| 2015 | 5 553.0 | 66 060.3 | 32.1 | 20.1 | 40.1 | 2.3 | 4.1 | 1.3 |
| 2016 | 5 539.2 | 66 043.5 | 32.0 | 20.2 | 39.9 | 2.5 | 4.1 | 1.3 |
| 2017 | 5 607.4 | 66 160.7 | 32.1 | 20.3 | 39.2 | 2.8 | 4.2 | 1.4 |
| 2018 | 5 621.2 | 65 789.2 | 32.2 | 20.0 | 39.1 | 2.9 | 4.4 | 1.4 |
| 2019 | 5 719.7 | 66 384.3 | 31.6 | 20.1 | 39.3 | 3.2 | 4.3 | 1.5 |
| 2020 | 5 733.5 | 66 949.2 | 31.6 | 20.1 | 38.9 | 3.4 | 4.5 | 1.5 |

**附表 5　2005 年、2010 年、2015 年和 2020 年中国 31 个省份的水资源总量**

单位：亿 $m^3$

| 省份 | 2005 年 | 2010 年 | 2015 年 | 2020 年 |
|---|---|---|---|---|
| 北京 | 23.2 | 23.1 | 26.8 | 25.8 |
| 天津 | 10.6 | 9.2 | 12.8 | 13.3 |
| 河北 | 134.6 | 138.9 | 135.1 | 146.3 |
| 山西 | 84.1 | 91.5 | 94.0 | 115.2 |
| 内蒙古 | 456.2 | 388.5 | 537.0 | 503.9 |
| 辽宁 | 377.2 | 606.7 | 179.0 | 397.1 |
| 吉林 | 559.7 | 686.7 | 331.3 | 586.2 |
| 黑龙江 | 744.3 | 853.5 | 814.1 | 1 419.9 |
| 上海 | 24.5 | 36.8 | 64.1 | 58.6 |
| 江苏 | 467.0 | 383.5 | 582.1 | 543.4 |
| 浙江 | 1 014.4 | 1 398.6 | 1 407.1 | 1 026.6 |
| 安徽 | 719.3 | 922.8 | 914.1 | 1 280.4 |
| 福建 | 1 401.1 | 1 652.7 | 1 325.9 | 760.3 |
| 江西 | 1 510.1 | 2 275.5 | 2 001.2 | 1 685.6 |
| 山东 | 415.9 | 309.1 | 168.4 | 375.3 |
| 河南 | 558.5 | 534.9 | 287.2 | 408.6 |
| 湖北 | 934.0 | 1 268.7 | 1 015.6 | 1 754.7 |
| 湖南 | 1 671.0 | 1 906.6 | 1 919.3 | 2 118.9 |
| 广东 | 1 747.5 | 1 998.8 | 1 933.4 | 1 626.0 |
| 广西 | 1 720.8 | 1 823.6 | 2 433.6 | 2 114.8 |
| 海南 | 307.3 | 479.8 | 198.2 | 263.6 |
| 重庆 | 509.8 | 464.3 | 456.2 | 766.9 |
| 四川 | 2 922.6 | 2 575.3 | 2 220.5 | 3 237.3 |
| 贵州 | 834.6 | 956.5 | 1 153.7 | 1 328.6 |
| 云南 | 1 846.4 | 1 941.4 | 1 871.9 | 1 799.2 |
| 西藏 | 4 451.1 | 4 593.0 | 3 853.0 | 4 597.3 |
| 陕西 | 490.6 | 507.5 | 333.4 | 419.6 |
| 甘肃 | 269.6 | 215.2 | 164.8 | 408.0 |
| 青海 | 876.1 | 741.1 | 589.3 | 1 011.9 |
| 宁夏 | 8.5 | 9.3 | 9.2 | 11.0 |
| 新疆 | 962.8 | 1 113.1 | 930.3 | 801.0 |

**附表 6 2005 年、2010 年、2015 年和 2020 年中国 31 个省份的用水总量**

单位：亿 $m^3$

| 省份 | 2005 年 | 2010 年 | 2015 年 | 2020 年 |
|---|---|---|---|---|
| 北京 | 34.5 | 35.2 | 38.2 | 40.6 |
| 天津 | 23.1 | 22.5 | 25.7 | 27.8 |
| 河北 | 201.8 | 193.7 | 187.2 | 182.8 |
| 山西 | 55.7 | 63.8 | 73.6 | 72.8 |
| 内蒙古 | 174.8 | 181.9 | 185.8 | 194.4 |
| 辽宁 | 133.3 | 143.7 | 140.8 | 129.3 |
| 吉林 | 98.4 | 120.0 | 133.6 | 117.7 |
| 黑龙江 | 271.5 | 325.0 | 355.3 | 314.1 |
| 上海 | 121.3 | 126.3 | 103.8 | 97.5 |
| 江苏 | 519.7 | 552.2 | 574.5 | 572.0 |
| 浙江 | 209.9 | 203.0 | 186.1 | 163.9 |
| 安徽 | 208.0 | 293.1 | 288.7 | 268.3 |
| 福建 | 186.9 | 202.5 | 201.3 | 183.0 |
| 江西 | 208.1 | 239.7 | 245.8 | 244.1 |
| 山东 | 211.0 | 222.5 | 212.8 | 222.5 |
| 河南 | 197.8 | 224.6 | 222.8 | 237.1 |
| 湖北 | 253.4 | 288.0 | 301.3 | 278.9 |
| 湖南 | 328.4 | 325.2 | 330.4 | 305.1 |
| 广东 | 459.0 | 469.0 | 443.1 | 405.1 |
| 广西 | 312.9 | 301.6 | 299.3 | 261.1 |
| 海南 | 44.1 | 44.4 | 45.8 | 44.0 |
| 重庆 | 71.2 | 86.4 | 79.0 | 70.1 |
| 四川 | 212.3 | 230.3 | 265.5 | 236.9 |
| 贵州 | 97.2 | 101.4 | 97.5 | 90.1 |
| 云南 | 146.8 | 147.5 | 150.1 | 156.0 |
| 西藏 | 33.2 | 35.2 | 30.8 | 32.2 |
| 陕西 | 78.8 | 83.4 | 91.2 | 90.6 |
| 甘肃 | 123.0 | 121.8 | 119.2 | 109.9 |
| 青海 | 30.7 | 30.8 | 26.8 | 24.3 |
| 宁夏 | 78.1 | 72.4 | 70.4 | 70.2 |
| 新疆 | 508.5 | 535.1 | 577.2 | 570.4 |

**附表 7　2005 年、2010 年、2015 年和 2020 年中国 31 个省份的用水总量构成**

单位:%

| 省份 | 农业用水占比 | | | | 工业用水占比 | | | | 生活用水占比 | | | | 生态用水占比 | | | |
|---|---|---|---|---|---|---|---|---|---|---|---|---|---|---|---|---|
| | 2005 年 | 2010 年 | 2015 年 | 2020 年 | 2005 年 | 2010 年 | 2015 年 | 2020 年 | 2005 年 | 2010 年 | 2015 年 | 2020 年 | 2005 年 | 2010 年 | 2015 年 | 2020 年 |
| 北京 | 36.7 | 30.7 | 17.0 | 7.9 | 19.7 | 14.5 | 9.9 | 7.4 | 40.4 | 43.5 | 45.8 | 42.4 | 3.2 | 11.4 | 27.2 | 42.4 |
| 天津 | 58.9 | 48.9 | 48.6 | 37.1 | 19.5 | 21.3 | 20.6 | 16.2 | 19.7 | 24.4 | 19.1 | 23.7 | 1.9 | 5.3 | 11.3 | 23.0 |
| 河北 | 74.4 | 74.2 | 72.2 | 58.9 | 12.7 | 11.9 | 12.0 | 10.0 | 11.7 | 12.4 | 13.0 | 14.8 | 1.1 | 1.5 | 2.7 | 16.4 |
| 山西 | 58.7 | 59.6 | 61.4 | 56.3 | 25.0 | 19.7 | 18.6 | 17.0 | 15.6 | 16.6 | 16.7 | 20.1 | 0.7 | 4.1 | 3.1 | 6.6 |
| 内蒙古 | 82.3 | 73.9 | 75.5 | 72.0 | 7.5 | 12.4 | 10.1 | 6.9 | 7.0 | 8.2 | 5.6 | 6.0 | 3.2 | 5.4 | 8.8 | 15.1 |
| 辽宁 | 65.4 | 62.5 | 63.1 | 61.6 | 15.8 | 17.4 | 15.2 | 13.1 | 17.9 | 17.7 | 17.8 | 19.6 | 0.8 | 2.4 | 4.0 | 5.7 |
| 吉林 | 67.5 | 61.5 | 67.5 | 70.5 | 19.1 | 21.8 | 17.4 | 8.5 | 11.7 | 13.7 | 9.6 | 11.3 | 1.8 | 3.1 | 5.5 | 9.7 |
| 黑龙江 | 70.7 | 76.8 | 88.0 | 88.6 | 20.4 | 17.2 | 6.7 | 5.9 | 7.5 | 5.4 | 4.6 | 4.7 | 1.4 | 0.6 | 0.7 | 0.7 |
| 上海 | 15.2 | 13.3 | 13.7 | 15.6 | 67.0 | 67.1 | 62.2 | 59.4 | 16.3 | 18.6 | 23.2 | 24.2 | 1.4 | 1.0 | 0.8 | 0.8 |
| 江苏 | 50.8 | 55.1 | 48.6 | 46.6 | 40.0 | 34.8 | 41.6 | 41.4 | 8.3 | 9.6 | 9.5 | 11.1 | 1.0 | 0.6 | 0.3 | 0.8 |
| 浙江 | 50.8 | 46.6 | 45.5 | 45.1 | 27.7 | 29.4 | 27.7 | 21.8 | 14.9 | 19.4 | 23.9 | 28.9 | 6.6 | 4.6 | 3.0 | 4.3 |
| 安徽 | 54.6 | 56.9 | 54.6 | 53.9 | 32.6 | 32.1 | 32.4 | 30.0 | 12.2 | 10.3 | 11.4 | 13.1 | 0.7 | 0.8 | 1.7 | 3.1 |
| 福建 | 54.3 | 48.0 | 46.3 | 54.5 | 34.0 | 40.1 | 36.0 | 22.5 | 11.0 | 11.2 | 16.0 | 18.0 | 0.7 | 0.6 | 1.6 | 5.1 |
| 江西 | 64.7 | 63.0 | 62.7 | 66.3 | 24.6 | 23.9 | 25.1 | 20.6 | 10.1 | 11.5 | 11.4 | 11.8 | 0.6 | 1.6 | 0.9 | 1.3 |
| 山东 | 74.1 | 69.6 | 67.3 | 60.2 | 10.3 | 12.0 | 13.9 | 14.3 | 14.5 | 16.3 | 15.5 | 16.9 | 1.1 | 2.1 | 3.2 | 8.6 |

（续）

| 省份 | 农业用水占比 | | | | 工业用水占比 | | | | 生活用水占比 | | | | 生态用水占比 | | | |
|---|---|---|---|---|---|---|---|---|---|---|---|---|---|---|---|---|
| | 2005 年 | 2010 年 | 2015 年 | 2020 年 | 2005 年 | 2010 年 | 2015 年 | 2020 年 | 2005 年 | 2010 年 | 2015 年 | 2020 年 | 2005 年 | 2010 年 | 2015 年 | 2020 年 |
| 河南 | 57.9 | 55.9 | 56.5 | 52.1 | 23.2 | 24.8 | 23.6 | 15.0 | 17.0 | 16.1 | 15.9 | 18.2 | 1.9 | 3.3 | 4.1 | 14.8 |
| 湖北 | 56.1 | 48.0 | 52.4 | 49.9 | 32.6 | 40.7 | 31.0 | 27.8 | 11.3 | 11.3 | 16.3 | 18.0 | 0.0 | 0.1 | 0.3 | 4.2 |
| 湖南 | 61.3 | 57.1 | 59.1 | 64.2 | 24.5 | 27.6 | 27.3 | 19.0 | 13.2 | 14.3 | 12.8 | 14.6 | 1.0 | 1.0 | 0.8 | 2.3 |
| 广东 | 50.3 | 48.5 | 51.2 | 52.1 | 29.2 | 29.6 | 25.4 | 19.8 | 19.5 | 20.1 | 22.2 | 26.6 | 1.1 | 1.8 | 1.2 | 1.5 |
| 广西 | 72.0 | 64.5 | 67.4 | 71.6 | 14.4 | 18.3 | 18.5 | 13.3 | 12.4 | 15.4 | 13.3 | 13.6 | 1.2 | 1.8 | 0.8 | 1.6 |
| 海南 | 79.8 | 76.4 | 74.9 | 75.9 | 7.2 | 8.6 | 7.0 | 3.4 | 12.8 | 14.6 | 17.2 | 18.2 | 0.2 | 0.2 | 0.7 | 2.5 |
| 重庆 | 30.1 | 22.9 | 32.8 | 41.4 | 46.4 | 54.9 | 41.1 | 24.4 | 23.0 | 21.5 | 24.8 | 32.0 | 0.5 | 0.6 | 1.3 | 2.4 |
| 四川 | 57.4 | 55.3 | 59.0 | 65.0 | 26.7 | 27.3 | 20.9 | 9.9 | 14.9 | 16.5 | 18.2 | 22.6 | 0.9 | 0.9 | 1.9 | 2.5 |
| 贵州 | 51.9 | 49.3 | 55.6 | 57.5 | 28.9 | 33.8 | 26.2 | 20.8 | 18.4 | 16.3 | 17.4 | 20.0 | 0.7 | 0.6 | 0.7 | 1.9 |
| 云南 | 73.8 | 64.6 | 69.7 | 70.5 | 12.5 | 17.3 | 15.3 | 10.6 | 13.0 | 15.5 | 13.5 | 16.1 | 0.6 | 2.6 | 1.5 | 2.8 |
| 西藏 | 91.2 | 90.1 | 90.9 | 85.1 | 1.4 | 4.3 | 4.5 | 3.7 | 7.4 | 5.7 | 4.2 | 10.2 | 0.0 | 0.0 | 0.3 | 0.9 |
| 陕西 | 66.3 | 66.5 | 63.6 | 61.4 | 16.3 | 14.5 | 15.6 | 12.0 | 16.5 | 17.7 | 17.7 | 20.9 | 0.9 | 1.2 | 3.2 | 5.7 |
| 甘肃 | 77.2 | 77.4 | 80.7 | 76.2 | 12.8 | 11.2 | 9.7 | 5.6 | 7.4 | 8.9 | 7.0 | 8.5 | 2.5 | 2.5 | 2.6 | 9.7 |
| 青海 | 68.7 | 75.3 | 77.6 | 72.8 | 20.4 | 10.7 | 10.8 | 9.9 | 10.3 | 11.4 | 9.7 | 12.3 | 0.6 | 2.6 | 1.9 | 4.5 |
| 宁夏 | 92.5 | 89.8 | 87.9 | 83.5 | 4.4 | 5.7 | 6.3 | 6.0 | 2.2 | 2.5 | 2.6 | 5.3 | 0.8 | 1.9 | 3.1 | 5.3 |
| 新疆 | 91.3 | 90.6 | 94.7 | 87.0 | 1.6 | 2.1 | 2.0 | 1.9 | 2.1 | 2.4 | 2.3 | 3.0 | 5.0 | 5.0 | 1.0 | 8.1 |

## 附表 8　2005 年、2010 年、2015 年和 2020 年中国 31 个省份的农业灌溉用水量及其占农业用水量比例

| 省份 | 农业灌溉用水量（亿 m³） | | | | 农业灌溉用水量占农业用水量比例（%） | | | |
|---|---|---|---|---|---|---|---|---|
| | 2005 年 | 2010 年 | 2015 年 | 2020 年 | 2005 年 | 2010 年 | 2015 年 | 2020 年 |
| 北京 | 8.8 | 7.9 | 4.2 | 2.0 | 69.1 | 73.1 | 64.6 | 62.5 |
| 天津 | 13.4 | 10.7 | 9.3 | 8.9 | 98.4 | 97.3 | 74.4 | 86.4 |
| 河北 | 140.8 | 134.9 | 124.2 | 95.8 | 93.7 | 93.8 | 91.9 | 89.0 |
| 山西 | 31.2 | 35.8 | 42.8 | 37.9 | 95.5 | 94.2 | 94.7 | 92.4 |
| 内蒙古 | 130.7 | 127.1 | 120.5 | 124.3 | 90.8 | 94.5 | 85.9 | 88.8 |
| 辽宁 | 84.0 | 85.1 | 78.8 | 71.2 | 96.3 | 94.8 | 88.7 | 89.4 |
| 吉林 | 63.6 | 69.8 | 83.8 | 76.9 | 95.8 | 94.6 | 92.9 | 92.7 |
| 黑龙江 | 178.4 | 240.9 | 303.0 | 271.5 | 92.9 | 96.5 | 96.9 | 97.5 |
| 上海 | 16.9 | 16.0 | 12.2 | 12.1 | 91.5 | 95.2 | 85.9 | 79.6 |
| 江苏 | 239.6 | 270.3 | 242.8 | 240.3 | 90.8 | 88.9 | 87.0 | 90.1 |
| 浙江 | 94.3 | 80.6 | 71.8 | 64.2 | 88.3 | 85.2 | 84.8 | 86.9 |
| 安徽 | 108.5 | 161.0 | 149.6 | 130.6 | 95.6 | 96.6 | 95.0 | 90.4 |
| 福建 | 95.5 | 91.9 | 85.1 | 89.0 | 94.0 | 94.5 | 91.2 | 89.3 |
| 江西 | 126.5 | 147.0 | 145.4 | 154.3 | 94.0 | 97.4 | 94.4 | 95.3 |
| 山东 | 141.5 | 139.0 | 123.4 | 112.6 | 90.5 | 89.8 | 86.1 | 84.0 |
| 河南 | 103.4 | 114.2 | 110.9 | 111.0 | 90.3 | 90.9 | 88.1 | 89.9 |
| 湖北 | 130.6 | 126.6 | 139.2 | 122.5 | 91.9 | 91.5 | 88.1 | 88.1 |
| 湖南 | 199.4 | 183.9 | 185.7 | 179.8 | 99.0 | 99.0 | 95.1 | 91.8 |
| 广东 | 196.1 | 188.6 | 186.3 | 176.1 | 85.0 | 82.9 | 82.1 | 83.5 |
| 广西 | 206.8 | 175.9 | 181.2 | 167.9 | 91.8 | 90.4 | 89.8 | 89.8 |
| 海南 | 29.1 | 27.7 | 29.5 | 27.8 | 82.7 | 81.7 | 86.0 | 83.2 |
| 重庆 | 18.2 | 18.4 | 21.6 | 20.3 | 85.0 | 92.9 | 83.4 | 70.0 |
| 四川 | 116.0 | 118.8 | 133.0 | 132.1 | 95.2 | 93.3 | 84.9 | 85.8 |
| 贵州 | 50.2 | 50.0 | 51.6 | 44.9 | 99.4 | 100.0 | 95.2 | 86.7 |
| 云南 | 105.8 | 90.1 | 91.5 | 91.8 | 97.6 | 94.5 | 87.5 | 83.5 |
| 西藏 | 13.8 | 19.9 | 20.4 | 21.8 | 45.7 | 62.8 | 72.9 | 79.6 |
| 陕西 | 47.3 | 49.6 | 48.8 | 45.1 | 90.5 | 89.4 | 84.1 | 81.1 |
| 甘肃 | 87.6 | 89.5 | 87.4 | 75.8 | 92.2 | 94.9 | 90.9 | 90.6 |
| 青海 | 19.1 | 18.4 | 13.5 | 10.8 | 90.8 | 79.3 | 64.9 | 61.0 |
| 宁夏 | 65.7 | 59.6 | 55.2 | 50.7 | 91.0 | 91.7 | 89.2 | 86.5 |
| 新疆 | 362.1 | 370.0 | 423.9 | 378.2 | 78.0 | 76.4 | 77.6 | 76.2 |

**附表 9　2005 年、2010 年、2015 年和 2020 年订正后中国 31 个省份的耕地面积**

单位：万 $hm^2$

| 省份 | 2005 年 | 2010 年 | 2015 年 | 2020 年 |
|---|---|---|---|---|
| 北京 | 23.2 | 22.4 | 21.9 | 9.4 |
| 天津 | 45.2 | 44.4 | 43.7 | 33.0 |
| 河北 | 669.9 | 655.1 | 652.5 | 603.4 |
| 山西 | 411.0 | 406.4 | 405.9 | 387.0 |
| 内蒙古 | 901.9 | 918.8 | 923.8 | 1 149.7 |
| 辽宁 | 505.5 | 503.1 | 497.7 | 518.2 |
| 吉林 | 703.4 | 701.7 | 699.9 | 749.9 |
| 黑龙江 | 1 570.1 | 1 585.8 | 1 585.4 | 1 719.5 |
| 上海 | 22.4 | 18.8 | 19.0 | 16.2 |
| 江苏 | 466.6 | 459.6 | 457.5 | 409.0 |
| 浙江 | 206.4 | 198.4 | 197.9 | 129.1 |
| 安徽 | 591.5 | 589.5 | 587.3 | 554.7 |
| 福建 | 137.2 | 133.8 | 133.6 | 93.2 |
| 江西 | 312.2 | 308.5 | 308.3 | 272.2 |
| 山东 | 769.3 | 765.8 | 761.1 | 646.2 |
| 河南 | 819.2 | 817.7 | 810.6 | 751.4 |
| 湖北 | 535.0 | 531.2 | 525.5 | 476.9 |
| 湖南 | 416.2 | 413.7 | 415.0 | 362.9 |
| 广东 | 273.8 | 256.9 | 261.6 | 190.2 |
| 广西 | 452.2 | 442.5 | 440.2 | 330.8 |
| 海南 | 73.5 | 73.0 | 72.6 | 48.7 |
| 重庆 | 249.0 | 244.3 | 243.0 | 187.0 |
| 四川 | 679.8 | 672.0 | 673.1 | 522.7 |
| 贵州 | 459.2 | 456.6 | 453.7 | 347.3 |
| 云南 | 629.1 | 624.0 | 620.9 | 539.6 |
| 西藏 | 44.2 | 44.2 | 44.3 | 44.2 |
| 陕西 | 410.1 | 399.2 | 399.5 | 293.4 |
| 甘肃 | 544.8 | 539.7 | 537.5 | 521.0 |
| 青海 | 58.7 | 58.8 | 58.8 | 56.4 |
| 宁夏 | 128.4 | 128.7 | 129.0 | 119.5 |
| 新疆 | 502.4 | 512.1 | 518.9 | 703.9 |

**附表 10　2005 年、2010 年、2015 年和 2020 年中国 31 个省份的粮食单产量和总产量**

| 省份 | 粮食单产量（kg/hm²） | | | | 粮食总产量（万 t） | | | |
|---|---|---|---|---|---|---|---|---|
| | 2005 年 | 2010 年 | 2015 年 | 2020 年 | 2005 年 | 2010 年 | 2015 年 | 2020 年 |
| 北京 | 4 939.1 | 5 176.9 | 5 996.6 | 6 237.2 | 94.9 | 115.7 | 62.6 | 30.5 |
| 天津 | 4 780.0 | 5 156.7 | 5 238.8 | 6 516.3 | 137.5 | 160.6 | 184.5 | 228.2 |
| 河北 | 4 164.2 | 4 845.3 | 5 319.2 | 5 941.5 | 2 598.6 | 3 121.0 | 3 602.2 | 3 795.9 |
| 山西 | 3 223.9 | 3 450.0 | 4 035.3 | 4 550.5 | 978.0 | 1 107.5 | 1 314.0 | 1 424.3 |
| 内蒙古 | 3 800.4 | 4 010.0 | 5 004.0 | 5 362.2 | 1 662.2 | 2 344.3 | 3 292.6 | 3 664.1 |
| 辽宁 | 5 720.2 | 5 562.9 | 6 065.1 | 6 630.8 | 1 745.8 | 1 804.0 | 2 186.6 | 2 338.8 |
| 吉林 | 6 010.5 | 5 967.2 | 7 181.1 | 6 693.7 | 2 581.2 | 2 790.7 | 3 974.1 | 3 803.2 |
| 黑龙江 | 3 574.2 | 4 526.2 | 5 332.0 | 5 222.7 | 3 092.0 | 5 632.9 | 7 615.8 | 7 540.8 |
| 上海 | 6 344.7 | 6 567.9 | 6 916.7 | 7 996.5 | 105.4 | 132.1 | 125.4 | 91.4 |
| 江苏 | 5 773.7 | 6 114.8 | 6 450.8 | 6 898.6 | 2 834.6 | 3 285.0 | 3 594.7 | 3 729.1 |
| 浙江 | 5 392.5 | 6 152.4 | 5 900.5 | 6 097.2 | 814.7 | 686.2 | 584.0 | 605.7 |
| 安徽 | 4 063.9 | 4 616.9 | 5 600.0 | 5 513.7 | 2 605.3 | 3 207.7 | 4 077.2 | 4 019.2 |
| 福建 | 4 962.1 | 5 447.9 | 5 720.1 | 6 019.9 | 715.2 | 584.7 | 500.1 | 502.3 |
| 江西 | 5 105.4 | 5 396.7 | 5 860.2 | 5 736.1 | 1 757.0 | 1 989.5 | 2 235.6 | 2 163.9 |
| 山东 | 5 836.6 | 6 043.1 | 6 129.5 | 6 577.1 | 3 917.4 | 4 502.8 | 5 153.1 | 5 446.8 |
| 河南 | 5 005.8 | 5 566.8 | 5 815.2 | 6 356.2 | 4 582.0 | 5 581.8 | 6 470.2 | 6 825.8 |
| 湖北 | 5 544.9 | 5 571.5 | 6 092.2 | 5 871.3 | 2 177.4 | 2 304.3 | 2 914.8 | 2 727.4 |
| 湖南 | 5 535.9 | 5 944.0 | 6 122.7 | 6 341.2 | 2 678.6 | 2 881.6 | 3 094.2 | 3 015.1 |
| 广东 | 5 006.2 | 5 234.6 | 5 524.4 | 5 749.5 | 1 395.0 | 1 249.2 | 1 211.7 | 1 267.6 |
| 广西 | 4 254.1 | 4 567.9 | 4 857.2 | 4 882.2 | 1 487.3 | 1 372.1 | 1 433.2 | 1 370.0 |
| 海南 | 3 610.6 | 4 162.4 | 4 990.1 | 5 375.0 | 153.0 | 166.6 | 154.5 | 145.5 |
| 重庆 | 4 670.5 | 5 152.2 | 5 200.8 | 5 398.6 | 1 168.2 | 1 080.6 | 1 051.1 | 1 081.4 |
| 四川 | 4 891.4 | 5 137.7 | 5 400.2 | 5 587.9 | 3 211.1 | 3 182.8 | 3 394.6 | 3 527.4 |
| 贵州 | 3 748.1 | 3 576.7 | 3 891.7 | 3 840.1 | 1 152.1 | 1 079.4 | 1 210.6 | 1 057.6 |
| 云南 | 3 561.3 | 3 631.6 | 4 271.0 | 4 549.4 | 1 514.9 | 1 501.6 | 1 791.3 | 1 895.9 |
| 西藏 | 5 256.6 | 5 360.0 | 5 625.2 | 5 644.5 | 93.4 | 91.2 | 100.6 | 102.9 |
| 陕西 | 3 195.6 | 3 706.9 | 3 990.4 | 4 247.9 | 1 043.0 | 1 186.0 | 1 204.7 | 1 274.8 |
| 甘肃 | 3 234.8 | 3 485.2 | 4 251.5 | 4 556.7 | 836.9 | 948.8 | 1 154.6 | 1 202.2 |
| 青海 | 3 797.7 | 3 731.0 | 3 710.6 | 3 703.4 | 93.3 | 102.2 | 104.0 | 107.4 |
| 宁夏 | 3 864.0 | 4 373.0 | 5 117.1 | 5 602.2 | 299.8 | 356.4 | 372.6 | 380.5 |
| 新疆 | 5 872.2 | 6 730.1 | 7 886.0 | 7 099.8 | 876.6 | 1 362.4 | 1 895.3 | 1 583.4 |

**附表 11　中国 31 个省份水资源利用分解因素对粮食总产量变化量的影响效应累积**

单位：万 t

| 省份 | 灌溉产值效应 | 用水结构效应 | 人均用水效应 | 人口规模效应 |
|---|---|---|---|---|
| 北京 | 32.3 | −108.9 | −26.9 | 39.1 |
| 天津 | 158.9 | −102.0 | −8.3 | 42.2 |
| 河北 | 2 543.1 | −1 029.9 | −581.6 | 265.8 |
| 山西 | 260.0 | −94.8 | 247.5 | 33.6 |
| 内蒙古 | 2 065.5 | −338.2 | 307.9 | −33.3 |
| 辽宁 | 944.9 | −257.7 | −95.9 | 1.6 |
| 吉林 | 722.7 | 127.4 | 836.9 | −465.1 |
| 黑龙江 | 2 862.9 | 1 336.3 | 1 485.5 | −1 236.0 |
| 上海 | 23.5 | −13.7 | −55.2 | 31.5 |
| 江苏 | 931.6 | −324.3 | −80.2 | 367.3 |
| 浙江 | 72.7 | −108.2 | −364.2 | 190.7 |
| 安徽 | 1 040.9 | −276.5 | 643.6 | 5.9 |
| 福建 | −146.1 | −60.1 | −105.9 | 99.2 |
| 江西 | 31.5 | 77.1 | 205.4 | 93.0 |
| 山东 | 2 623.3 | −1 342.4 | −183.2 | 431.7 |
| 河南 | 1 957.0 | −670.9 | 612.5 | 345.2 |
| 湖北 | 731.0 | −381.3 | 175.9 | 24.3 |
| 湖南 | 628.1 | −75.0 | −360.2 | 143.7 |
| 广东 | 13.7 | 19.9 | −576.8 | 415.8 |
| 广西 | 179.5 | −40.9 | −363.6 | 107.7 |
| 海南 | −1.3 | −6.1 | −35.7 | 35.5 |
| 重庆 | −220.8 | 157.6 | −177.9 | 154.3 |
| 四川 | −125.5 | 101.6 | 268.3 | 71.9 |
| 贵州 | −6.9 | −25.5 | −95.0 | 33.0 |
| 云南 | 593.9 | −319.6 | 9.1 | 97.5 |
| 西藏 | −33.6 | 45.5 | −28.1 | 25.8 |
| 陕西 | 300.3 | −226.4 | 75.0 | 82.8 |
| 甘肃 | 540.2 | −48.3 | −105.6 | −21.0 |
| 青海 | 72.9 | −34.4 | −33.3 | 8.9 |
| 宁夏 | 171.0 | −55.6 | −102.7 | 68.0 |
| 新疆 | 702.4 | −117.5 | −199.9 | 321.8 |

附表 12　中国 31 个省份耕地资源利用分解因素对粮食总产量变化量的影响效应累积

单位：万 t

| 省份 | 粮食单产效应 | 粮作比例效应 | 复种指数效应 | 耕地面积效应 |
|---|---|---|---|---|
| 北京 | 21.8 | −6.0 | −46.8 | −33.4 |
| 天津 | 58.9 | 64.2 | 33.9 | −66.3 |
| 河北 | 1 121.6 | 374.5 | 66.9 | −365.7 |
| 山西 | 429.1 | 109.2 | −13.2 | −78.8 |
| 内蒙古 | 942.9 | 167.8 | 59.0 | 832.3 |
| 辽宁 | 300.6 | 60.4 | 168.1 | 63.9 |
| 吉林 | 240.2 | 238.6 | 499.8 | 243.4 |
| 黑龙江 | 1 907.7 | 536.2 | 1 363.1 | 641.7 |
| 上海 | 24.6 | 10.3 | −13.8 | −35.0 |
| 江苏 | 594.3 | 374.4 | 400.8 | −475.0 |
| 浙江 | 97.4 | −49.9 | 33.4 | −290.0 |
| 安徽 | 965.8 | 569.7 | 130.1 | −251.7 |
| 福建 | 118.3 | −82.7 | −52.3 | −196.2 |
| 江西 | 225.6 | 36.9 | 439.2 | −294.8 |
| 山东 | 555.9 | 922.9 | 969.6 | −919.0 |
| 河南 | 1 354.1 | 593.9 | 862.2 | −566.4 |
| 湖北 | 132.9 | 211.5 | 518.0 | −312.4 |
| 湖南 | 383.3 | −201.1 | 563.3 | −409.0 |
| 广东 | 180.6 | −204.4 | 346.4 | −450.0 |
| 广西 | 200.7 | −229.4 | 337.9 | −426.5 |
| 海南 | 68.0 | −55.0 | 40.1 | −60.6 |
| 重庆 | 145.3 | −222.5 | 299.9 | −309.5 |
| 四川 | 442.7 | −260.8 | 1 047.6 | −913.2 |
| 贵州 | 33.8 | −267.4 | 435.2 | −296.1 |
| 云南 | 427.4 | −276.7 | 513.4 | −283.0 |
| 西藏 | 6.8 | −11.9 | 14.7 | −0.1 |
| 陕西 | 328.4 | −86.6 | 397.1 | −407.1 |
| 甘肃 | 365.2 | −42.5 | 91.2 | −48.5 |
| 青海 | −1.4 | −2.5 | 22.3 | −4.2 |
| 宁夏 | 135.6 | −73.5 | 46.1 | −27.5 |
| 新疆 | 274.4 | −181.4 | 117.1 | 496.7 |

**附表 13　2006—2020 年基于耕地资源利用效应分解模型对中国稻谷产量变化量进行效应分解的结果**

单位：万 t

| 年份 | 单产效应 | 种植结构效应 | 粮作比例效应 | 复种指数效应 | 耕地面积效应 | 总效应 |
|---|---|---|---|---|---|---|
| 2006 | 56.1 | −60.8 | 510.8 | −345.0 | −48.2 | 113.0 |
| 2007 | 444.1 | −159.5 | 77.8 | 145.4 | −41.6 | 466.3 |
| 2008 | 377.8 | −29.1 | −39.5 | 319.5 | −5.7 | 623.1 |
| 2009 | 67.4 | −192.8 | 275.5 | 211.2 | −2.8 | 358.5 |
| 2010 | −96.7 | −55.7 | 88.8 | 183.5 | −17.0 | 102.9 |
| 2011 | 405.8 | −68.9 | 5.4 | 227.8 | −4.4 | 565.7 |
| 2012 | 272.4 | −157.3 | 32.7 | 229.4 | −12.1 | 365.0 |
| 2013 | −182.4 | −118.3 | 69.3 | 205.9 | 0.7 | −24.7 |
| 2014 | 294.9 | −238.4 | 88.5 | 203.6 | −16.3 | 332.3 |
| 2015 | 240.3 | −256.0 | 59.9 | 218.2 | −9.2 | 253.3 |
| 2016 | −78.5 | −73.8 | 33.6 | 26.1 | −12.2 | −104.8 |
| 2017 | 157.3 | 222.6 | −144.5 | −71.0 | −6.2 | 158.2 |
| 2018 | 334.1 | −217.0 | −116.9 | −46.5 | −8.4 | −54.7 |
| 2019 | 97.8 | −172.9 | −179.9 | 1 122.2 | −1 118.6 | −251.5 |
| 2020 | −45.1 | 142.2 | −69.2 | 196.7 | 0.0 | 224.6 |

**附表 14　2006—2020 年基于耕地资源利用效应分解模型对中国小麦产量变化量进行效应分解的结果**

单位：万 t

| 年份 | 单产效应 | 种植结构效应 | 粮作比例效应 | 复种指数效应 | 耕地面积效应 | 总效应 |
|---|---|---|---|---|---|---|
| 2006 | 738.2 | 297.1 | 290.0 | −195.9 | −27.4 | 1 102.1 |
| 2007 | 34.4 | −39.4 | 46.1 | 86.1 | −24.7 | 102.6 |
| 2008 | 368.2 | −188.2 | −23.2 | 187.5 | −3.3 | 341.0 |
| 2009 | −53.4 | 58.3 | 162.0 | 124.2 | −1.6 | 289.5 |
| 2010 | 21.6 | −142.4 | 52.3 | 108.2 | −10.0 | 29.7 |
| 2011 | 216.7 | −103.2 | 3.2 | 133.6 | −2.6 | 247.6 |
| 2012 | 368.9 | −125.5 | 19.2 | 135.0 | −7.1 | 390.5 |
| 2013 | 172.3 | −220.4 | 41.3 | 122.8 | 0.4 | 116.4 |
| 2014 | 458.0 | −165.4 | 53.6 | 123.3 | −9.9 | 459.6 |
| 2015 | 365.9 | −100.2 | 37.0 | 134.9 | −5.7 | 432.0 |
| 2016 | 9.9 | 23.6 | 21.1 | 16.4 | −7.6 | 63.3 |
| 2017 | 207.4 | 37.8 | −91.2 | −44.8 | −3.9 | 105.3 |
| 2018 | −164.5 | −8.0 | −73.1 | −29.1 | −5.2 | −280.1 |
| 2019 | 513.0 | −186.6 | −113.1 | 705.2 | −703.0 | 215.6 |
| 2020 | 263.5 | −278.7 | −44.0 | 125.0 | 0.0 | 65.8 |

## 附表 15　2006—2020 年基于耕地资源利用效应分解模型对中国玉米产量变化量进行效应分解的结果

单位：万 t

| 年份 | 单产效应 | 种植结构效应 | 粮作比例效应 | 复种指数效应 | 耕地面积效应 | 总效应 |
|---|---|---|---|---|---|---|
| 2006 | 106.8 | 1 022.6 | 410.0 | −276.9 | −38.7 | 1 223.8 |
| 2007 | −466.7 | 667.3 | 64.8 | 121.2 | −34.7 | 352.0 |
| 2008 | 1 186.8 | 276.2 | −34.1 | 275.7 | −4.9 | 1 699.7 |
| 2009 | −949.5 | 633.5 | 244.7 | 187.6 | −2.5 | 113.9 |
| 2010 | 662.8 | 850.5 | 82.1 | 169.7 | −15.7 | 1 749.3 |
| 2011 | 1 054.0 | 772.6 | 5.4 | 228.7 | −4.4 | 2 056.4 |
| 2012 | 463.4 | 1 091.9 | 35.1 | 246.9 | −13.0 | 1 824.3 |
| 2013 | 587.9 | 982.1 | 80.2 | 238.3 | 0.9 | 1 889.4 |
| 2014 | −872.3 | 673.1 | 106.1 | 243.9 | −19.6 | 131.1 |
| 2015 | 369.2 | 825.4 | 73.0 | 266.3 | −11.2 | 1 522.8 |
| 2016 | 331.0 | −528.2 | 41.9 | 32.6 | −15.2 | −137.9 |
| 2017 | 619.7 | −800.5 | −178.2 | −87.5 | −7.7 | −454.2 |
| 2018 | −25.4 | 44.6 | −142.1 | −56.6 | −10.2 | −189.7 |
| 2019 | 885.8 | −308.8 | −221.0 | 1 378.2 | −1 373.8 | 360.5 |
| 2020 | 1.3 | −170.4 | −85.6 | 243.4 | 0.0 | −11.4 |

## 附表 16　2006—2020 年基于耕地资源利用效应分解模型对中国豆类产量变化量进行效应分解的结果

单位：万 t

| 年份 | 单产效应 | 种植结构效应 | 粮作比例效应 | 复种指数效应 | 耕地面积效应 | 总效应 |
|---|---|---|---|---|---|---|
| 2006 | −29.0 | −138.4 | 58.6 | −39.6 | −5.5 | −153.9 |
| 2007 | −226.1 | −86.8 | 7.8 | 14.6 | −4.2 | −294.6 |
| 2008 | 268.8 | 16.9 | −3.9 | 31.4 | −0.6 | 312.7 |
| 2009 | −83.7 | −82.4 | 27.8 | 21.3 | −0.3 | −117.3 |
| 2010 | 88.2 | −145.5 | 8.5 | 17.6 | −1.6 | −32.7 |
| 2011 | 111.1 | −141.0 | 0.5 | 21.3 | −0.4 | −8.5 |
| 2012 | −10.2 | −194.0 | 2.8 | 19.8 | −1.0 | −182.7 |
| 2013 | −48.0 | −111.7 | 5.4 | 16.1 | 0.1 | −138.2 |
| 2014 | 34.2 | −32.7 | 6.6 | 15.2 | −1.2 | 22.1 |
| 2015 | 17.8 | −89.4 | 4.4 | 15.9 | −0.7 | −52.0 |
| 2016 | −14.4 | 149.0 | 2.5 | 1.9 | −0.9 | 138.1 |
| 2017 | 53.0 | 156.2 | −11.9 | −5.8 | −0.5 | 190.9 |
| 2018 | 53.6 | 40.3 | −10.4 | −4.1 | −0.7 | 78.7 |
| 2019 | 42.4 | 186.2 | −17.3 | 107.7 | −107.4 | 211.6 |
| 2020 | 54.6 | 87.7 | −7.3 | 20.6 | 0.0 | 155.6 |

**附表 17　2006—2020 年基于耕地资源利用效应分解模型对中国薯类产量变化量进行效应分解的结果**

单位：万 t

| 年份 | 单产效应 | 种植结构效应 | 粮作比例效应 | 复种指数效应 | 耕地面积效应 | 总效应 |
|---|---|---|---|---|---|---|
| 2006 | −191.4 | −595.8 | 86.5 | −58.4 | −8.2 | −767.2 |
| 2007 | 31.9 | −18.2 | 11.5 | 21.5 | −6.2 | 40.5 |
| 2008 | 46.9 | 13.9 | −5.8 | 47.1 | −0.8 | 101.2 |
| 2009 | −60.6 | −59.6 | 39.9 | 30.6 | −0.4 | −50.1 |
| 2010 | 73.1 | −59.9 | 12.7 | 26.3 | −2.4 | 49.8 |
| 2011 | 89.9 | −41.3 | 0.8 | 32.8 | −0.6 | 81.6 |
| 2012 | 23.7 | −100.5 | 4.6 | 32.5 | −1.7 | −41.3 |
| 2013 | 7.0 | −72.9 | 9.6 | 28.6 | 0.1 | −27.5 |
| 2014 | 10.9 | −105.1 | 12.0 | 27.7 | −2.2 | −56.7 |
| 2015 | 19.8 | −124.5 | 7.8 | 28.6 | −1.2 | −69.4 |
| 2016 | 20.8 | −30.0 | 4.3 | 3.4 | −1.6 | −3.0 |
| 2017 | 98.3 | 2.9 | −18.8 | −9.2 | −0.8 | 72.3 |
| 2018 | 63.9 | 25.8 | −15.6 | −6.2 | −1.1 | 66.8 |
| 2019 | 32.8 | 8.6 | −24.5 | 153.0 | −152.5 | 17.3 |
| 2020 | 76.8 | 10.1 | −9.6 | 27.4 | 0.0 | 104.7 |

**附表 18　2006—2020 年基于耕地资源利用效应分解模型对中国其他作物产量变化量进行效应分解的结果**

单位：万 t

| 年份 | 单产效应 | 种植结构效应 | 粮作比例效应 | 复种指数效应 | 耕地面积效应 | 总效应 |
|---|---|---|---|---|---|---|
| 2006 | −125.9 | 3.9 | 27.6 | −18.6 | −2.6 | −115.6 |
| 2007 | 10.7 | −76.6 | 3.8 | 7.0 | −2.0 | −57.1 |
| 2008 | −18.4 | −51.0 | −1.7 | 14.1 | −0.3 | −57.3 |
| 2009 | −31.3 | −75.6 | 10.8 | 8.3 | −0.1 | −87.9 |
| 2010 | 97.9 | −36.2 | 3.4 | 7.0 | −0.6 | 71.5 |
| 2011 | 21.5 | −35.3 | 0.2 | 9.0 | −0.2 | −4.7 |
| 2012 | 16.8 | −9.0 | 1.3 | 8.9 | −0.5 | 17.5 |
| 2013 | 56.3 | −57.0 | 2.7 | 8.1 | 0.0 | 10.1 |
| 2014 | 15.6 | 1.5 | 3.5 | 8.1 | −0.6 | 28.1 |
| 2015 | 1.9 | −3.8 | 2.4 | 8.7 | −0.4 | 8.8 |
| 2016 | −31.8 | 57.3 | 1.4 | 1.1 | −0.5 | 27.5 |
| 2017 | 36.8 | 17.4 | −6.1 | −3.0 | −0.3 | 44.8 |
| 2018 | 23.7 | −8.7 | −5.1 | −2.0 | −0.4 | 7.5 |
| 2019 | 24.5 | 25.0 | −8.1 | 50.6 | −50.4 | 41.6 |
| 2020 | −6.2 | 25.8 | −3.2 | 9.2 | 0.0 | 25.6 |

**附表 19　中国 31 个省份耕地资源利用分解因素对稻谷产量变化量的影响效应**

单位：万 t

| 省份 | 单产效应 | 种植结构效应 | 粮作比例效应 | 复种指数效应 | 耕地面积效应 | 总效应 |
|---|---|---|---|---|---|---|
| 北京 | 0.1 | −0.3 | 0.0 | 0.0 | −0.1 | −0.3 |
| 天津 | 5.6 | 30.2 | 6.0 | 8.0 | −11.7 | 38.1 |
| 河北 | 3.4 | −7.4 | 5.7 | 1.1 | −5.4 | −2.6 |
| 山西 | 0.4 | 0.4 | 0.1 | 0.0 | −0.1 | 0.8 |
| 内蒙古 | 7.5 | 22.9 | 7.3 | −6.2 | 29.4 | 61.0 |
| 辽宁 | 77.5 | −112.6 | 6.2 | 49.2 | 9.7 | 30.0 |
| 吉林 | 44.1 | −21.2 | 39.4 | 87.6 | 42.2 | 192.1 |
| 黑龙江 | 280.3 | 541.3 | 199.9 | 523.5 | 229.7 | 1 774.7 |
| 上海 | 6.4 | 24.5 | 7.4 | −10.2 | −28.9 | −0.8 |
| 江苏 | 267.1 | −180.8 | 213.9 | 213.7 | −255.1 | 259.0 |
| 浙江 | 99.5 | −32.7 | −38.9 | 21.8 | −229.4 | −179.7 |
| 安徽 | 85.5 | 35.6 | 241.6 | 51.1 | −104.0 | 309.7 |
| 福建 | 76.6 | 39.2 | −62.9 | −32.7 | −155.0 | −134.8 |
| 江西 | 204.4 | 7.7 | 35.0 | 417.6 | −280.7 | 384.0 |
| 山东 | 8.9 | −26.2 | 18.8 | 18.9 | −17.4 | 3.0 |
| 河南 | 80.4 | −2.2 | 50.8 | 68.7 | −43.7 | 153.9 |
| 湖北 | 161.9 | −112.7 | 138.6 | 356.1 | −215.0 | 329.0 |
| 湖南 | 222.9 | 159.3 | −176.3 | 497.1 | −360.3 | 342.7 |
| 广东 | 147.0 | 86.9 | −167.2 | 301.0 | −385.2 | −17.4 |
| 广西 | 171.6 | −80.5 | −174.1 | 246.0 | −318.4 | −155.4 |
| 海南 | 54.9 | 24.8 | −44.9 | 33.8 | −53.1 | 15.7 |
| 重庆 | 22.6 | 46.9 | −98.8 | 136.1 | −139.1 | −32.3 |
| 四川 | 136.0 | −109.6 | −116.8 | 446.3 | −386.3 | −30.4 |
| 贵州 | −22.8 | 15.0 | −99.0 | 167.8 | −117.9 | −56.8 |
| 云南 | 18.5 | −130.4 | −100.9 | 174.4 | −83.0 | −121.4 |
| 西藏 | 0.0 | −0.1 | −0.1 | 0.1 | 0.0 | 0.0 |
| 陕西 | 19.2 | −20.9 | −6.1 | 26.2 | −27.1 | −8.7 |
| 甘肃 | −1.1 | −1.2 | 0.0 | 0.2 | −0.1 | −2.2 |
| 青海 | 0.0 | 0.0 | 0.0 | 0.0 | 0.0 | 0.0 |
| 宁夏 | −3.6 | 0.4 | −12.6 | 8.4 | −4.3 | −11.7 |
| 新疆 | 7.9 | −39.0 | −11.8 | 10.3 | 20.7 | −11.9 |

**附表 20　中国 31 个省份耕地资源利用分解因素对小麦产量变化量的影响效应**

单位：万 t

| 省份 | 单产效应 | 种植结构效应 | 粮作比例效应 | 复种指数效应 | 耕地面积效应 | 总效应 |
|---|---|---|---|---|---|---|
| 北京 | −0.5 | −8.0 | 0.5 | −8.6 | −5.5 | −22.1 |
| 天津 | 13.4 | −8.8 | 20.9 | 8.4 | −18.4 | 15.4 |
| 河北 | 392.0 | −136.1 | 152.5 | 26.3 | −145.8 | 289.0 |
| 山西 | 108.0 | −79.7 | 23.7 | −3.9 | −13.8 | 34.2 |
| 内蒙古 | 26.1 | −74.0 | 15.4 | 14.0 | 45.7 | 27.2 |
| 辽宁 | 1.4 | −8.1 | 0.1 | 0.3 | 0.0 | −6.2 |
| 吉林 | 1.1 | −1.0 | 0.0 | 0.1 | 0.0 | 0.2 |
| 黑龙江 | −13.2 | −94.2 | 9.6 | 19.5 | 3.0 | −75.3 |
| 上海 | 7.5 | −7.3 | 1.8 | −2.5 | −4.2 | −4.7 |
| 江苏 | 286.8 | 231.0 | 111.2 | 140.8 | −164.5 | 605.3 |
| 浙江 | 9.1 | 21.6 | −2.5 | 6.3 | −15.5 | 19.0 |
| 安徽 | 482.4 | 202.7 | 223.7 | 56.2 | −101.5 | 863.6 |
| 福建 | −0.2 | −1.4 | −0.2 | −0.2 | −0.1 | −1.9 |
| 江西 | 0.7 | −0.3 | 0.0 | 0.6 | −0.4 | 0.6 |
| 山东 | 385.8 | −86.7 | 443.9 | 458.2 | −432.9 | 768.3 |
| 河南 | 750.0 | −83.8 | 340.0 | 481.7 | −312.5 | 1 175.4 |
| 湖北 | 95.0 | 33.4 | 33.1 | 75.6 | −45.2 | 191.8 |
| 湖南 | 4.6 | −9.8 | −0.6 | 1.3 | −1.1 | −5.6 |
| 广东 | 0.1 | −1.7 | −0.1 | 0.0 | −0.1 | −1.7 |
| 广西 | 0.0 | −1.0 | −0.1 | 0.0 | −0.2 | −1.2 |
| 海南 | 0.0 | 0.0 | 0.0 | 0.0 | 0.0 | 0.0 |
| 重庆 | 7.9 | −71.3 | −8.1 | 2.7 | −3.7 | −72.6 |
| 四川 | 70.8 | −236.4 | −27.6 | 79.3 | −66.8 | −180.7 |
| 贵州 | 19.3 | −53.4 | −11.2 | 15.3 | −9.6 | −39.6 |
| 云南 | 8.1 | −42.6 | −13.9 | 22.7 | −11.5 | −37.2 |
| 西藏 | −0.4 | −8.1 | −2.7 | 3.3 | 0.0 | −7.9 |
| 陕西 | 106.4 | −60.6 | −28.9 | 126.7 | −131.5 | 12.0 |
| 甘肃 | 93.9 | −93.6 | −9.5 | 25.5 | −12.3 | 4.0 |
| 青海 | −0.7 | −7.7 | −0.8 | 9.1 | −1.7 | −1.8 |
| 宁夏 | 5.9 | −54.3 | −9.7 | 9.3 | −2.8 | −51.6 |
| 新疆 | 3.2 | −25.3 | −64.5 | 80.8 | 191.7 | 185.9 |

**附表 21　中国 31 个省份耕地资源利用分解因素对玉米产量变化量的影响效应**

单位：万 t

| 省份 | 单产效应 | 种植结构效应 | 粮作比例效应 | 复种指数效应 | 耕地面积效应 | 总效应 |
|---|---|---|---|---|---|---|
| 北京 | 17.6 | 12.4 | −6.1 | −36.2 | −26.1 | −38.4 |
| 天津 | 18.1 | 0.3 | 36.1 | 16.8 | −34.9 | 36.5 |
| 河北 | 470.5 | 349.8 | 193.0 | 34.5 | −189.8 | 858.0 |
| 山西 | 82.6 | 270.5 | 72.7 | −7.6 | −54.4 | 363.8 |
| 内蒙古 | 412.3 | 503.7 | 103.0 | 34.4 | 623.2 | 1 676.5 |
| 辽宁 | 105.0 | 346.1 | 50.7 | 104.5 | 52.0 | 658.4 |
| 吉林 | 46.2 | 374.0 | 184.8 | 377.9 | 189.8 | 1 172.7 |
| 黑龙江 | 1 010.4 | 409.6 | 239.7 | 609.9 | 334.1 | 2 603.7 |
| 上海 | 0.1 | −1.4 | 0.2 | −0.3 | −0.6 | −2.0 |
| 江苏 | 58.9 | 55.8 | 24.8 | 32.2 | −38.3 | 133.5 |
| 浙江 | −1.6 | 11.1 | −2.1 | 4.6 | −12.1 | 0.0 |
| 安徽 | 116.5 | 222.1 | 74.2 | 23.3 | −37.7 | 398.3 |
| 福建 | 4.2 | 5.7 | −1.9 | −1.4 | −5.0 | 1.6 |
| 江西 | 0.9 | 12.6 | 0.2 | 3.1 | −2.3 | 14.4 |
| 山东 | 118.4 | 302.3 | 419.7 | 460.2 | −440.6 | 860.0 |
| 河南 | 333.6 | 443.1 | 178.8 | 282.0 | −193.1 | 1 044.4 |
| 湖北 | −55.7 | 124.0 | 26.3 | 57.2 | −35.2 | 116.6 |
| 湖南 | 27.2 | 64.6 | −12.7 | 38.7 | −28.5 | 89.2 |
| 广东 | 2.8 | 9.1 | −10.9 | 15.7 | −20.1 | −3.4 |
| 广西 | 49.0 | 62.9 | −40.3 | 71.9 | −82.2 | 61.3 |
| 海南 | 0.5 | 6.3 | −0.8 | 0.7 | −0.1 | 6.7 |
| 重庆 | 28.7 | 41.9 | −49.6 | 68.4 | −71.4 | 18.0 |
| 四川 | 139.0 | 374.4 | −64.3 | 309.4 | −274.3 | 484.2 |
| 贵州 | −36.2 | −51.0 | −81.8 | 115.4 | −70.4 | −123.9 |
| 云南 | 202.6 | 308.9 | −109.9 | 224.1 | −136.9 | 488.7 |
| 西藏 | 0.6 | 0.4 | −0.3 | 0.4 | 0.0 | 1.1 |
| 陕西 | 126.4 | 77.3 | −40.4 | 193.1 | −196.0 | 160.5 |
| 甘肃 | 110.3 | 271.9 | −21.2 | 30.2 | −22.9 | 368.3 |
| 青海 | −2.8 | 15.9 | −0.4 | 1.7 | −0.5 | 13.9 |
| 宁夏 | 19.3 | 144.2 | −40.8 | 21.6 | −16.7 | 127.7 |
| 新疆 | 175.3 | 198.2 | −101.8 | 9.1 | 270.9 | 551.7 |

附表 22　中国 31 个省份耕地资源利用分解因素对豆类产量变化量的影响效应

单位：万 t

| 省份 | 单产效应 | 种植结构效应 | 粮作比例效应 | 复种指数效应 | 耕地面积效应 | 总效应 |
|---|---|---|---|---|---|---|
| 北京 | −0.2 | −1.1 | 0.1 | −0.4 | −0.5 | −2.1 |
| 天津 | 0.2 | −3.4 | 0.5 | 0.2 | −0.4 | −3.0 |
| 河北 | 16.0 | −38.4 | 2.9 | 1.1 | −3.5 | −21.8 |
| 山西 | 14.4 | −20.9 | 3.3 | −0.5 | −2.1 | −5.9 |
| 内蒙古 | 54.9 | −29.4 | 17.0 | −3.1 | 53.0 | 92.4 |
| 辽宁 | 10.6 | −32.9 | 0.7 | 3.1 | 0.5 | −18.0 |
| 吉林 | −36.4 | −63.6 | 4.4 | 11.1 | 4.4 | −80.0 |
| 黑龙江 | 86.4 | −136.9 | 70.3 | 167.2 | 65.0 | 252.0 |
| 上海 | −1.1 | −1.9 | 0.3 | 0.0 | −0.4 | −3.0 |
| 江苏 | 6.7 | −25.5 | 9.3 | 7.9 | −9.2 | −10.8 |
| 浙江 | 4.8 | −7.3 | −2.4 | 2.8 | −14.4 | −16.6 |
| 安徽 | 55.3 | −67.8 | 20.0 | 1.8 | −6.7 | 2.6 |
| 福建 | 4.8 | −7.7 | −2.5 | −2.8 | −4.5 | −12.7 |
| 江西 | 9.7 | −5.2 | 0.6 | 6.1 | −4.0 | 7.1 |
| 山东 | 2.5 | −22.5 | 8.1 | 8.8 | −8.5 | −11.5 |
| 河南 | 53.7 | −41.6 | 7.8 | 12.3 | −8.7 | 23.4 |
| 湖北 | −11.1 | −20.6 | 2.4 | 8.5 | −4.5 | −25.3 |
| 湖南 | 10.9 | −26.4 | −2.9 | 6.8 | −5.1 | −16.7 |
| 广东 | 4.2 | −12.4 | −2.8 | 3.2 | −4.8 | −12.6 |
| 广西 | 4.2 | −11.1 | −4.4 | 5.8 | −8.1 | −13.7 |
| 海南 | 1.0 | −0.6 | −0.6 | 0.5 | −0.7 | −0.4 |
| 重庆 | 4.7 | 3.4 | −8.3 | 11.4 | −11.8 | −0.7 |
| 四川 | 4.9 | 6.6 | −9.0 | 37.6 | −32.8 | 7.3 |
| 贵州 | −4.7 | 4.1 | −6.8 | 11.6 | −8.2 | −4.1 |
| 云南 | 52.4 | −5.2 | −18.4 | 35.6 | −18.1 | 46.1 |
| 西藏 | 0.2 | −1.5 | −0.3 | 0.4 | 0.0 | −1.4 |
| 陕西 | 22.2 | −27.7 | −3.2 | 9.8 | −9.9 | −8.8 |
| 甘肃 | 8.6 | −14.4 | −1.4 | 4.2 | −1.5 | −4.4 |
| 青海 | −2.5 | −7.2 | −0.2 | 1.8 | −0.1 | −8.2 |
| 宁夏 | 1.8 | −6.0 | −0.6 | 0.5 | −0.2 | −4.4 |
| 新疆 | 6.0 | −30.8 | −1.8 | 6.2 | 5.2 | −15.2 |

**附表 23　中国 31 个省份耕地资源利用分解因素对薯类产量变化量的影响效应**

单位：万 t

| 省份 | 单产效应 | 种植结构效应 | 粮作比例效应 | 复种指数效应 | 耕地面积效应 | 总效应 |
|---|---|---|---|---|---|---|
| 北京 | −0.2 | −0.2 | 0.1 | −0.3 | −0.7 | −1.3 |
| 天津 | 0.1 | 0.2 | 0.2 | 0.1 | −0.3 | 0.4 |
| 河北 | 80.5 | −27.5 | 11.9 | 3.3 | −13.9 | 54.3 |
| 山西 | 36.7 | −34.3 | 4.4 | −0.5 | −3.3 | 3.0 |
| 内蒙古 | 76.5 | −179.2 | 14.4 | 22.7 | 35.7 | −29.9 |
| 辽宁 | 13.6 | −32.5 | 1.2 | 4.9 | 0.6 | −12.2 |
| 吉林 | −12.8 | −44.9 | 3.2 | 8.5 | 2.0 | −44.1 |
| 黑龙江 | 43.0 | −138.6 | 9.3 | 25.1 | 5.9 | −55.4 |
| 上海 | −0.6 | 0.0 | 0.1 | −0.1 | −0.1 | −0.7 |
| 江苏 | 7.4 | −41.4 | 5.1 | 2.9 | −3.5 | −29.5 |
| 浙江 | −0.2 | −2.9 | −3.9 | −0.9 | −15.3 | −23.2 |
| 安徽 | −18.7 | −90.6 | 7.4 | −1.5 | −1.4 | −104.8 |
| 福建 | 19.9 | −24.1 | −15.1 | −14.0 | −30.9 | −64.3 |
| 江西 | 2.6 | −7.0 | 1.1 | 11.6 | −7.2 | 1.0 |
| 山东 | 27.7 | −145.8 | 29.4 | 20.9 | −17.2 | −85.0 |
| 河南 | −0.2 | −155.4 | 13.9 | 13.9 | −6.1 | −133.9 |
| 湖北 | −18.2 | −49.0 | 10.0 | 19.1 | −11.8 | −49.9 |
| 湖南 | 19.4 | −87.7 | −8.4 | 18.5 | −12.9 | −71.0 |
| 广东 | −0.3 | −52.4 | −23.1 | 26.8 | −39.3 | −88.2 |
| 广西 | −13.4 | 17.0 | −9.8 | 12.6 | −15.9 | −9.5 |
| 海南 | 6.5 | −14.1 | −8.1 | 5.0 | −6.7 | −17.3 |
| 重庆 | 29.6 | 34.0 | −56.1 | 79.6 | −81.2 | 5.9 |
| 四川 | 20.0 | 52.4 | −38.6 | 161.3 | −141.5 | 53.6 |
| 贵州 | 61.1 | 75.9 | −61.7 | 113.1 | −82.1 | 106.3 |
| 云南 | 48.8 | −38.4 | −29.0 | 50.5 | −25.5 | 6.4 |
| 西藏 | −0.7 | 0.4 | −0.1 | 0.1 | 0.0 | −0.3 |
| 陕西 | 47.6 | 14.1 | −6.1 | 29.9 | −30.9 | 54.5 |
| 甘肃 | 19.5 | 10.2 | −8.6 | 20.9 | −9.1 | 33.0 |
| 青海 | −0.6 | −4.8 | −0.9 | 7.1 | −1.4 | −0.6 |
| 宁夏 | 25.4 | −5.6 | −8.4 | 5.4 | −2.7 | 14.0 |
| 新疆 | 5.1 | −5.0 | −1.8 | 4.6 | 4.7 | 7.6 |

**附表 24　中国 31 个省份耕地资源利用分解因素对薯类产量变化量的影响效应**

单位：万 t

| 省份 | 单产效应 | 种植结构效应 | 粮作比例效应 | 复种指数效应 | 耕地面积效应 | 总效应 |
|---|---|---|---|---|---|---|
| 北京 | 0.0 | 0.3 | −0.1 | −0.1 | −0.4 | −0.2 |
| 天津 | 1.2 | 1.9 | 0.4 | 0.5 | −0.7 | 3.2 |
| 河北 | 39.2 | −20.3 | 8.3 | 0.7 | −7.3 | 20.5 |
| 山西 | 32.7 | 18.5 | 4.9 | −0.8 | −5.1 | 50.3 |
| 内蒙古 | 109.9 | 12.5 | 10.6 | −3.1 | 44.8 | 174.8 |
| 辽宁 | −11.3 | −55.8 | 2.2 | 4.8 | 1.2 | −59.0 |
| 吉林 | −2.9 | −40.7 | 6.7 | 14.3 | 4.8 | −17.8 |
| 黑龙江 | 4.9 | −81.0 | 6.4 | 15.2 | 3.6 | −50.9 |
| 上海 | 0.8 | −2.6 | 0.5 | −0.7 | −0.8 | −2.8 |
| 江苏 | 15.2 | −86.8 | 9.5 | 3.4 | −4.4 | −63.1 |
| 浙江 | 0.1 | −5.0 | 0.0 | −2.3 | −1.4 | −8.5 |
| 安徽 | −30.0 | −26.7 | 1.9 | −0.4 | −0.4 | −55.6 |
| 福建 | 0.2 | 0.2 | −0.2 | −0.2 | −0.6 | −0.7 |
| 江西 | −0.7 | 0.3 | 0.0 | 0.2 | −0.1 | −0.3 |
| 山东 | −1.3 | −6.0 | 1.9 | 2.3 | −2.3 | −5.4 |
| 河南 | 1.7 | −24.7 | 2.2 | 3.6 | −2.3 | −19.5 |
| 湖北 | 1.8 | −15.9 | 0.9 | 1.7 | −0.7 | −12.3 |
| 湖南 | 3.2 | −5.0 | −0.3 | 1.0 | −1.0 | −2.1 |
| 广东 | −0.7 | −2.8 | −0.4 | 0.2 | −0.5 | −4.1 |
| 广西 | −0.1 | 1.9 | −0.6 | 1.6 | −1.7 | 1.1 |
| 海南 | 0.4 | −0.4 | 0.0 | 0.0 | 0.0 | −0.1 |
| 重庆 | 1.0 | −4.4 | −1.5 | 2.0 | −2.2 | −5.2 |
| 四川 | 10.4 | −26.1 | −4.4 | 13.8 | −11.3 | −17.7 |
| 贵州 | 14.4 | 11.5 | −5.8 | 11.5 | −7.7 | 23.8 |
| 云南 | 13.8 | −9.3 | −4.2 | 5.9 | −7.9 | −1.8 |
| 西藏 | 7.9 | 8.1 | −8.4 | 10.4 | −0.1 | 18.0 |
| 陕西 | 6.4 | 18.0 | −1.9 | 11.4 | −11.6 | 22.3 |
| 甘肃 | 6.8 | −45.6 | −1.7 | 9.9 | −2.6 | −33.1 |
| 青海 | −0.7 | 9.8 | −0.3 | 2.5 | −0.5 | 10.9 |
| 宁夏 | 3.6 | 4.5 | −1.2 | 0.7 | −0.8 | 6.7 |
| 新疆 | 3.4 | −23.2 | −0.3 | 5.7 | 3.1 | −11.2 |

附表 25　2005—2020 年中国“水-土地-粮食”复合系统的综合发展水平

| 年份 | 综合发展指数 |
| --- | --- |
| 2005 | 0.387 |
| 2006 | 0.387 |
| 2007 | 0.389 |
| 2008 | 0.398 |
| 2009 | 0.396 |
| 2010 | 0.407 |
| 2011 | 0.404 |
| 2012 | 0.416 |
| 2013 | 0.432 |
| 2014 | 0.437 |
| 2015 | 0.446 |
| 2016 | 0.455 |
| 2017 | 0.455 |
| 2018 | 0.467 |
| 2019 | 0.474 |
| 2020 | 0.490 |

附表 26　2005—2020 年中国“水-土地-粮食”复合系统的耦合协调度

| 年份 | 耦合协调度 |
| --- | --- |
| 2005 | 0.615 |
| 2006 | 0.615 |
| 2007 | 0.616 |
| 2008 | 0.623 |
| 2009 | 0.621 |
| 2010 | 0.629 |
| 2011 | 0.628 |
| 2012 | 0.636 |
| 2013 | 0.648 |
| 2014 | 0.652 |
| 2015 | 0.658 |
| 2016 | 0.663 |
| 2017 | 0.663 |
| 2018 | 0.672 |
| 2019 | 0.678 |
| 2020 | 0.689 |